Java入门很轻松

（微课超值版）

云尚科技◎编著

清华大学出版社
北京

内容简介

本书是针对零基础读者研发的 Java 入门教材。该书侧重实战，结合流行有趣的热点案例，详细地介绍了 Java 开发中的各项技术。本书分为 17 章，包括搭建 Java 开发环境、Java 语言基础、流程控制、Java 中的数组、字符串的应用、面向对象编程入门、面向对象核心技术、抽象类与接口、程序的异常处理、常用类和枚举类、泛型与集合类、Swing 程序设计、I/O（输入/输出）、多线程、使用 JDBC 操作数据库、Java 绘图。为了提高读者的项目开发能力，最后将挑选热点项目射击气球小游戏，进一步讲述 Java 在实际项目中的应用技能。

本书通过大量案例和完整项目案例，不仅帮助初学者快速入门，还可以积累项目开发经验；通过微信扫码可以快速查看对应案例的视频操作，随时解决学习中的困惑；通过微信扫码还可以快速获取本书实战训练中的解题思路和源码，通过一步步引导的方式，可以检验读者对本章知识点掌握的程度；本书还赠送大量超值的资源，包括精品教学视频、精美幻灯片、案例及项目源码、教学大纲、求职资源库、面试资源库、笔试题库、上机实训手册和小白项目实战手册；本书还提供技术支持 QQ 群，专为读者答疑解惑，降低零基础学习编程的门槛，让读者轻松跨入编程的领域。

图书在版编目（CIP）数据

Java 入门很轻松：微课超值版 / 云尚科技编著. —北京：清华大学出版社，2021.9

（入门很轻松）

ISBN 978-7-302-58117-8

Ⅰ. ①J… Ⅱ. ①云… Ⅲ. ①JAVA 语言－程序设计 Ⅳ. ①TP312.8

中国版本图书馆 CIP 数据核字（2021）第 084251 号

责任编辑：张 敏
封面设计：杨玉兰
责任校对：胡伟民
责任印制：朱雨萌

出版发行：清华大学出版社
网 址：http: //www.tup.com.cn, http: //www.wqbook.com
地 址：北京清华大学学研大厦 A 座 邮 编：100084
社 总 机：010-62770175 邮 购：010-83470235
投稿与读者服务：010-62776969, c-service@tup.tsinghua.edu.cn
质量反馈：010-62772015, zhiliang@tup.tsinghua.edu.cn

印 装 者：三河市君旺印务有限公司
经 销：全国新华书店
开 本：185mm×260mm 印 张：20 字 数：540 千字
版 次：2021 年 11 月第 1 版 印 次：2021 年 11 月第 1 次印刷
定 价：79.80 元

产品编号：084862-01

前　言 PREFACE

Java 语言是 Sun 公司推出的能够跨越多个平台、可移植性最高的一种面向对象的编程语言，也是目前技术最先进、特征最丰富、功能最强大的计算机语言。利用 Java 可以编写桌面应用程序、Web 应用程序、分布式系统应用程序、嵌入式系统应用程序等，从而使其成为应用范围最广泛的开发语言。但在学习之初，很多 Java 语言的初学者都苦于找不到一本通俗易懂、容易入门和案例实用的参考书。本书将兼顾初学者入门和学校采购的需要，满足多数想快速入门的读者，从实际学习的流程入手，抛弃繁杂的理论，以案例实操为主，同时将实战训练、扫码学习、精品幻灯片等方法融入本书中。

本书内容

为满足初学者快速进入 Java 语言的殿堂的需求，本书内容注重实战，结合流行有趣的热点案例，引领读者快速学习和掌握 Java 程序开发技术。本书的最佳学习模式如下图所示。

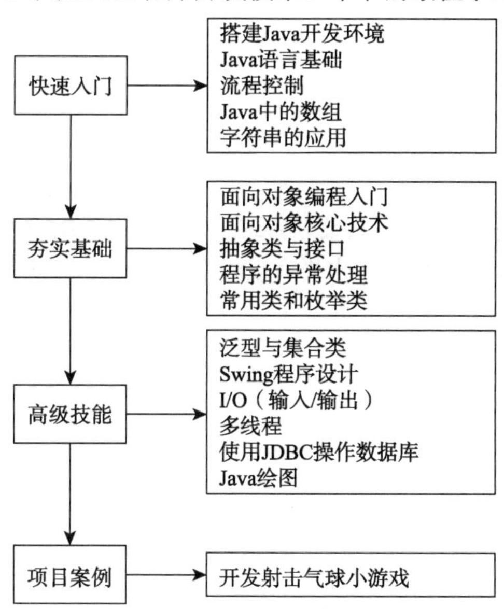

本书特色

由浅入深，编排合理：知识点由浅入深，结合流行有趣的热点案例，涵盖了所有 Java 程序开发的基础知识，循序渐进地讲解了 Java 程序开发技术。

扫码学习，视频精讲：为了让初学者快速入门并提高技能，本书提供了微视频。通过扫码，读者可以快速观看视频操作。微视频就像一个贴身老师，帮助读者解决学习中的困惑。

项目实战，检验技能：为了更好地检验学习的效果，每章都提供了实战训练。读者可以边学习，边进行实战训练，强化项目开发能力。通过扫描实战训练的二维码，可以查看训练任务的解题思路和案例源码，从而提升开发技能和编程思维。

提示技巧，积累经验：本书对读者在学习过程中可能会遇到的疑难问题以“大牛提醒”的形式进行说明，辅助读者轻松掌握相关知识，规避编程陷阱，从而让读者在自学的过程中少走弯路。

超值资源，海量赠送：本书还赠送大量超值的资源，包括精品教学视频、精美幻灯片、案例及项目源码、教学大纲、求职资源库、面试资源库、笔试题库、上机实训手册和小白项目实战手册。

名师指导，学习无忧：读者在自学的过程中如果遇到问题，可以观看本书同步教学微视频。本书技术支持 QQ 群（357975357），欢迎读者到 QQ 群获取本书赠送的资源和交流技术。

读者对象

本书是一本完整介绍 Java 程序开发技术的教程，内容丰富、条理清晰、实用性强，适合以下读者学习使用：

- 零基础的编程自学者。
- 希望快速、全面掌握 Java 程序开发的人员。
- 高等院校的老师和学生。
- 相关培训机构的老师和学生。
- 初中级 Java 程序开发人员。
- 参加毕业设计的学生。

鸣谢

本书由云尚科技 Java 程序开发团队策划并组织编写，主要编写人员有刘玉萍和王秀英。本书虽然倾注了众多编者的努力，但由于水平有限，书中难免有疏漏之处，敬请广大读者谅解。

编　者

目 录 CONTENTS

第1章 搭建 Java 开发环境

Java 是一门跨平台的、面向对象的高级程序设计语言，Java 程序能够在不同的计算机、不同的操作系统中运行，甚至在支持 Java 的硬件上也能正常运行。本章从 Java 简介、Java 编程环境的搭建、实现第一个 Java 程序、Java 开发工具 Eclipse 的下载与安装等几个方面来认识 Java。

1.1 Java 简介

Java 是于 1995 年，由 Sun 公司推出的一种面向对象的程序设计语言。它由被称为“Java 之父”的 Sun 研究院院士 James Gosling（詹姆斯·高斯林）亲手设计而成。Java 最初的名称为 Oak，1995 年被重命名为 Java 后，正式发布。

Java 是一种通过解释方式来执行的语言，其语法规则和 C++类似。与 C++不同的是，它摒弃了 C++中难以理解的多继承、指针等概念，这就使得 Java 语言简洁了很多，而且还提高了语言的可靠性与安全性，可以说 Java 是一门非常卓越的编程语言。

Java 的口号是 Write Once，Run Anywhere，这体现了 Java 语言的跨平台特性，所以 Java 常被应用于企业网络和 Internet 环境中。当前，Sun 公司被 Oracle（甲骨文）公司收购，Java 也随之成为 Oracle 公司的产品。

1.2 搭建 Java 编程环境

学习 Java 需要一个编译和运行的环境，为此 JDK（Java Development Kit）的下载安装和环境配置是必须的。

1.2.1 JDK 的下载

JDK 是整个 Java 的核心，包括了 Java 运行环境 JRE、Java 工具和 Java 基础类库。下面详细讲述 JDK 的下载安装。JDK 下载的具体步骤如下：

步骤 1：在浏览器地址栏中输入网址 https://www.oracle.com/java/technologies/javase-downloads.html，按 Enter 键确认，进入 JDK 的下载页面，选择最新版本，这里是 JDK14。单击 JDK Download 下载链接，如图 1-1 所示。

步骤 2：进入下载文件选择页面，根据操作系统和需求，选择适合需求的版本。这里选择 Windows x64 Installer 版本，如图 1-2 所示。

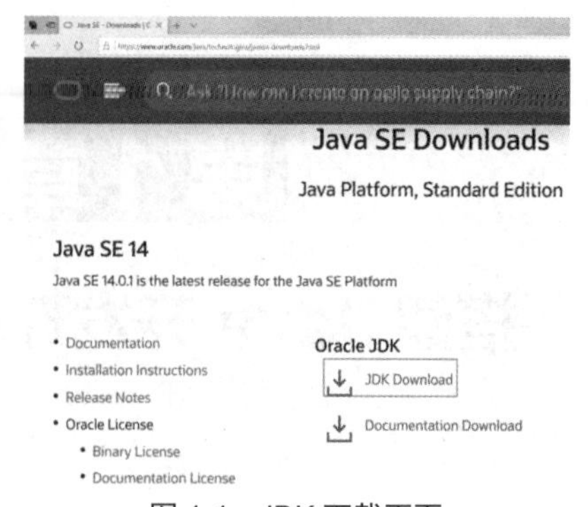

图 1-1　JDK 下载页面

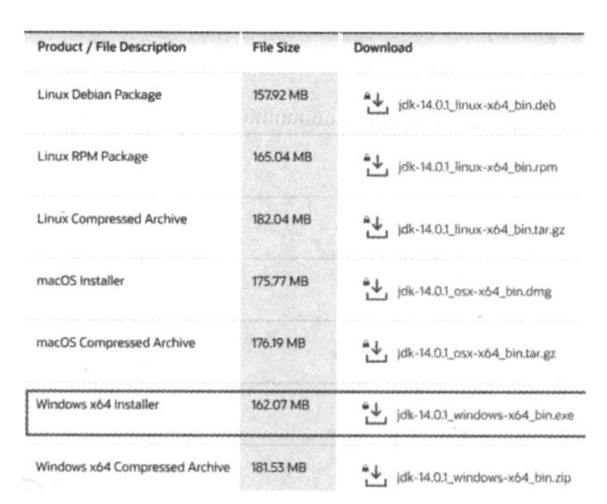

Product / File Description	File Size	Download
Linux Debian Package	157.92 MB	jdk-14.0.1_linux-x64_bin.deb
Linux RPM Package	165.04 MB	jdk-14.0.1_linux-x64_bin.rpm
Linux Compressed Archive	182.04 MB	jdk-14.0.1_linux-x64_bin.tar.gz
macOS Installer	175.77 MB	jdk-14.0.1_osx-x64_bin.dmg
macOS Compressed Archive	176.19 MB	jdk-14.0.1_osx-x64_bin.tar.gz
Windows x64 Installer	162.07 MB	jdk-14.0.1_windows-x64_bin.exe
Windows x64 Compressed Archive	181.53 MB	jdk-14.0.1_windows-x64_bin.zip

图 1-2　选择安装版本

☆大牛提醒☆

在图 1-2 中，Installer 表示安装版本，安装过程自动配置；Compressed Archive 表示压缩版本，安装过程需要自己配置。

步骤 3：选择版本之后进入下载页面，选择 Reviewed and accept…协议，然后单击 Download jdk-14.0.1_windows-x64_bin.exe 按钮进行下载，如图 1-3 所示。

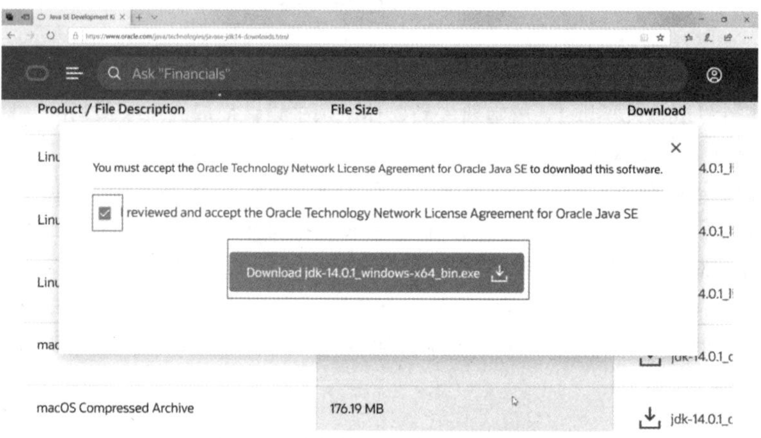

图 1-3　选择接受协议并下载 JDK

1.2.2　JDK 的安装

JDK 安装包下载完毕后，就可以进行安装了，具体安装步骤如下：

步骤 1：双击下载的 jdk-14.0.1_windows-x64_bin.exe 文件，进入“安装程序”对话框，单击“下一步”按钮，如图 1-4 所示。

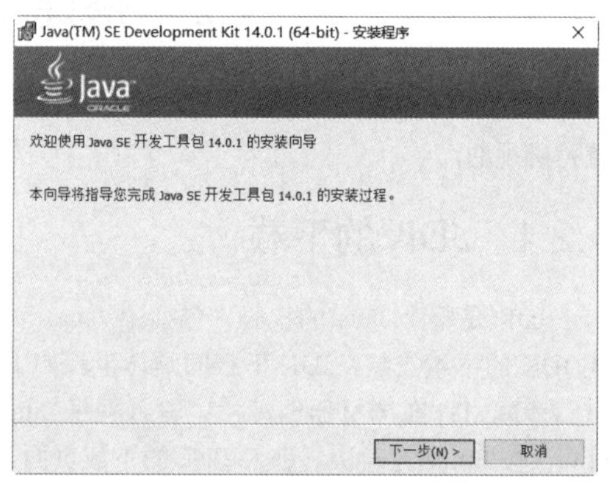

图 1-4　“安装程序”对话框

步骤 2：弹出“目标文件夹”对话框，可根据自己的需要更改安装路径，单击“下一步”按钮，如图 1-5 所示。

步骤 3：JDK 开始自动安装。安装成功后，进入“完成”对话框，提示用户 JDK 已成功安装，单击“关闭”按钮即可完成 JDK 的安装，如图 1-6 所示。

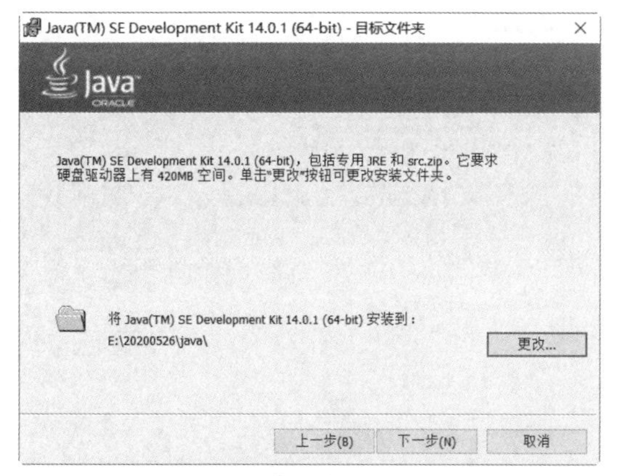

图 1-5　“目标文件夹”对话框

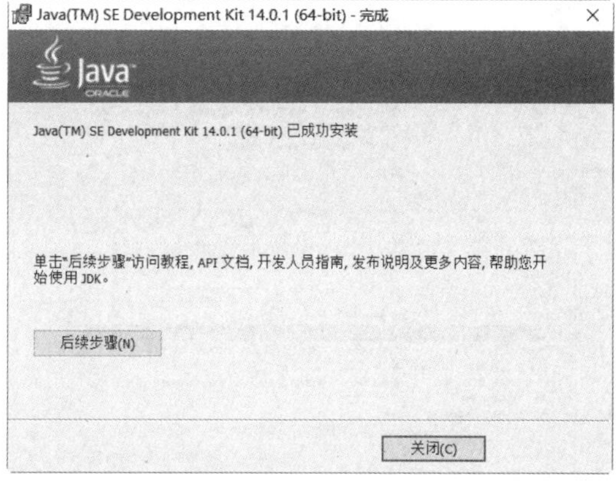

图 1-6　“完成”对话框

1.2.3　JDK 环境配置

JDK 安装完成后，还需要配置环境变量才能使用 Java 开发环境。这里配置环境变量 Path，具体实现步骤如下：

步骤 1：在桌面上选择“此电脑”图标，右击，在弹出的快捷菜单中选择“属性”菜单命令，打开“系统”窗口，如图 1-7 所示。

步骤 2：单击“高级系统设置”选项，弹出“系统属性”对话框，选择“高级”选项卡，单击“环境变量（N）”按钮，如图 1-8 所示。

图 1-7　“系统”窗口

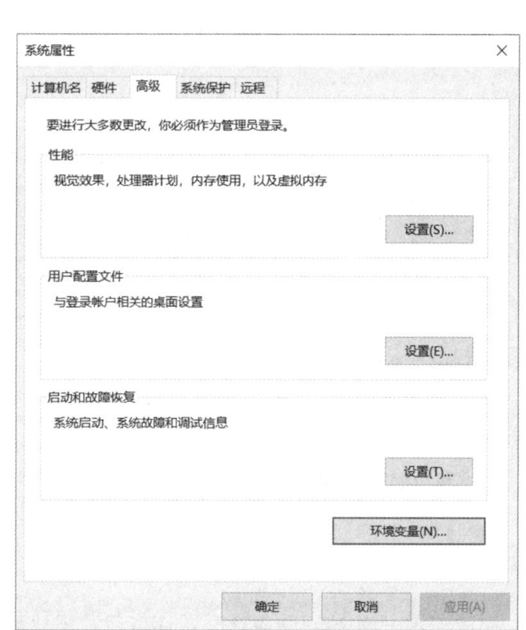

图 1-8　“系统属性”对话框

步骤 3：弹出“环境变量”对话框，在“系统变量(S)”列表框中选择 Path 变量，如图 1-9 所示。

步骤 4：双击 Path 变量，弹出“编辑环境变量”对话框，单击“编辑文本(T)”按钮，如图 1-10 所示。

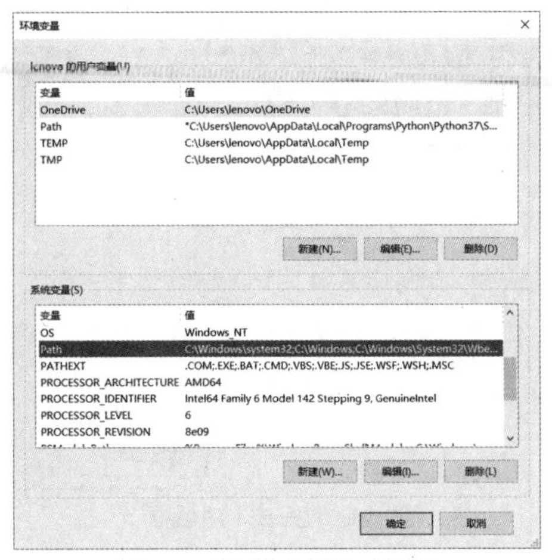

图 1-9 “环境变量”对话框

图 1-10 “编辑环境变量”对话框

步骤 5：打开“编辑系统变量”对话框，在“变量值（V）”的参数最前面加入 JDK 安装路径下的 bin 文件路径，这里所加路径为 E:\20200526\java\bin;，如图 1-11 所示。

步骤 6：单击“确定”按钮，返回“环境变量”对话框，这时可以发现 Path 变量最前面有刚添加的路径 E:\20200526\java\bin;，如图 1-12 所示。最后单击“确定”按钮，即可完成 JDK 环境配置。

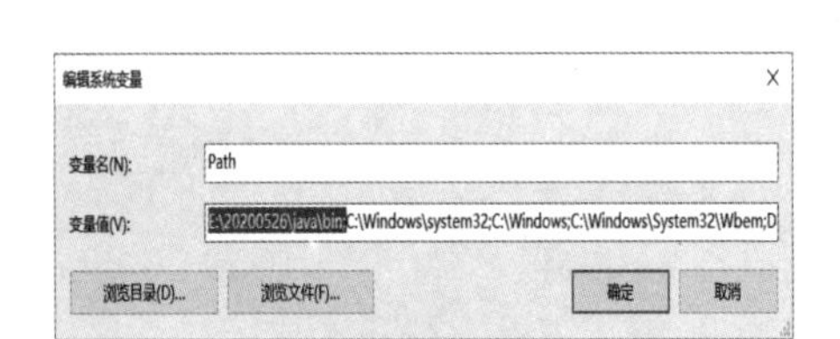

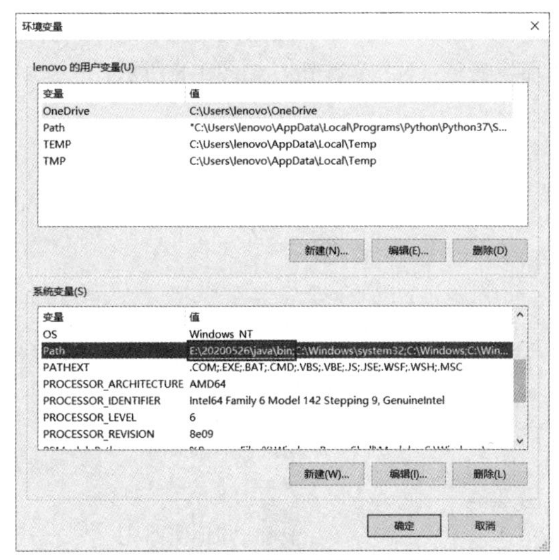

图 1-11 “编辑系统变量”对话框

图 1-12 “环境变量”对话框

1.2.4 测试开发环境

完成 JDK 的安装，并成功配置环境后，需要测试一下配置的准确性，具体操作步骤如下：

步骤 1：右击“开始”按钮，在弹出的快捷菜单中选择“运行”菜单命令，打开“运行”对话框，在“打开”文本框中输入 cmd 命令，如图 1-13 所示。

步骤 2：单击“确定”按钮，即可打开“命令提示符”窗口，在其中输入命令 javac 并按 Enter 键，即可显示 JDK 的编译器信息，则说明开发环境配置成功，如图 1-14 所示。

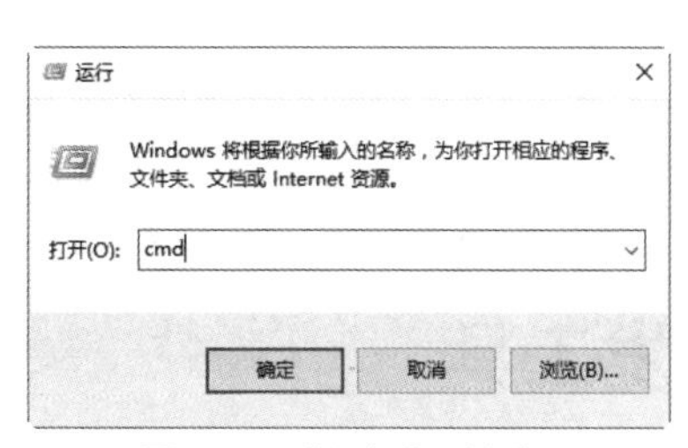

图 1-13 “运行”对话框

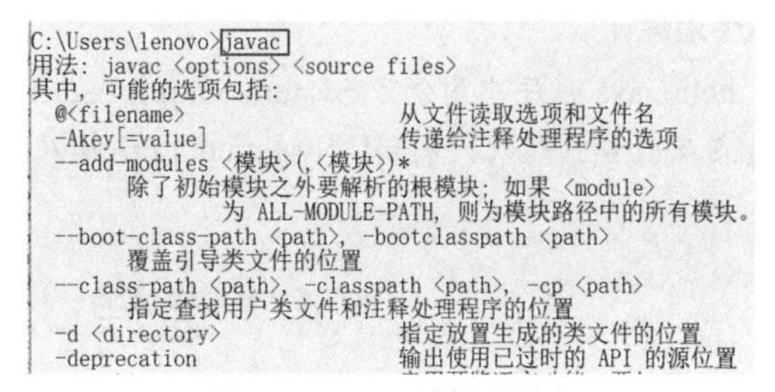

图 1-14 JDK 编译器信息

1.3 我的第一个 Java 程序

Java 开发环境配置好后，现在就用第一个 Java 程序——输出文字 Hello！Java！来体验一下 Java 语言的魅力吧！

编写 Hello！Java！程序的具体步骤如下：

步骤 1：新建记事本文件，输入如图 1-15 所示的内容，并保存成 hello.java 文件。

☆**大牛提醒**☆

.java 文件名与代码中类（class）名称必须是一致的，如图 1-15 所示。另外，由于 Java 是解释性语言，因此，这里可以用记事本来编写 Java 代码。

步骤 2：程序写好了，现在开始编译该程序代码。打开“命令提示符”窗口，进入 hello.java 所在的文件夹，输入编译命令 javac hello.java，按 Enter 键，这时在 hello.java 文件所在目录下会生成一个 class 文件，如图 1-16 所示。

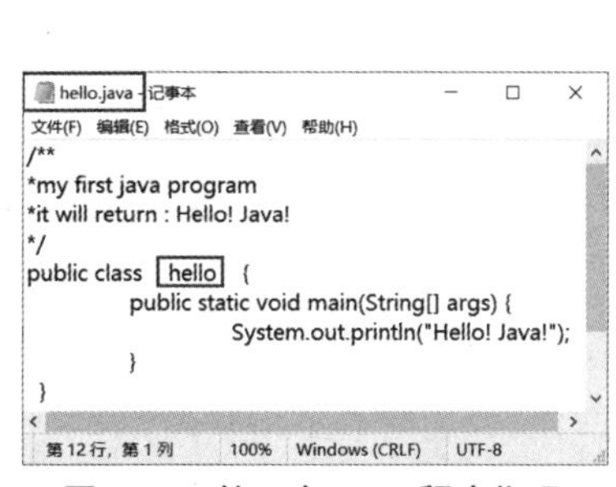

图 1-15 第一个 Java 程序代码

图 1-16 编译之后生成 class 文件

步骤 3：程序代码编译好了，现在开始执行程序输出相应的内容。在“命令提示符”窗口中的程序文件所在路径下输入执行命令 java hello，按 Enter 键，这时就会输出 hello.java 程序中的内容——“Hello！Java！”，如图 1-17 所示。

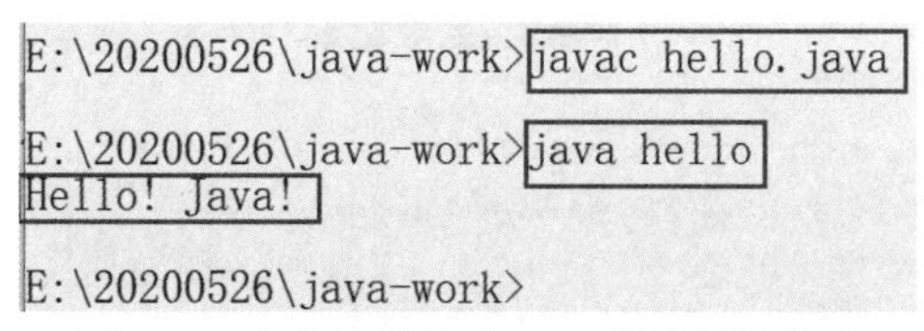

图 1-17 用记事本写的 Java 程序运行结果

☆大牛提醒☆

hello.java 程序中用到了 System.out.println()函数，当使用该函数输出文字时，必须将所输出文字用英文双引号引起来，例如：System.out.println("Hello！ Java！ ")。

1.4 选择 Java 开发工具

当前，主流的 Java 开发工具是 Eclipse，它不但免费，而且功能齐全，使用起来非常方便。下面详细介绍 Eclipse 的下载安装与使用。

1.4.1 Eclipse 的下载

用户可以到 Eclipse 工具的官方网站来下载 Eclipse 开发工具。具体步骤如下：

步骤 1：在浏览器的地址栏中输入网址 https://www.eclipse.org/downloads，进入 Eclipse 下载页面，单击 Download Packages 超链接，如图 1-18 所示。

步骤 2：进入版本选择页面，这里选择 Eclipse IDE for Java Developers 选项，并根据自己计算机的系统需求来选择相应的版本，这里选择 Windows 64 bit，如图 1-19 所示。

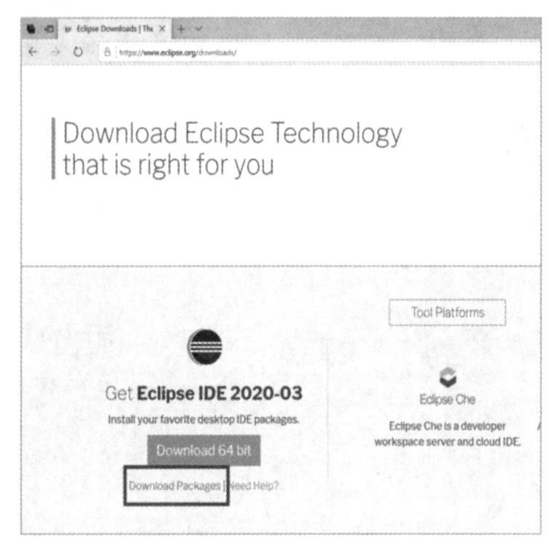

图 1-18 Eclipse 下载首页

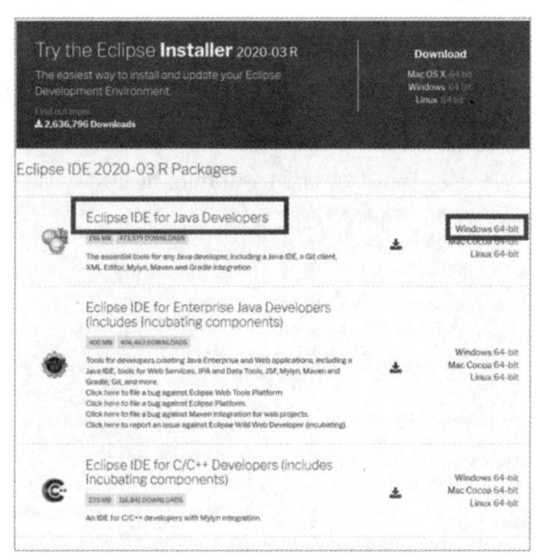

图 1-19 Eclipse 版本选择页

步骤 3：单击相应的版本进入下载页，单击 Download 按钮进行下载，如图 1-20 所示。

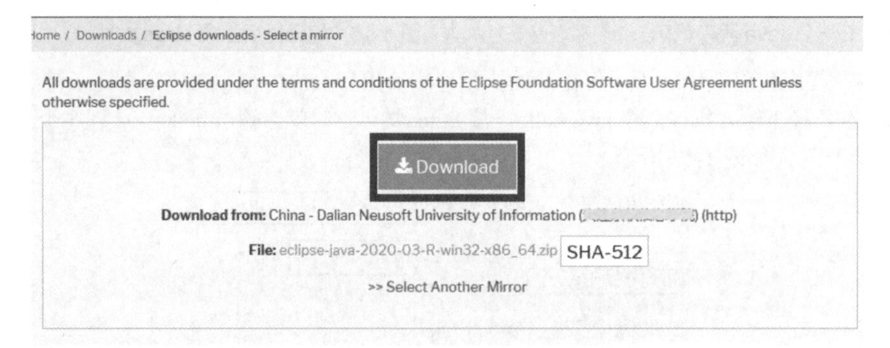

图 1-20 Eclipse 下载页

☆**大牛提醒**☆

如果下载不成功，或者很久都没有下载提示，可以单击 Select Another Mirror 超链接，选择其他的镜像来下载，如图 1-21 所示。不过，如果网络环境好，默认镜像就能成功下载。

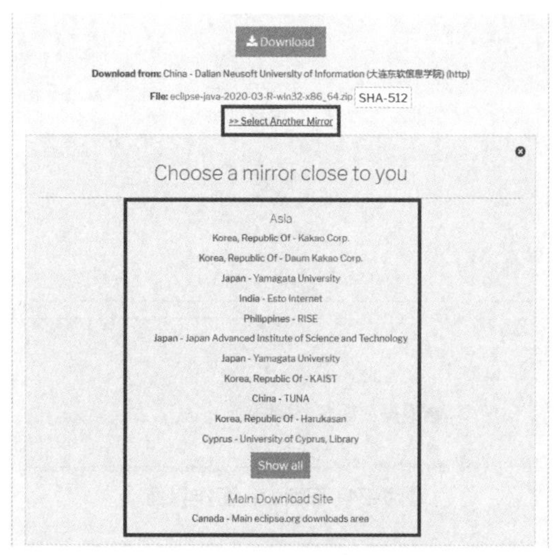

图 1-21　镜像选择页面

1.4.2　Eclipse 的安装与配置

将下载好的压缩文件解压到自己指定的文件夹，然后运行文件 eclipse.exe，会弹出工作空间目录选择页面，也就是在 Eclipse 上创建的 Java 项目文件存放位置，这里根据自己的需要更改文件夹路径，并将下面的默认路径选上，这样就不需要每次运行 Eclipse 时再确认工作空间路径了，如图 1-22 所示。

单击 Launch 按钮进入 Eclipse 工作台欢迎界面，如图 1-23 所示，这样就完成了 Eclipse 开发工具的配置，以后再运行 eclipse.exe 文件就可以直接进入和使用 Eclipse 开发工具了。

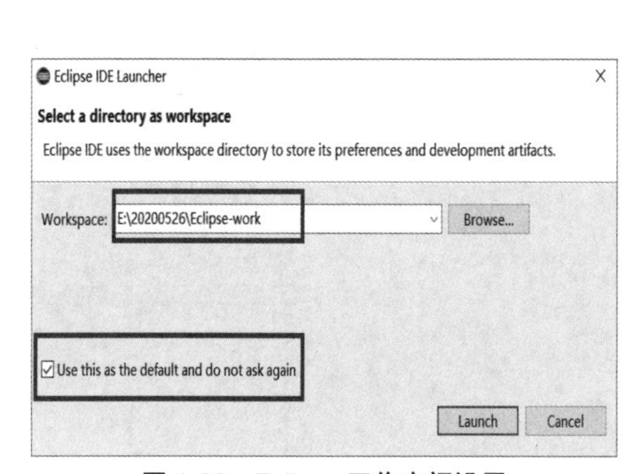

图 1-22　Eclipse 工作空间设置

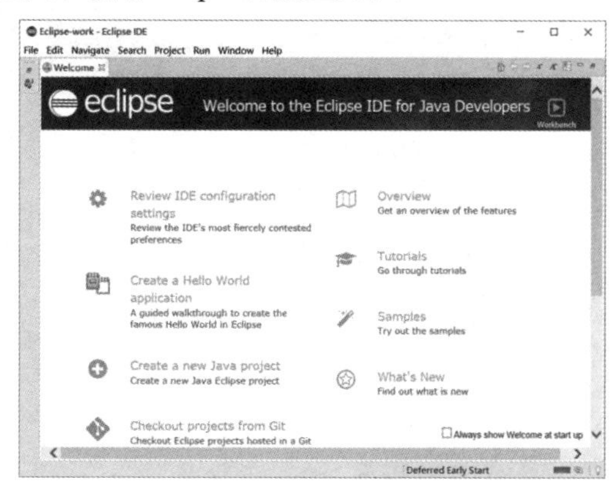

图 1-23　Eclipse 欢迎界面

1.4.3　Eclipse 的界面介绍及使用

启动并运行 Eclipse 开发工具，进入如图 1-24 所示的工作界面，这里标出了各个模块的名称。编辑区是编辑代码的区域，项目视图区是创建项目文件显示的区域，其他视图窗口根据需要会显示相应的内容。

图 1-24　Eclipse 工作界面

1.4.4　Eclipse 创建 Java 项目

成功安装和配置好 Java 及 Eclipse 程序后，会让学习者更轻松地学习 Java，现在开始在 Eclipse 下的 Java 学习。这里创建一个 Java 项目，具体步骤如下。

步骤 1：单击项目视图区的 Create a Java project 超链接，如图 1-25 所示，或者选择 File→New→Java Project 菜单命令，如图 1-26 所示。

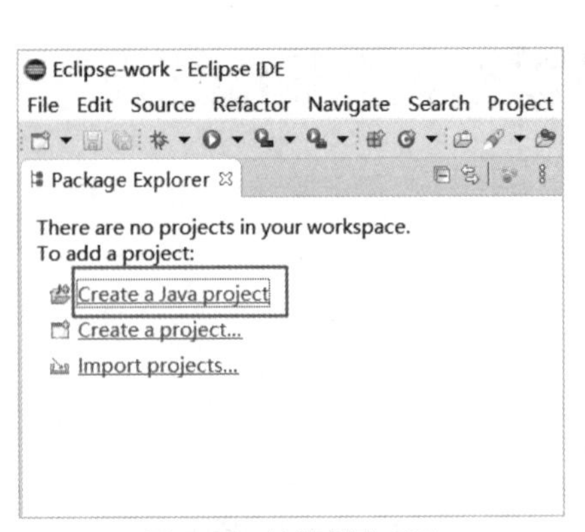

图 1-25　快捷创建项目

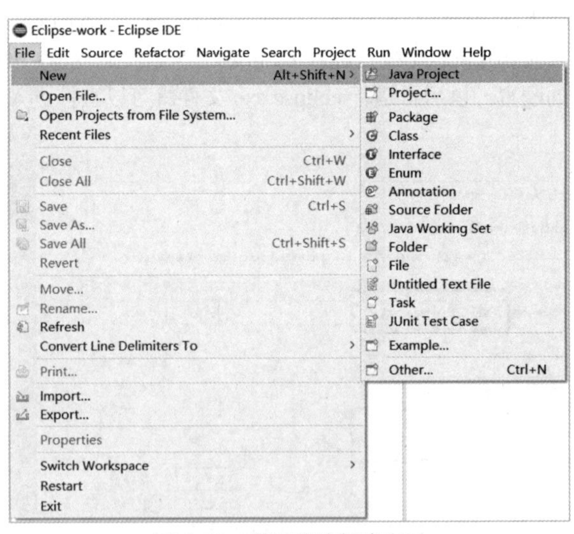

图 1-26　通过菜单创建项目

步骤 2：打开 New Java Project 窗口，在其中输入 Java 项目的名称，其他设置选择默认设置即可，单击 Finish 按钮。如图 1-27 所示。

步骤 3：打开 New module-info.java 对话框，在其中可以输入程序模块化的名称，不过在学习初期，模块化文件没有必要，还有可能影响 Java 项目的运行，所以这里不建议创建程序模块，如图 1-28 所示。

步骤 4：单击 Don't Create 按钮，即可实现 Java 项目的创建，如图 1-29 所示。

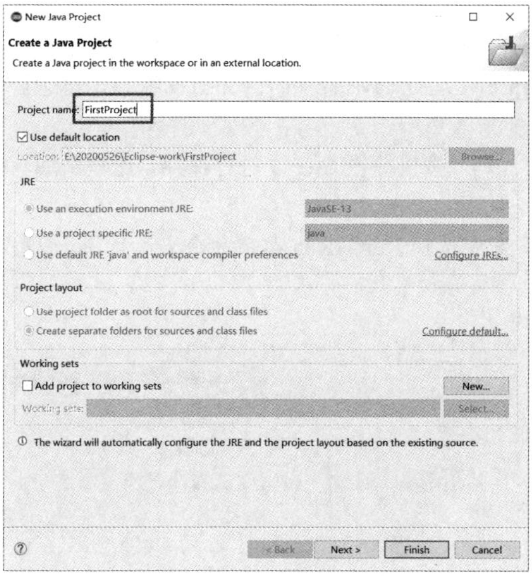

图 1-27　Java 项目命名对话框

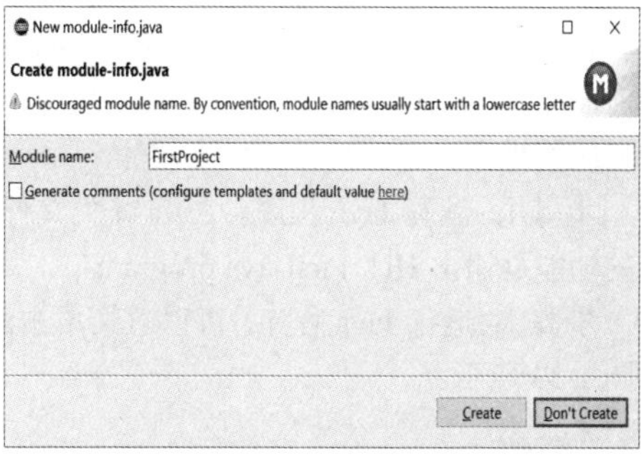

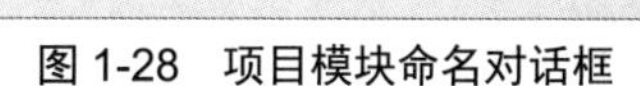

图 1-28　项目模块命名对话框

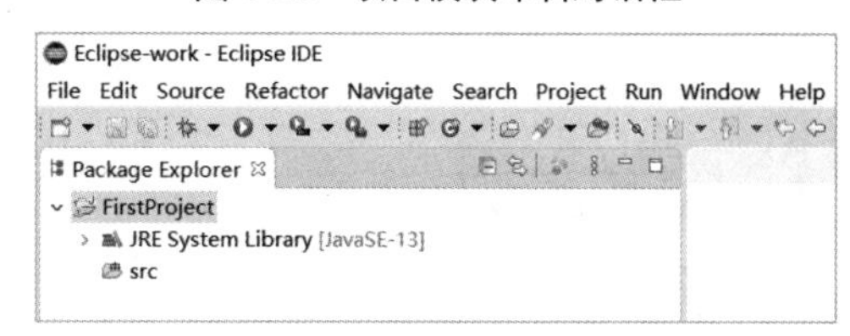

图 1-29　项目创建成功界面

1.4.5　创建 Java 的类文件

创建 Java 类文件时，会自动打开 Java 编辑器，创建 Java 类文件可以通过“新建 Java 类”的向导来完成，具体操作步骤如下：

步骤 1：选择 File→New→Class 菜单命令，如图 1-30 所示。

步骤 2：弹出 New Java Class 对话框，在 Package 文本框中输入文件包的名称 myPackage。在 Name 文本框中输入类名称 FirstJava，选择 public static void main (String[] args)复选框，保证所创建的类是能运行的主类。单击 Finish 按钮，完成创建 Java 类文件的操作，如图 1-31 所示。

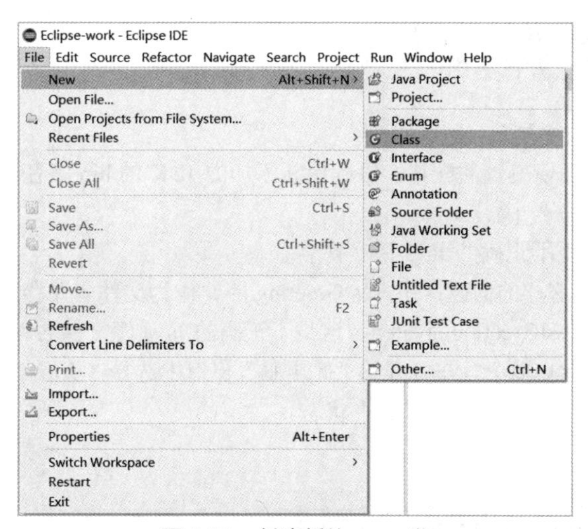

图 1-30　创建新的 Java 类

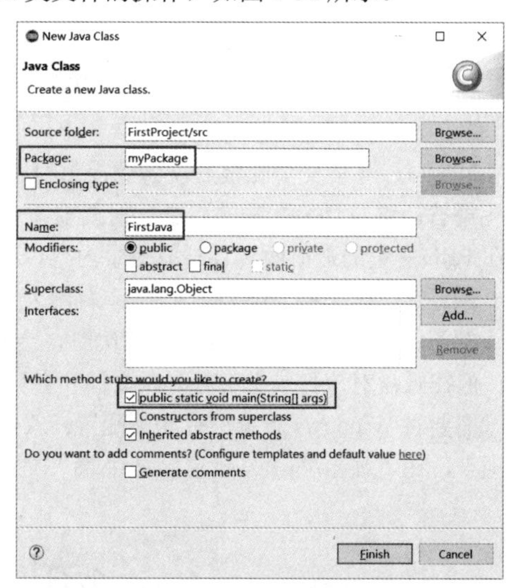

图 1-31　给 Java 类命名并设置

1.4.6 编写和运行 Java 程序

创建的 Java 类文件会在 Eclipse 的编辑区被打开，该区域可以重叠放置多个文件进行编辑。编辑前面创建的 Java 类文件进行 Java 程序编写，Eclipse 在运行 Java 程序时会先自动编译，再运行输出相应的程序内容。具体操作步骤如下：

步骤 1：编写 Java 程序，在 Java 类文件中输入代码，按快捷键 Ctrl+S 进行保存，这里所编写代码的功能是输出 Hi！FirstJava program！，如图 1-32 所示。

步骤 2：运行 Java 程序。可以直接单击按钮，或者选择 Run→Run 菜单命令来运行 Java 程序，如图 1-33 所示。

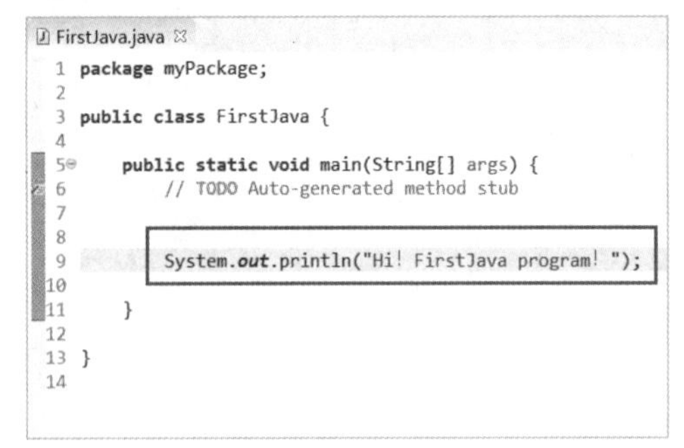

图 1-32 编写 Java 程序

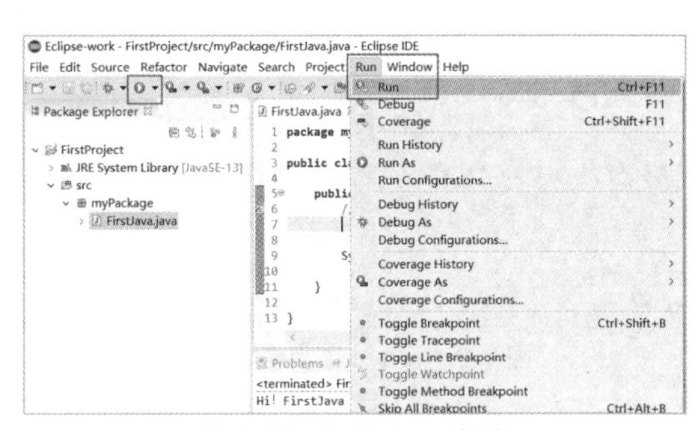

图 1-33 运行 Java 程序

步骤 3：运行结果显示在 Console 视图界面中，如图 1-34 所示。

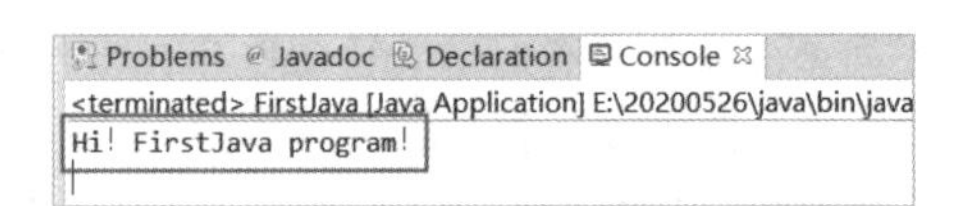

图 1-34 在 Eclipse 下第一个 Java 程序运行结果

☆**大牛提醒**☆

使用 Eclipse 编写程序要比使用记事本省事很多，而且 Eclipse 能够提示代码书写，这就加快了代码的编写速度并提高了代码书写的正确率。

1.5 新手疑难问题解答

问题 1：环境变量配置后，命令提示符中仍找不到 javac 命令？

解答：这是环境配置的问题，需要重新进行环境变量的配置，以确保新添加的 JDK 的 bin 路径处在 Path 变量的最前面，且与原变量内容以英文分号;隔开。

问题 2：在保存 Java 源代码后，为什么会出现不正确的 Java 源文件名？

解答：初学者在保存 Java 源代码时，会出现这样的问题：用 TestGreeting.java 作为文件名保存的，但在磁盘对应目录中查看时，文件名会变为 TestGreeting.java.txt，这是不正确的 Java 源文件名。这时需要对 Windows 系统进行如下配置：双击“此电脑”，在打开的“此电脑”窗口中选择“查看”选项卡，在“显示/隐藏”设置区域中将“文件扩展名”设置为未选中状态。

1.6 实战训练

实战 1：输出“乾坤未定！你我皆是黑马！”。

编写程序，在窗口中输出语句“乾坤未定！你我皆是黑马！”，程序运行效果如图 1-35 所示。

实战 2：打印星号字符图形。

编写程序，在窗口中输出用星号组成的三角形，效果如图 1-36 所示。

实战 3：打印星号字符图形。

编写程序，打印一个由星号组成的菱形，效果如图 1-37 所示。

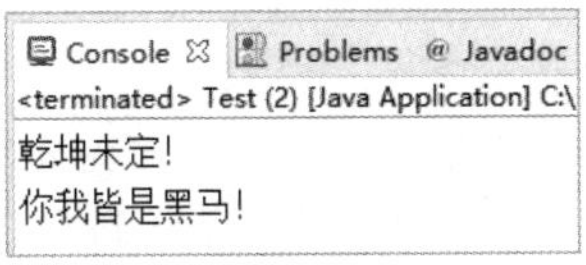

Console
Problems
Javadoc
<terminated> Test (2) [Java Application] C:\
乾坤未定!
你我皆是黑马!

图 1-35　输出信息

Console
Problems
Javadoc
Declaration
<terminated> Test (2) [Java Application] C:\Users\Administra

图 1-36　打印三角形

Console
Problems
Javadoc
<terminated> Diamond [Java Application] C:

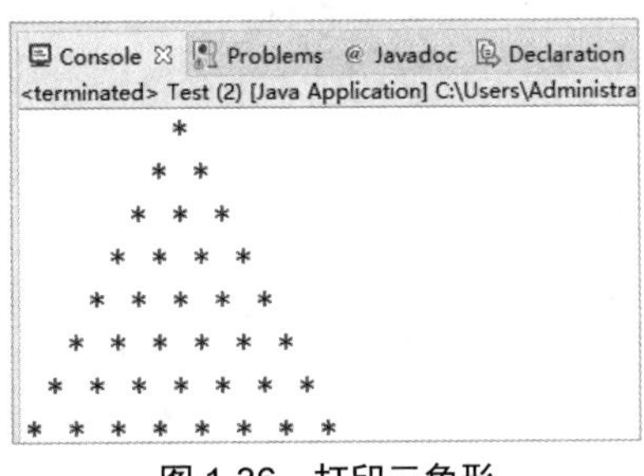

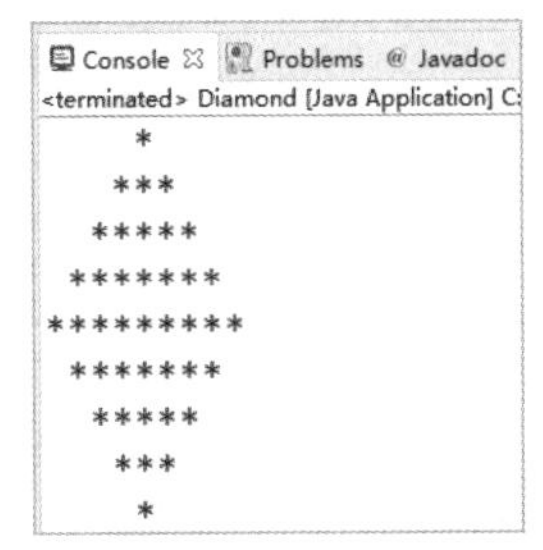

图 1-37　打印菱形

第 2 章

Java 语言基础

学习一门编程语言，最好的方法就是充分了解并掌握其基础知识，为以后大型项目的实现做好坚实的基础。Java 语言中的基础知识包括变量、常量、基本数据类型、运算符等。本章介绍 Java 语言基础。

2.1　剖析第一个 Java 程序

通过第 1 章的学习，相信读者已经能够使用 Eclipse 编写出第一个 Java 程序 FirstJava。

【例 2.1】使用 Eclipse 编写第一个 Java 程序 FirstJava（源代码\ch02\2.1.txt）。

```
package myPackage;
public class FirstJava {
    public static void main(String[] args) {
        System.out.println("Hi! FirstJava program!");
    }
}
```

运行结果如图 2-1 所示。

```
Console ⌧ Problems @ Javadoc Declaration
<terminated> FirstJava [Java Application] C:\Users\Administrator
Hi! FirstJava program!
```

图 2-1　第一个 Java 程序

下面通过剖析这个程序，让读者对 Java 程序有进一步的认识。所有的 Java 程序都必须放在一个类中才可以执行，定义类的语法格式如下：

```
[public] class 类名称{
    代码
}
```

定义类的形式有两种，分别如下：

（1）public class：文件名称必须与类名称保持一致，在一个*.java 文件中只能够定义一个 public class。

（2）class：文件名称可以和类名称不一致，在一个*.java 文件中可以同时定义多个 class，并且编译之后会发现不同的类都会保存在不同的*.class 文件之中。

此处有一个重要的命名约定需要遵守：在定义类名称时，每个单词的首字母都必须大写，例如：TestJava、HelloDemo 等。

主方法（main）是一切程序的开始点，主方法的编写形式如下（一定要在类中写）：

```
public static void main(String[] args) {
    编写代码语句;
}
```

这是一个主方法（main），它是整个 Java 程序的入口，所有的程序都是从 public static void main (String[] args)开始运行的，这一行的代码格式是固定的。括号内的 String[] args 不能省掉，如果不写，会导致程序无法执行。String[] args 也可以写成 String args[]，String 表示参数 args 的数据类型为字符串类型，[]表示它是一个数组。

main 之前的 public static void 都是 Java 的关键字，public 表示该方法是公有类型，static 表示该方法是静态方法，void 表示该方法没有返回值。

当需要在界面中显示数据时，就可以使用如下两种方法完成：

（1）输出之后增加换行：System.out.println(输出内容);

（2）输出之后不增加换行：System.out.print(输出内容)。

【例 2.2】 print 与 println 的区别，观察换行（源代码\ch02\2.2.txt）。

```
package myPackage;
public class Test{
    public static void main(String[] args) {
        System.out.print("Hello") ;
        System.out.print(" Java ") ;
        System.out.println(" !!! ") ;
        System.out.println("你好 Java! ") ;
    }
}
```

运行结果如图 2-2 所示。

```
Console  Problems  @ Javadoc
<terminated> FirstJava [Java Application] C
Hello Java  !!!
你好Java!
```

图 2-2 print 与 println 的区别

通过运行结果可以看出，虽然 Hello、Java 和!!!分为三个语句输出，但显示结果还是在一行，说明 print 在输出之后没有换行，而 println 在输出之后增加了换行。

总之，在编写 Java 程序时，应注意以下几点：

（1）大小写敏感：Java 是大小写敏感的，这就意味着标识符 Hello 与 hello 是不同的。

（2）类名：对于所有的类来说，类名的首字母应该大写。如果类名由若干单词组成，那么每个单词的首字母应该大写，例如 MyFirstJavaClass。

（3）方法名：所有的方法名都应该以小写字母开头。如果方法名含有若干单词，则后面的每个单词首字母大写。

（4）源文件名：源文件名必须和类名相同。当保存文件时，用户应该使用类名作为文件名保存（切记 Java 是大小写敏感的），文件名的后缀为.java（如果文件名和类名不相同，则会导致编译错误）。

（5）主方法入口：所有的 Java 程序都是由 public static void main(String[] args)方法开始执行。

2.2 Java 基础语法

我们可以将一个 Java 程序看作是一系列对象的集合，而这些对象通过调用彼此的方法来协同工作。其中，对象是类的一个实例，有状态和行为；类是一个模板，用于描述一类对象的行为和状态；方法是行为，一个类可以有很多方法，逻辑运算、数据修改以及所有动作都是在方法中完成的。

2.2.1 标识符

Java 所有的组成部分都需要名字。类名、变量名以及方法名都被称为标识符。例如：在之前所定义的 FirstJava 这个类的名称，就是一种标识符。

在定义标识符时要有意义，例如 studentName、School 等，这些都表示有意义的单词。特别要注意的是，标识符不能使用 Java 的关键字，关键字指的是一些在语法结构中有特殊含义的标记。如图 2-3 所示，代码行中红色标记的单词都叫关键字，不能够作为标识符。

```
 7 public class Test {
 8     public static void main(String[] args) {
 9         /*
10          * 欢迎来到Java世界，下面的代码会将“你好世界！”显示在控制台。
11          */
12         // 在控制台显示你好世界!
13         System.out.println("你好世界！");
14         // System.out.println("此条信息不会显示");
15     }
16 }
```

图 2-3 关键字和标识符

举例说明，下面的标识符是合法的：

```
myName1            //合法
My_name1           //合法
Points1            //合法
$points            //合法
_my_name           //合法
PI                 //合法
_50c               //合法
```

下面的标识符是不合法的：

```
for                //不合法,关键字
12name             //不合法,数字开头
254                //不合法,数字开头,只由数字组成
user name          //不合法,不能有空格等不合法字符
```

总之，在 Java 中，标识符的命名有一些规则，这些规则是大家约定俗成的，应该尽量遵守。

（1）类和接口名：每个单词的首字母大写，含大小写，例如 MyClass、HelloWorld、Time 等。

（2）方法名：第一个单词的首字母小写，其余单词的首字母大写，含大小写，尽量少用下画线，例如 myName、setTime 等。这种命名方法叫作驼峰式命名。

（3）常量名：基本数据类型的常量名全部使用大写字母，单词与单词之间用下画线分隔，对象常量含大小写，例如 SIZE_NAME。

（4）变量名：第一个单词的首字母小写，其余单词的首字母大写，含大小写。不用下画线，少用美元符号。给变量命名要尽量做到见名知义。

另外，关于 Java 标识符，还需要注意以下四点：

（1）所有的标识符都应该以字母（A～Z 或者 a～z）、美元符号（$），或者下画线（_）开始。

（2）首字符之后可以是字母（A～Z 或者 a～z）、美元符号（$）、下画线（_）或数字的任何字符组合。

（3）标识符不能是 Java 中的关键字或保留字。

（4）标识符是大小写敏感的，应区分字母的大小写。

2.2.2 关键字

关键字是 Java 中事先定义好的，具有一定意义和作用的唯一标识符。Java 语言中的关键字如表 2-1 所示。

表 2-1　Java 中的关键字

abstract	default	for	package	synchronized
assert	do	goto	private	this
boolean	double	if	protected	throw
break	else	implements	public	throws
byte	enum	import	return	transient
case	extends	instanceof	short	true
catch	false	int	static	try
char	final	interface	strictfp	void
class	finally	long	super	volatile
continue	float	new	switch	while

以上的所有关键字都不需要特别强记，只要代码写熟了，自然就记住了。但是针对以上的关键字，还有几点说明：

（1）Java 的关键字是随新的版本发布在不断变动中的，不是一成不变的。

（2）所有关键字都是小写的。

（3）goto 和 const 不是 Java 编程语言中使用的关键字，它们是 Java 的保留字，也就是说 Java 保留了它们，但是没有使用它们。

（4）有三个严格来讲不是关键字，其具备特殊含义的标记：true（真）、false（假）、null（空）。

（5）表示类的关键字是 class。

2.2.3　分隔符

在 Java 中，有一类特殊的符号称为分隔符，包括空白分隔符和普通分隔符。空白分隔符包括空格、回车、换行和制表符。空白分隔符的主要作用是分隔标识符，帮助 Java 编译器理解源程序。例如：

```
int a;
```

若标识符 int 和 a 之间没有空格，即 inta，则编译程序会认为这是用户定义的标识符，但实际上该语句的作用是定义变量 a 为整型变量。

另外，在编排代码时，适当的空格和缩进可以增强代码的可读性，例如下面这段代码：

```
public class HelloWorld {
    public static void main(String[] args) {
        System.out.println("Hello World!");
    }
}
```

在这个程序中，用到了大量的用于缩排的空格（主要是制表符和回车），如果不使用缩排空格，这个程序可能会显示如下：

```
public class HelloWorld{public static void main(String[] args){
    System.out.println("Hello World!");}
}
```

相比较上一个程序，这个程序没有使用制表符来做缩排，显然在层次感上差了很多，甚至，还可能是如下情况：

```
public class HelloWorld{public static void main(String[] args){System.out.println
```

```
("Hello World!");}}
```

这个程序所有的语句都写在同一行上。其在语法上是正确的，但在可读性上是非常不好的。因此，在写程序时要灵活地使用空格来分隔语句或者做格式上的缩排，但是，也不能滥用。使用空白分隔符要遵守以下规则：

（1）任意两个相邻的标识符之间至少有一个分隔符，以便编译程序能够识别。

（2）变量名、方法名等标识符不能包含空白分隔符。

（3）空白分隔符的多少没有什么含义，一个空白符和多个空白符的作用相同，都是用来实现分隔功能的。

（4）空白分隔符不能用非普通分隔符替换。

普通分隔符具有确定的语法含义，如表 2-2 所示。

表 2-2　Java 的普通分隔符

分隔符	名　称	功能说明
{}	花括号	用来定义块、类、方法及局部范围，也用来包括自己初始化的数组的值。花括号必须成对出现
[]	方括号	用来进行数组的声明，也用来撤销对数组值的引用
()	圆括号	在定义和调用方法时，用来容纳参数表。在控制语句或强制类型转换的表达式中用来表示执行或计算的优先权
;	分号	用来表示一条语句的结束。语句必须以分号结束，否则即使一条语句跨行或者多行，仍是未结束的
,	逗号	在变量声明中，用于分隔变量表中的各个变量；在 for 控制语句中，用来将圆括号里的语句连接起来
:	冒号	说明语句标号
.	圆点	用于类/对象和它的属性或者方法之间的分隔。例如，圆点“.”就起到了分隔类/对象和它的方法或者属性的作用

Eclipse 提供了一种简单快速调整程序格式的功能，可以选择 source→format 菜单命令来调整程序格式，如果程序没有错误，格式会变成预定义的样式。在编写程序完成后，执行快速格式化，可以使代码美观整齐。

2.2.4　代码注释

类似于 C/C++，Java 也支持单行以及多行注释。注释中的字符将被 Java 编译器忽略。例如下面这段代码，里面具有单行注释与多行注释。

```
public class HelloWorld {
   /* 这是第一个 Java 程序
    * 它将打印 Hello World
    * 这是一个多行注释的示例
    */
    public static void main(String[] args){
       //这是单行注释的示例
       /* 这个也是单行注释的示例 */
       System.out.println("Hello World!");
    }
}
```

1. 单行注释

单行注释形如“//注释内容”。单行注释标记符号“//”之后的内容不参与编译运行，语法格式如下：

```
//注释内容
```

例如，以下代码为声明的 char 型变量添加注释：

```
char name   //声明 char 型变量,用于保存姓名信息
```

☆**大牛提醒**☆

在 Eclipse 中选择要注释的行，并按 Ctrl+/组合键可以注释和取消注释。

2. 多行注释

多行注释形如“/*注释内容*/”。“/* */”为多行注释标记，符号“/*”和“*/”之间的所有内容均为注释内容。注意“/*”和“*/”必须成对出现，语法格式如下：

```
/*
注释内容 1
注释内容 2
…
/*
```

例如以下代码：

```
/* 这个方法的参数说明如下:
   index:索引
   Size:尺码
   Color:颜色
*/
```

☆**大牛提醒**☆

在 Eclipse 中选择要注释的内容，按 Ctrl+Shift+/组合键可以进行多行注释；按 Ctrl+Shift+\组合键可以取消多行注释。

3. 文档注释

文档注释形如“/**注释内容*/”，这样以“/**”开头，以“*/”结尾的注释。符号“/**”和“*/”之间的内容均为文档注释内容。当文档注释出现在声明（如类的声明、类的成员变量声明、类的成员方法声明等）之前时，会被 Javadoc 文档工具作为 Javadoc 文档内容读取。

例如，下面代码就是一个文档说明注释。

```
/**
* 类方法的详细使用说明
*
* @param 参数 1 的使用说明
* @return 返回结果的说明
* @throws 异常类型,错误代码 注明从此类方法中抛出异常的说明
*/
```

☆**大牛提醒**☆

一定要养成良好的编码习惯，在编写代码时，尽量做到“可读性第一，效率第二”，所以程序员必须要在程序中添加适量的注释来提高程序的可读性和可维护性，建议程序中的注释总量不低于代码总量的 20%。

2.3　变量与常量

在程序执行过程中，值能被改变的量称为变量，值不能被改变的量称为常量。变量与常量的命名必须使用合法的标识符。

2.3.1 变量

在 Java 中，变量用于存储程序中可以改变的数据。形象地讲，变量就像一个存放物品的抽屉，知道了抽屉的名字（变量名），也就能找到抽屉的位置（变量的存储单元）以及抽屉里的物品（变量的值）。当然，抽屉里存放的物品是可以改变的，也就是说，变量的值也是可以变化的。

在 Java 语言中，所有的变量在使用前必须声明。声明变量的基本语法格式如下：

```
type identifier [ = value][, identifier [= value]…] ;
```

参数介绍如下：

- type 为 Java 数据类型。
- identifier 是变量名。可以使用逗号隔开来声明多个同类型变量。

以下列出了一些变量的声明实例。注意有些包含了初始化过程。

```
int a, b, c;                    //声明三个 int 型整数：a、b、c
int d = 3, e = 4, f = 5;        //声明三个整数并赋予初值
byte z = 22;                    //声明并初始化 z
String s = "runoob";            //声明并初始化字符串 s
double pi = 3.14159;            //声明了双精度浮点型变量 pi
char x = 'x';                   //声明变量 x 的值是字符'x'.
```

对于变量的命名并不是任意的，应遵循以下四条规则：

（1）变量名必须是一个有效的标识符。

（2）变量名不可以使用 Java 中的关键字。

（3）变量名不可以重复声明。

（4）应选择有意义的单词作为变量名。

☆**大牛提醒**☆

在 Java 中允许使用汉字或其他语言文字作为变量名，例如：

```
String 名字 = "张珊";                    //合法
String 年级 = "6 年级";                  //合法
int 年龄 = 18;                           //合法
```

这样的命名方法看似可读性很强，但 Java 是跨平台的开发语言，当这样的命名程序在别的平台上运行时，很有可能出现字符编码集发生改变，那么这些中文标识符就会变成乱码，因此建议读者尽量不要使用这些语言文字作为变量名。

2.3.2 常量

常量是程序在运行过程中只有一次被赋值且不能被改变的量。如果常量被多次赋值，则会发生变异错误。

在 Java 中声明一个常量，除了要指定数据类型外，还需要通过 final 关键字进行限定。声明常量的基本语法格式如下：

```
final 数据类型 常量名[=常量值]
```

声明常量，并给常量赋值，代码如下：

```
final double PI=3.1415926;              //声明 double 型常量 PI 并赋值
final boolean BOOL=true;                //声明 boolean 型常量 BOOL 并赋值
```

☆**大牛提醒**☆

常量名通常使用大写字母，这样的命名规则可以清楚地将常量与变量区分开。

【例 2.3】常量的使用。通过定义常量 PI 与圆半径的值，计算圆的面积（源代码\ch02\2.3.txt）。

```
package myPackage;
public class Area{
    public static void main(String[] args) {
        final double PI=3.14;
        final int R=3;
        System.out.println("圆的半径为: "+R);
        double S = PI*R*R;
        System.out.println("圆的面积为: "+S);
    }
}
```

运行结果如图 2-4 所示。

Console ⊠ Problems @ Javadoc Declaration
<terminated> FirstJava [Java Application] C:\Users\Administrator
圆的半径为：3
圆的面积为：28.259999999999998

图 2-4 常量的使用

2.4 基本数据类型

Java 提供了 8 种基本数据类型，其中 6 种是数值型（4 种整数型，2 种浮点型），2 种是非数值型（字符型和布尔型），如图 2-5 所示。

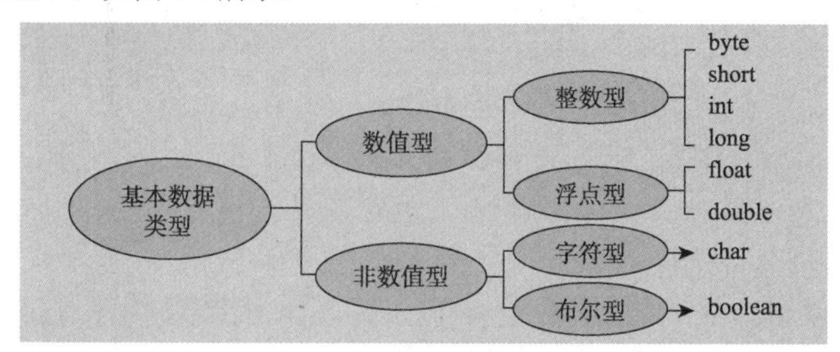

图 2-5 Java 基本数据类型

2.4.1 整数类型

整数类型用来存储整数数值，即没有小数部分的数值。可以是正数，也可以是负数。整数类型根据它在内存中所占大小的不同，可以分为 byte、short、int 和 long 4 种类型。它们具有不同的取值范围，如表 2-3 所示。这 4 种数据类型占据的空间大小不同，取值范围也不同，但使用方法是一样的。用户可以根据不同的使用环境，选择不同的类型。

表 2-3 Java 中的整数类型

数据类型	内存占据空间		取值范围
	字节	长度	
byte（字节）	1 字节	8 位	-128～127
short（短整型）	2 字节	16 位	-32 768～32 767
int（整型）	4 字节	32 位	-2 147 483 648～2 147 483 647
long（长整型）	8 字节	64 位	-9 223 372 036 854 775 808～9 223 372 036 854 775 807

☆大牛提醒☆

在给变量或常量赋值时，要注意取值范围，当赋值超过相应范围时就会出错。

1. int型

int型变量在内存中占4字节，也就是32bit（位），在计算机中bit由0和1表示，所以int型的5在计算机中是这样显示的：

```
00000000 00000000 00000000 00000101
```

int型变量声明的语法格式如下：

```
int 变量名=变量初值
```

例如，以下为int型变量声明示例。

```
int x;                         //声明 int 型变量 x
int x,y;                       //同时声明 int 型变量 x、y
int x=10,y=-10;                //同时声明 int 型变量 x、y,并赋予初值
int x=2+10                     //声明 int 型变量 x,并赋予公式（2+10）计算结果为初值
```

以下为错误的int型变量声明示例。

```
int t =20000000000;            //错误声明,赋值超过了 int 型数据类型的取值范围
```

☆大牛提醒☆

int是Java整型值的默认数据类型，当代码使用整数赋值或输出时，都默认为int型，例如：

```
System.out.println(10+20);     //输出结果为 30
```

这行代码实现的功能与下面的代码一样。

```
int x=10;
int y=20;
int z=x+y;
System.out.println(z);         //输出结果为 30
```

2. byte型

byte型变量的声明与int型变量相同，语法格式如下：

```
byte 变量名=变量初值
```

例如，以下为byte型变量声明示例。

```
byte a;                        //声明 byte 型变量 a
byte a,b,c;                    //同时声明 byte 型变量 a、b、c
byte a=10,b=-5;                //同时声明 byte 型变量 a、b,并赋予初值
```

以下为错误的byte型变量声明示例。

```
byte t = 128;                  //错误声明,赋值超过了 byte 型数据类型的取值范围
```

3. short型

short型变量的声明与int型变量相同，语法格式如下：

```
short 变量名 = 变量初值
```

例如，以下为short型变量声明示例。

```
short x;                       //声明 short 型变量 x
short x,y;                     //同时声明 short 型变量 x、y
short x=10,y=-10;              //同时声明 short 型变量 x、y,并赋予初值
short x=2+10                   //声明 short 型变量 x,并赋予公式（2+10）计算结果为初值
```

以下为错误的short型变量声明示例。

```
short t = 32769;               //错误声明,赋值超过了 short 型数据类型的取值范围
```

4. long 型

long 型变量的取值范围比 int 型大，且属于高级的数据类型，为此在赋值时必须要注明长整型标识，就是用字母 L 或 l 写在数值后面，来与 int 型变量区分。声明的语法格式如下：

```
long 变量名=变量初值
```

例如，以下为 long 型变量声明示例。

```
long number;                                     //声明 long 型变量 number
long number,rum;                                 //同时声明 long 型变量 number、rum
long number =12345678l, rum=-123456678L;         //同时声明 long 型变量 number、rum,并赋予初值
long number=12345678L+789102543L //声明 long 型变量 number,并赋予公式计算的结果为初值
```

以下为错误的 long 型变量声明示例。

```
long  x = 12345678;                              //错误声明,没有长整型标识 L/l
long  t = 2000,000,000,000,000,000,000;          //错误声明,赋值超过了 long 型数据类型的取值范围
```

2.4.2 浮点类型

浮点型数据表示有小数部分的数字，Java 中浮点型分为单精度 float 和双精度 double 两种类型，它们具有不同的取值范围，如表 2-4 所示。

表 2-4 Java 中的浮点类型

数 据 类 型	内存占据空间		取值及精度范围
	字 节	长 度	
float（单精度）	4 字节	32 位	1.4E-45～3.4028235E38
double（双精度）	8 字节	64 位	4.9E-324～1.7976931348623157E308

默认情况下小数都被看作 double 型，如果需要使用 float 型声明小数，则必须在小数后面添加标识符 F/f，否则会出错。另外，可以使用后缀 D 或 d 来明确表明这是一个 double 型数据，但加不加 D 或 d 并没有硬性规定。以下为浮点类型变量声明示例。

```
float x =12.25f;
double y = 2.658d;
double z = 2.369;
```

以下为错误的 float 型变量声明示例。

```
float x1 = 2.25;    //错误声明,没有标识符 F/f
```

☆大牛提醒☆

浮点型数据值是近似值，在系统中计算后的结果会与实际值有偏差。

【例 2.4】灵活玩遍算术题。使用 int、float 和 double 类型的数据进行简单的算术运算（源代码\ch02\2.4.txt）。

```
package myPackage;
public class SimpleCalculation {
    public static void main(String[] args) {
        //int 型数据的四则运算
        int x = 2, y = 3, z1,z2,z3,z4 ;
        z1 = x + y ;    //z1 = 5
        z2 = y - x ;    //z2 = 1
        z3 = x * 2 ;    //z3 = 4
        z4 = y / 2 ;    //z4 = 1 , 这里 3/2 应该是 1.5,但是整数型 int 的运算,结果取整为 1
        System.out.println("z1="+z1);
```

```
        System.out.println("z2="+z2);
        System.out.println("z3="+z3);
        System.out.println("z4="+z4);
        //浮点型 float 和 double 数据的四则运算
        float f1 = 6.66f, f2 = 3.33f, ff1,ff2,ff3,ff4;
        ff1 = f1 + f2 ;
        ff2 = f1 - f2 ;
        ff3 = f2 * 2 ;
        ff4 = f2 / 2 ;
        System.out.println("ff1="+ff1);
        System.out.println("ff2="+ff2);
        System.out.println("ff3="+ff3);
        System.out.println("ff4="+ff4);
    }
}
```

运行结果如图 2-6 所示。

```
Console ⊠  Problems  @ Javadoc  Declaration
<terminated> SimpleCalculation [Java Application] C:\Users\
z1=5
z2=1
z3=4
z4=1
ff1=9.99
ff2=3.33
ff3=6.66
ff4=1.665
```

图 2-6　数值型数据类型运算输出结果

2.4.3　字符类型

Java 可以把字符作为整数对待。由于 Unicode 编码采用无符号编码，可以存储 65536 个字符，其中最小值为\u0000(即 0)，最大值为\uffff (即 65535)，所以 Java 中的字符可以处理大多数国家的语言文字。不过有些字符有多种作用，这就有了转义字符的概念。

1. char 型字符

字符型数据类型 char 是用于存储单个字符，它占用 16 位（2 字节）的内存空间，在声明字符型变量时，要以单引号标识，如 a 就表示一个字符。声明 char 型变量，实例代码如下：

```
char myChar ='c';        //声明 char 型变量 myChar 并赋值
```

如果想要得到一个 0～65535 的数代表 Unicode 表中相应位置上的字符，必须使用 char 型显式转换。例如：

```
char myChar =99;
System.out.println(myChar);
```

输出结果为：

```
c
```

这是因为 99 对应的是小写字母 c 的 Unicode 编码。

char 的默认值是空格，char 还可以与整数做运算。例如：

```
char myChar = 'c',newChar;
newChar = (char) (myChar + 1);
System.out.println(newChar);
```

输出结果为：

```
d
```

这是因为小写字母 c 的 Unicode 编码再加 1，就是 d。

2. 转义字符

Java 的转义字符是一种特殊的字符变量，以反斜杠“\”开头，后跟一个或多个字符。转义字符具有特定的含义，不同于字符原有的意义。Java 中的转义字符集如表 2-5 所示。

表 2-5　Java 中的转义字符集

转 义 字 符	作　用
\ddd	1～3 位八进制数所表示的字符，如\105 为 E
\uxxxx	4 位十六进制数所表示的字符，如\u0045 为 E
\’	单引号字符
\”	双引号字符
\\	反斜杠字符
\t	垂直制表符，将光标移动至下一个制表符的位置
\r	回车
\n	换行
\b	退格
\f	换页

【例 2.5】转义字符的应用。创建 EscapeCharacter 类，在类中定义多个转义字符并输出（源代码\ch02\2.5.txt）。

```
package myPackage;
public class EscapeCharacter {
    public static void main(String[] args) {
        char c1 = '\t';          //制表符转义字符
        char c2 = '\n';          //换行符转义字符
        char c3 = '\r';          //回车符转义字符
        char c4 = '\105';        //八进制表示的字符
        char c5 = '\u0045';      //十六进制表示的字符
        char c6 = '\'';          //单引号转义字符
        char c7 = '\"';          //双引号转义字符
        char c8 = '\\';          //反斜杠转义字符
        System.out.println("[" + c1 + "]");
        System.out.println("[" + c2 + "]");
        System.out.println("[" + c3 + "]");
        System.out.println("[" + c4 + "]");
        System.out.println("[" + c5 + "]");
        System.out.println("[" + c6 + "]");
        System.out.println("[" + c7 + "]");
        System.out.println("[" + c8 + "]");
    }
}
```

运行结果如图 2-7 所示。

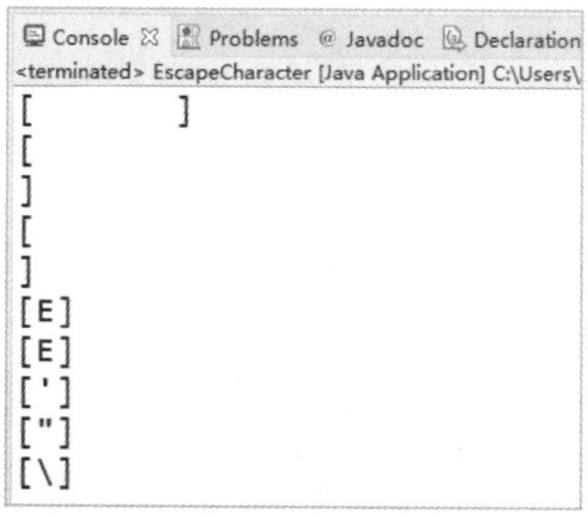

```
Console  Problems  Javadoc  Declaration
<terminated> EscapeCharacter [Java Application] C:\Users\
[        ]
[
]
[
]
[E]
[E]
[']
["]
[\]
```

图 2-7　转义字符运算输出结果

2.4.4 布尔类型

布尔型又称逻辑型，只能取两个值 true 和 false，分别代表布尔逻辑中的“真”与“假”。Java 中布尔值不能与整数型相互转换。布尔值一般用在逻辑判断语句中。布尔型变量声明示例如下：

```
boolean myFlag = true;
System.out.println(myFlag);
```

输出结果为：

```
true
```

【例 2.6】布尔型数据类型的应用。创建 OpenDoor 类，首先弹出输入提示，然后获取用户输入的值，判断用户输入的值是否与默认值相等，最后将结果赋给一个 boolean 变量并输出（源代码\ch02\2.6.txt）。

```
package myPackage;
import java.util.Scanner;                                    //引入扫描器库
public class OpenDoor {
    public static void main(String[] args) {
        Scanner inputKey = new Scanner(System.in);          //控制台输入流的扫描器
        System.out.println("请输入开门口令：");
        String getKey = inputKey.nextLine();                 //控制台获取所输入的整行内容
        boolean checkKey = (getKey.equals("芝麻开门")); //用equals方法判断输入口令是否正确
        System.out.println("口令\"" + getKey + "\"是：" + checkKey + "。");
                                                             //输出口令与判断结果
        inputKey.close();                                    //关闭输入流扫描器
    }
}
```

运行结果如图 2-8 所示。

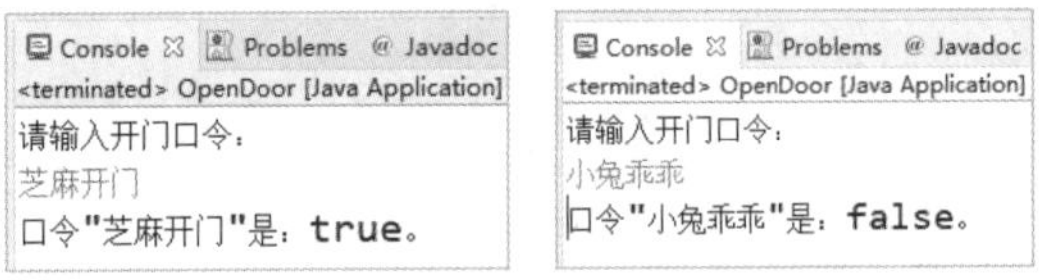

图 2-8 判断口令是否正确

☆大牛提醒☆

实例【例 2.6】中使用了新的 Java 语句：控制台获取数据。这里读者不必深究其声明与使用的过程，该部分涉及对象引用的概念，这部分的知识会在后面的章节中详细介绍。

2.4.5 字符串类型

字符本身只能够包含单个的内容，这在很多情况下是无法满足要求的，所以在 Java 中专门提供了一种 String 类型。String 是引用型数据，是一个类（因此 String 的 S 一定要大写），但是这个类稍微特殊一些。如果现在使用 abc 在 Java 之中就表示定义了字符串 abc。

在 String 类型的变量上使用了“+”，则对于 String 而言表示要执行字符串的连接操作。但“+”既可以表示出数据的加法操作，也可以表示字符串连接，那么如果这两种操作碰到一起会怎么样呢？如果遇到了与字符串的加法操作，所有的数据类型（基本、引用）都会自动地变为 String 型数据。

【例 2.7】输出字符串数据类型（源代码\ch02\2.7.txt）。

```
public class Test {
    public static void main(String[] args) {
```

```
        String s1 = "我爱学";
        String s2 = "Java!";
        System.out.println(s1+s2);//此处的加号表示连接
    }
}
```

运行结果如图 2-9 所示。

Problems @ Javadoc Declaration Console
<terminated> Test [Java Application] C:\Program Files\Ja
我爱学Java!

图 2-9　字符串数据类型运算输出结果

2.5　数据类型转换

在程序中经常会有不同类型的数值间的运算与赋值情况发生，这样的情况下会有数据类型的转换。数据类型转换可分为两种形式，一种隐式转换，另一种是显示转换。

从转换方式考虑，系统自动转换被称为隐式转换，人为强制转换被称为显示转换；从内存分布和精度方面来考虑，低精度向高精度转换的被称为隐式转换，这样内存不会溢出，高精度向低精度转换的被称为显示转换，这样内存会溢出，数据会损失。

数据类型转换的这个溢出过程可以使用如图 2-10 所示的场景来表示。高精度内存分布相当于大盒子中的气球分布，小精度内存分布相当于小盒子中的气球分布。小盒子中的气球进入大盒子，分布是允许的，不会出现气球溢出，而大盒子里面的气球进入小盒子，就会有分布遗漏，气球丢失的情况。

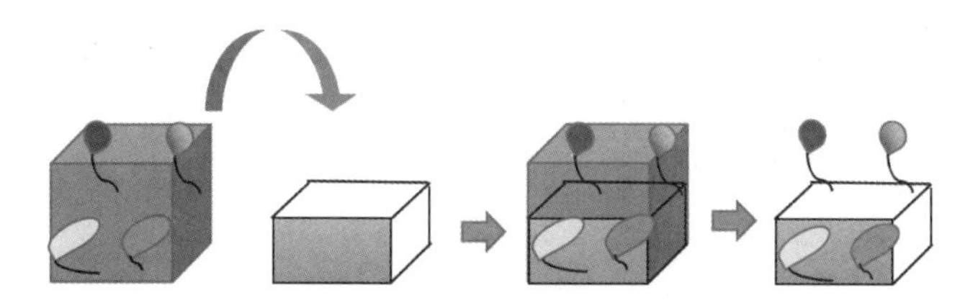

图 2-10　气球在小盒子和大盒子中的分布传递

2.5.1　隐式转换

隐式转换是指从低级类型向高级类型的转换过程，这种转换方式系统自动完成，无须人为操作，因此，隐式转换也被称为自动转换。Java 中的基本数据类型（除去布尔型）之间可以进行转换，这些类型按精度从“低”到“高”的排列顺序如图 2-11 所示。其中 char 类型比较特殊，它可以与部分 int 型数字兼容，且不发生精度变化。

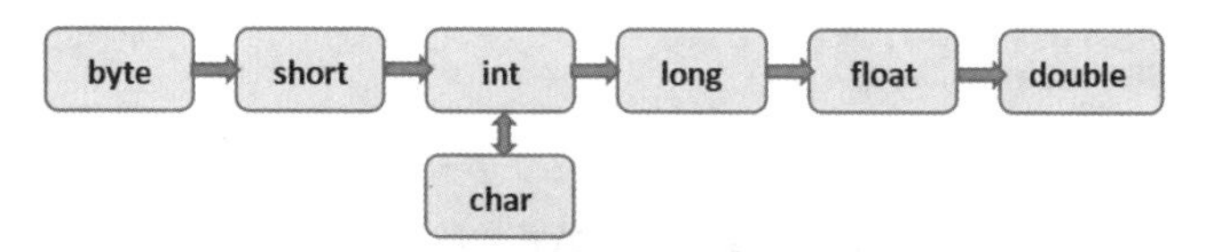

图 2-11　隐式转换兼容顺序图

【例 2.8】隐式转换自动提升精度。创建 ImplicitConversion 类，让低精度变量与高精度变量同时做计算，查看计算结果属于哪种精度（源代码\ch02\2.8.txt）。

```
package myPackage;
public class ImplicitConversion {
    public static void main(String[] args) {
        char a = 'a', b = 'b';
        int c = a + b;
        System.out.println("\'a\'+\'b\' = " + c);
        char d = 'a' + 3;
        System.out.println("\'a\'+3 = " + d);
        int d2 = 'a' + 3;
        System.out.println("\'a\'+3 = " + d2);
        byte bytea = 3;
        int inta = bytea;
        int bytoint = bytea + inta;
        System.out.println("byte + int = " + bytea + " + " + inta + " = " + bytoint);
        int bytoch = a / bytea;
        System.out.println("char / byte = " + a + " / " + bytea + " = " + bytoch);
        float fa = 3.14f;
        double da = fa;
        double dfa = fa + da;
        System.out.println("double+float = " + da + " + " + fa + " =" + dfa);
        double da2 = 54.25698;
        long la = 25l;
        double dtol = da2 + la;
        System.out.println("double + long = " + dtol);
    }
}
```

运行结果如图 2-12 所示。

```
Console ⊠  Problems  @ Javadoc  Declaration
<terminated> ImplicitConversion [Java Application] C:\Users\Administrator\Downloads\eclipse-java-2020-12-R-win32-x86
'a'+'b' = 195
'a'+3 = d
'a'+3 = 100
byte + int = 3 + 3 = 6
char / byte = a / 3 = 32
double+float = 3.140000104904175 + 3.14 =6.28000020980835
double + long = 79.25698
```

图 2-12 隐式转换运算结果

☆大牛提醒☆

当不确定不同类型之间的运算结果的类型时，可以单击结果变量名，在弹出的下拉列表中选择“Create local variable '结果变量名'”选项，系统就自动显示其数据类型，如图 2-13 所示。

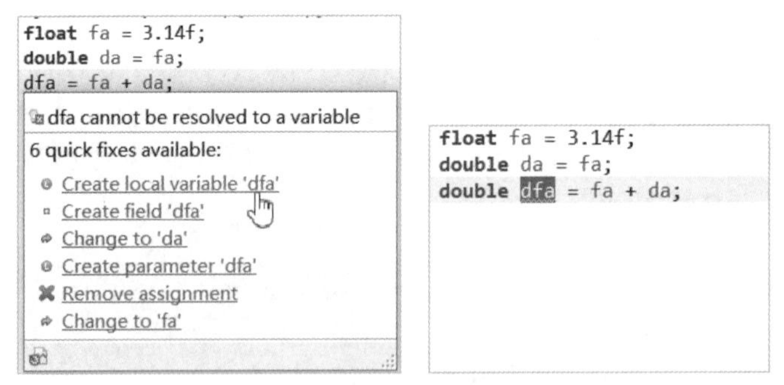

图 2-13 单击结果变量名显示数据类型

在 Java 中把低精度数据赋给高精度数据是可行的，但如果把高精度数据赋给低精度数据就会出错，如图 2-14 所示。这种情况在开发程序时经常发生，这就需要用到显式转换了。

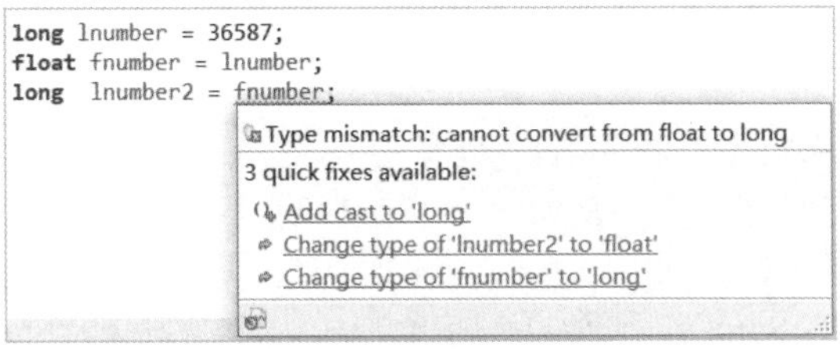

```
long lnumber = 36587;
float fnumber = lnumber;
long  lnumber2 = fnumber;
```

Type mismatch: cannot convert from float to long
3 quick fixes available:
Add cast to 'long'
Change type of 'lnumber2' to 'float'
Change type of 'fnumber' to 'long'

图 2-14　float 型不能转换成 long 型

2.5.2　显式转换

当把高精度变量的值赋给低精度变量时，必须使用显式类型转换，也被称为强制类型转换，当执行显式类型转换时可能会导致精度丢失。语法如下：

```
(类型名)要转换的值
```

☆大牛提醒☆

显式类型转换通常都会导致存储精度的损失，所以使用时需要谨慎。

【例 2.9】显式转换实现精度丢失。创建 ExlpicitConversion 类，使用显式转换将不同类型的变量转换成精度更低的类型，输出转换后的结果（源代码\ch02\2.9.txt）。

```
package myPackage;
public class ExlpicitConversion {
    public static void main(String[] args) {
        int a = (int) 32.14;         //double 类型显式转换成 int 类型
        long b = (long) 36.54f;      //float 类型显式转换成 long 类型
        char c = (char) 97.25;       //double 类型显式转换成 char 类型
        System.out.println("32.14 显式转换为 int 的结果: " + a);
        System.out.println("36.54f 显式转换成 long 的结果: " + b);
        System.out.println("97.25 显式转换成 char 的结果: " + c);
    }
}
```

运行结果如图 2-15 所示。

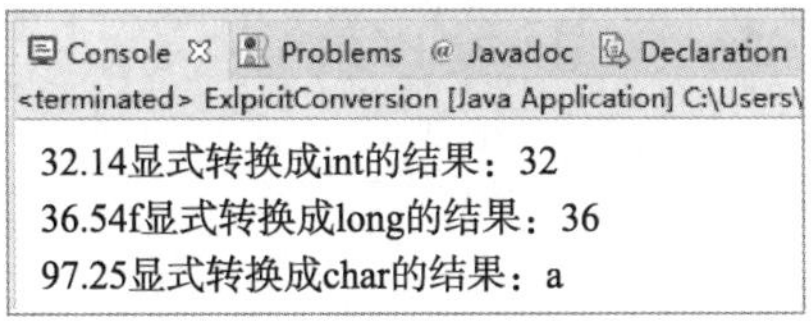

```
Console  Problems  Javadoc  Declaration
<terminated> ExlpicitConversion [Java Application] C:\Users\
32.14显式转换成int的结果：32
36.54f显式转换成long的结果：36
97.25显式转换成char的结果：a
```

图 2-15　显式转换运算结果

☆大牛提醒☆

当把整数赋值给一个 byte、short、int、long 型变量时，不可以超出这些变量的取值范围，否则必须进行显式转换。例如：byte 型变量的取值范围是-128～127，如果把 129 赋值给 byte 型变量，就必须进行显式转换，语句如下：

```
byte b=(byte)129;
```

2.6　运算符

运算符是一些特殊的符号，用于算数计算、逻辑运算、赋值和比较等。下面来详细介绍运算符的使用。

2.6.1 赋值运算符

赋值运算符，顾名思义就是用来赋值的。符号为=，它是二元运算符，有两个操作数参与运算。将右边操作数的值赋给左边的操作数。例如：

```
int a=2;
```

左边的操作数必须是一个初始化过的变量或常量，右边的操作数则可以是变量（例如a、number）、常量（例如123、'abc'），或者有效的表达式（如45+20）。

在Java中，除了基本的赋值运算符（=）外，还有一些复合赋值运算符。复合赋值运算符是在基本的赋值运算符的基础上，结合算术运算符而形成的具有特殊意义的运算符。赋值运算符的含义及其应用示例如表2-6所示。

表2-6 赋值运算符的含义及其应用示例

符　号	描　述	举　例
=	简单的赋值运算符，它把右侧操作数赋值给左侧操作数	C=A+B将把A+B得到的值赋给C
+=	加和赋值操作符，它把左侧操作数和右侧操作数相加赋值给左侧操作数	C + = A等价于C =C+A
-=	减和赋值操作符，它把左侧操作数和右侧操作数相减赋值给左侧操作数	C−=A等价于C=C-A
*=	乘和赋值操作符，它把左侧操作数和右侧操作数相乘赋值给左侧操作数	C*=A等价于C =C*A
/=	除和赋值操作符，它把左侧操作数和右侧操作数相除赋值给左侧操作数	C/=A等价于C=C/A
（%）=	取模和赋值操作符，它把左侧操作数和右侧操作数取模后赋值给左侧操作数	C%=A等价于C=C%A

【例2.10】使用赋值运算符给变量赋值（源代码\ch02\2.10.txt）。

```
public class Test {
    public static void main(String[] args) {
        int a,b,c = 10;          //声明整型变量a、b、c
        a = 20;                  //将20赋值给a
        c=b=a+30;                //将a与30的和赋值给b,然后再赋值给c
        System.out.println("a=" + a);
        System.out.println("b=" + b);
        System.out.println("c=" + c);
    }
}
```

运行结果如图2-16所示。

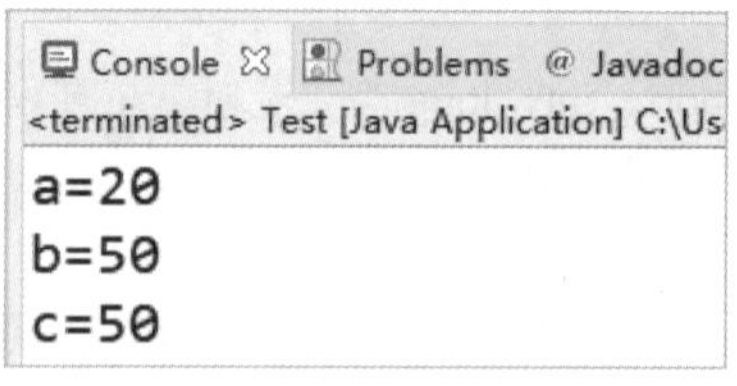

图2-16 赋值运算符运算结果

Java中可实现多个赋值运算符之间的连接赋值，例如：

```
int x,y,z;
x=y=z=1;
```

这个语句中，变量*x*、*y*、*z*都得到同样的值1，但在实际开发过程中不建议使用这种赋值语法。

2.6.2　算术运算符

算术运算符用在数学表达式中，它们的作用和在数学中的作用一样。算术运算符的含义及其应用示例如表 2-7 所示。表 2-7 中的示例假设整数变量 A 的值为 10，整数变量 B 的值为 20。

表 2-7　算术运算符的含义及其应用示例

符　号	描　述	举　例
+	加法 － 相加运算符两侧的值	A＋B 等于 30
–	减法 － 左侧操作数减去右侧操作数	A－B 等于-10
*	乘法 － 相乘运算符两侧的值	A * B 等于 200
/	除法 － 左侧操作数除以右侧操作数	B / A 等于 2
%	取模 － 左侧操作数除以右侧操作数的余数	B%A 等于 0

算术运算符操作规则如下：

（1）两个操作数可以是常量、变量或有效表达式，但必须是初始化过的。

（2）当进行除法运算时，右侧操作数的值不能是 0，0 不能做除数。

（3）多个算术运算符可以连用，但有优先级，其优先级等同于四则运算优先级。

【例 2.11】 简单的计算小神器，模拟计算器功能。创建 SmallCalculator 类，让用户输入两个数字，分别用 5 种运算符对这两个数字进行计算（源代码\ch02\2.11.txt）。

```
package myPackage;
import java.util.Scanner;                          //引入扫描器库
public class SmallCalculator {
    public static void main(String[] args) {
        Scanner input = new Scanner(System.in);    //控制台输入流的扫描器
        System.out.println("请输入操作数 1: ");
        double get1 = input.nextDouble();          //控制台获取所输入的操作数 1
        System.out.println("请输入操作数 2: ");
        double get2 = input.nextDouble();          //控制台获取所输入的操作数 2
        System.out.println("我能进行好多运算! ");
        System.out.println(get1 +" + " +get2+" = "+(get1+get2));
        System.out.println(get1 +" - " +get2+" = "+(get1-get2));
        System.out.println(get1 +" * " +get2+" = "+(get1*get2));
        System.out.println(get1 +" / " +get2+" = "+(get1/get2));
        System.out.println(get1 +" % " +get2+" = "+(get1%get2));
        input.close();                             //关闭输入流扫描器
    }
}
```

运行结果如图 2-17 所示。

```
Console  Problems  Javadoc
<terminated> SmallCalculator [Java Application]
请输入操作数1:
24
请输入操作数2:
16
我能进行好多运算!
24.0 + 16.0 = 40.0
24.0 - 16.0 = 8.0
24.0 * 16.0 = 384.0
24.0 / 16.0 = 1.5
24.0 % 16.0 = 8.0
```

图 2-17　算术运算符运算结果

☆**大牛提醒**☆

"+" 运算符可以实现字符串的拼接。

2.6.3　自增和自减运算符

自增和自减运算符是单目运算符，可以放在变量之前，也可以放在变量之后，因符号位置的不同，其运算结果也会不同。自增和自减运算符的作用是使变量的值加 1 或减 1，语法格式如下：

```
a++;      //先输出 a 的原值,后做+1 运算
++a;      //先做+1 运算,再输出 a 计算之后的值
a--;      //先输出 a 的原值,后做-1 运算
--a;      //先做-1 运算,再输出 a 计算之后的值
```

【例 2.12】自增运算符++a 应用示例（源代码\ch02\2.12.txt）。

```
public class Test {
    public static void main(String[] args) {
        int a = 10;
        int b = 20;
        b = ++a;
        System.out.println("a=" +a+ ",b="+b);
    }
}
```

运行结果如图 2-18 所示。通过结果我们看到，++a 是 a 先+1，然后把结果赋值给 b。

【例 2.13】自增运算符 a++应用示例（源代码\ch02\2.13.txt）。

```
public class Test {
    public static void main(String[] args) {
        int a = 10;
        int b = 20;
        b = a++;
        System.out.println("a="+a+", b="+b);

    }
}
```

运行结果如图 2-19 所示。通过结果我们看到，a++是先将 a 赋值给 b，然后 a 再+1。

Console ⊠ Problems @ Javadoc Declaration
<terminated> Test [Java Application] C:\Users\Administrator\
a=11,b=11

图 2-18 自增运算符++a

Console ⊠ Problems @ Javadoc Declaration
<terminated> Test [Java Application] C:\Users\Administrator
a=11, b=10

图 2-19 自增运算符 a++

总之，a++或者++a，对 a 来说最后的结果都是自加 1，但对 b 来说，结果就不一样了。通过这两个例子，希望读者能够明白 a++和++a 的区别，并以此类推 a--和--a 等。

2.6.4 关系运算符

关系运算符也被称为比较运算符，是指对两个操作数进行关系运算的运算符，主要用于确定两个操作数之间的关系，关系运算符的计算结果都是布尔型数据，如表 2-8 所示。

表 2-8 关系运算符

符 号	名 称	实 例	判断结果
==	等于	a ==97	true
>	大于	a>b	false
<	小于	a<b	true
>=	大于等于	3>=2	true
<=	小于等于	2<=2	true
!=	不等于	1!=a	true

【例 2.14】输入两个数值，使用关系运算符来计算这两个数值之间的关系（源代码\ch02\ 2.14.txt）。

```
package myPackage;
import java.util.Scanner;                                   //引入扫描器库
public class Test {
    public static void main(String[] args) {
        Scanner inputKey = new Scanner(System.in);          //控制台输入流的扫描器
        System.out.println("请输入 int 型操作数 1: ");
        int get1 = inputKey.nextInt();
        System.out.println("请输入 int 型操作数 2: ");
        int get2 = inputKey.nextInt();
        //输出各种关系
        System.out.println(get1 + " == " + get2 + "的结果是: " + (get1 == get2));
        System.out.println(get1 + " > " + get2 + "的结果是:  " + (get1 > get2));
        System.out.println(get1 + " >= " + get2 + "的结果是: " + (get1 >= get2));
        System.out.println(get1 + " <" + get2 + "的结果是: " + (get1 < get2));
        System.out.println(get1 + " <= " + get2 + "的结果是:  " + (get1 <= get2));
        System.out.println(get1 + " != " + get2 + "的结果是: " + (get1 != get2));
        inputKey.close();                                   //关闭输入流扫描器
    }
}
```

运行结果如图 2-20 所示。

```
Console ⊠ Problems @ Javadoc Declaration
<terminated> Test [Java Application] C:\Users\Administrator
请输入int型操作数1:
50
请输入int型操作数2:
25
50 == 25的结果是: false
50 > 25的结果是:  true
50 >= 25的结果是: true
50 <25的结果是: false
50 <= 25的结果是:  false
50 != 25的结果是: true
```

```
Console ⊠ Problems @ Javadoc Declaration
<terminated> Test [Java Application] C:\Users\Administrator\
请输入int型操作数1:
25
请输入int型操作数2:
50
25 == 50的结果是: false
25 > 50的结果是:  false
25 >= 50的结果是: false
25 <50的结果是: true
25 <= 50的结果是:  true
25 != 50的结果是: true
```

图 2-20　关系运算符运算结果

2.6.5　逻辑运算符

逻辑运算符是对真和假这两种逻辑值进行运算，运算后的结果仍是一个逻辑值。逻辑运算符包括&&（逻辑与）、||（逻辑或）和!（逻辑非）。逻辑运算符的计算结果必须是布尔型数据。在逻辑运算符中，除了“!”是一元运算符之外，其他都是二元运算符，如表 2-9 所示是逻辑运算符。

表 2-9　逻辑运算符

符　号	名　称	实　例	判断结果
&&	逻辑与	A&&B	（真）与（假）=假
||	逻辑或	A||B	（真）或（假）=真
!	逻辑非	!A	不（真）=假

如表 2-10 所示是逻辑运算符的运算结果。

表 2-10　逻辑运算符的运算结果

操作数		逻辑运算		
A	B	A&&B	A||B	!B
真(true)	真(true)	真(true)	真(true)	假(false)
真(true)	假(false)	假(false)	真(true)	真(true)
假(false)	真(true)	假(false)	真(true)	假(false)
假(false)	假(false)	假(false)	假(false)	真(true)

关系运算符的结果是布尔值，当关系运算符与逻辑运算符结合使用，可以完成更为复杂的逻辑运算，从而解决生活中的问题。

例如，游乐场中有些游戏设施是有游玩要求的。旋转木马要求身高不到 1 米的小孩需大人陪同。那么身高和大人陪同两个条件的满足与否，决定是否能玩该游戏项目，这就是一个逻辑关系运算。

【例 2.15】利用逻辑运算符与关系运算符进行运算，判断一个小孩是否可以玩旋转木马（源代码\ch02\2.15.txt）。

这里给旋转木马游玩的两个要求设变量，设身高大于 1 米为 A，有大人陪同为 B。根据要求有，当 A 为真，那么无论 B 取什么值都能玩；而当 A 为假，则只有当 B 为真才可以玩，由此可见，该问题是逻辑或运算。下面就根据输入的身高 A 和是否大人陪同 B 来输出能否玩（即 A||B）的逻辑结果。

```
package myPackage;
import java.util.Scanner;
public class MerryGoRound {
    public static void main(String[] args) {
        Scanner inputKey = new Scanner(System.in);      //控制台输入流的扫描器
        System.out.println("欢迎来到旋转木马游戏项目！");
        System.out.println("请输入身高,单位为米,浮点型：");
        double height = inputKey.nextDouble();
        boolean checkHeight = (height >= 1.0);          //身高与1.0 米作比较
        System.out.println("请输入是否有大人陪同,有为 true,无为 false：");
        boolean WithAdult = inputKey.nextBoolean();
        System.out.println("身高\"" + height + "\",有大人陪同情况：" + WithAdult + "\n
是否可以玩该游戏项目：" + (checkHeight || WithAdult)); //输出游客信息和能否玩该项目的判断信息
        inputKey.close();
    }
}
```

运行结果如图 2-21 所示，这里分为如下 4 种情况。

```
Console ⊠ Problems @ Javadoc Declaration
<terminated> MerryGoRound [Java Application] C:\Users\Admini
欢迎来到旋转木马游戏项目！
请输入身高，单位为米，浮点型：
0.95
请输入是否有大人陪同，有为true,无为false：
false
身高"0.95"，有大人陪同情况：false
是否可以玩该游戏项目：false
```

```
Console ⊠ Problems @ Javadoc Declaration
<terminated> MerryGoRound [Java Application] C:\Users\Admin
欢迎来到旋转木马游戏项目！
请输入身高，单位为米，浮点型：
0.95
请输入是否有大人陪同，有为true,无为false：
true
身高"0.95"，有大人陪同情况：true
是否可以玩该游戏项目：true
```

图 2-21　逻辑运算符运算结果

```
Console ⊠ Problems @ Javadoc Declaration
<terminated> MerryGoRound [Java Application] C:\Users\Admin
欢迎来到旋转木马游戏项目!
请输入身高，单位为米,浮点型:
1.25
请输入是否有大人陪同，有为true,无为false:
false
身高"1.25"，有大人陪同情况：false
是否可以玩该游戏项目：true
```

```
Console ⊠ Problems @ Javadoc Declaration
<terminated> MerryGoRound [Java Application] C:\Users\Admini
欢迎来到旋转木马游戏项目!
请输入身高，单位为米,浮点型:
1.25
请输入是否有大人陪同，有为true,无为false:
true
身高"1.25"，有大人陪同情况：true
是否可以玩该游戏项目：true
```

图 2-21　逻辑运算符运算结果（续）

2.6.6　位运算符

位运算符的操作数类型是整型，可以是有符号的也可以是无符号的。位运算符分为两类：位逻辑运算符和位移运算符，如表 2-11 所示。

表 2-11　位运算符的含义及其应用示例

符　号	名　称	实　例	含　义
&	与	A&B	A 和 B 对应位的与运算，有 0 则 0，否则为 1
|	或	A|B	A 和 B 对应位的或运算，有 1 则 1，否则为 0
～	取反	～A	A 对应位取反
^	异或	A^B	A 和 B 对应位的异或运算，相同为 0，相异为 1
<<	左移位	A<<2	A 向左位移两位，低位补 0
>>	有符号右移位	A>>2	A 向右位移 2 位，正数高位补 0，负数高位补 1
>>>	无符号右移位	A>>>2	A 向右位移 2 位，高位补 0

1. 位逻辑运算符

位逻辑运算符&、|、^和～，其中&、|、^是双目运算符，～是单目运算符。这 4 个运算符的运算结果如表 2-12 所示。

表 2-12　位逻辑运算符计算二进制的结果

A	B	A&B	A|B	A^B	～A
0	0	0	0	0	1
1	0	0	1	1	0
0	1	0	1	1	1
1	1	1	1	0	0

&、|和^运算符还可以用于逻辑运算，运算结果如表 2-13 所示。

表 2-13　位逻辑运算符计算布尔值的结果

A	B	A&B	A|B	A^B
false	false	false	false	false
true	false	false	true	true
false	true	false	true	true
true	true	true	true	false

【例 2.16】使用位逻辑运算符进行运算（源代码\ch02\2.16.txt）。

```
public class BitLogicalOperator {
    public static void main(String[] args) {
        int a = 123,b=456;
        System.out.println("123 与 456 的与运算结果: "+(a&b));
        System.out.println("123 或 456 的运算结果: "+(a|b));
        System.out.println("123 异或 456 的运算结果: "+(a^b));
        System.out.println("123 取反的运算结果: "+(~a));
        System.out.println("2>3 与 4!=7 的与运算结果: "+(2>3&4!=7));
        System.out.println("2>3 与 4!=7 的或运算结果: "+(2>3|4!=7));
        System.out.println("2>3 与 4!=7 的异或运算结果: "+(2>3^4!=7));
    }
}
```

运行结果如图 2-22 所示。

2. 位移运算符

位移运算符有 3 个，分别为左移“<<”、右移“>>”和无符号右移“>>>”，这三个运算符都可以将任意数字以二进制的方式进行位数移动运算。其中左移“<<”和右移“>>”不会改变数字的正负，但是经过无符号右移后，只能产生正数结果。

【例 2.17】使用位移运算符进行运算（源代码\ch02\2.17.txt）。

```
public class BitOperator {
    public static void main(String[] args) {
        int a = 4;
        System.out.println("4 左位移 2 位的运算结果: "+ (a<<2));
        System.out.println("4 右位移 2 位的运算结果: "+ (a>>2));
        System.out.println("4 无符号右位移 2 位的运算结果: "+ (a>>>2));
    }
}
```

运行结果如图 2-23 所示。

```
Console  Problems  Javadoc  Declaration
<terminated> BitLogicalOperator [Java Application] C:\Users\
123与456的运算结果：72
123或456的运算结果：507
123异或456的运算结果：435
123取反的运算结果：-124
2>3与4!=7的与运算结果：false
2>3与4!=7的或运算结果：true
2>3与4!=7的异或运算结果：true
```

图 2-22 位逻辑运算符运算结果

```
Console  Problems  Javadoc  Declaration
<terminated> BitOperator [Java Application] C:\Users\Admin
4左位移2位的运算结果：16
4右位移2位的运算结果：1
4无符号右位移2位的运算结果：1
```

图 2-23 位移运算符运算结果

2.6.7 复合赋值运算符

复合赋值运算符是在基本的赋值运算符基础上，结合其他运算符而形成的具有特殊意义的运算符。Java 中复合赋值运算符如表 2-14 所示。

表 2-14 复合赋值运算符

符 号	说 明	举 例	等价式子
+=	相加结果赋予左侧	a+=b	a=a+b
-=	相减结果赋予左侧	a-=b	a=a-b
*=	相乘结果赋予左侧	a*=b	a=a*b
/=	相除结果赋予左侧	a/=b	a=a/b

续表

符　号	说　明	举　例	等价式子
%=	取余结果赋予左侧	a%=b	a=a%b
&=	与结果赋予左侧	a&=b	a=a&b
|=	或结果赋予左侧	a|=b	a=a|b
^=	异或结果赋予左侧	a^=b	a=a^b
<<=	左移结果赋予左侧	a<<=b	a=a<<b
>>=	右移结果赋予左侧	a>>=b	a=a>>b
>>>=	无符号右移结果赋予左侧	a>>>=b	a=a>>>b

复合赋值运算符与其他运算符相比，在不同的场景中，具有各自的优势与劣势。例如："a+=1"与"a=a+1"两者的最后计算结果是相同的，但是在如下代码运行时，就会出现错误：

```
byte a = 1;          //创建 byte 型变量 a
a = a+1;             //让 a 的值+1,错误提示: 无法将 int 型转换成 byte 型
```

这是因为在没有进行强制类型转换的条件下，a+1 的结果是一个 int 值（Java 默认数据类型），这就无法直接赋给 byte 变量，但是如果使用+=复合赋值运算符，就会避免出现这个问题。例如：

```
byte a =1;           //创建 byte 型变量 a
a+=1;                //让 a 的值+1
```

☆**大牛提醒**☆

复合赋值运算符中两个符号之间没有空格，例如以下代码：

```
a+ =2;               //错误书写
a+=2;                //正确书写
```

【例 2.18】复合赋值运算符的应用示例（源代码\ch02\2.18.txt）。

```
package myPackage;
public class Test {
    public static void main(String[] args) {
        int a = 20;
        int b = 10;
        System.out.println("a="+a);
        System.out.println("b="+b);
        System.out.println("a+=b 的运算结果: "+(a+=b));
    }
}
```

运行结果如图 2-24 所示。

```
Console ☒  Problems  @ Javadoc
<terminated> Test [Java Application] C:\Use
a=20
b=10
a+=b的运算结果：30
```

图 2-24　复合赋值运算符的应用

2.6.8　三元运算符

三元运算符是对条件真假不同的结果取不同的值。使用格式如下：

```
条件表达式? 值1: 值2
```

三元运算符的运算规则为：若条件式的值为 true，则整个表达式的取值为“值 1”，否则取值为“值 2”。例如：

```
int a;
a = (20>15) ? 25 : 0 ;                   //这里a取值为25
boolean b = (20<15) ? true : false;      //这里b取值为false
```

如上所示，取值 1 和取值 2 可以是相同类型的任意类型值，但表达式必须是一个有效返回真假的表达式。

三元运算符的作用等价于 if…else 语句。例如将如下语句：

```
boolean b = (20<15) ? true : false;      //这里b取值为false
```

修改为 if…else 语句，代码如下：

```
boolean b;                               //声明boolean型变量
if(20<15)                                //将20<15作为判断条件
a=true;                                  //条件成立,将true赋值给a
else
a=false;                                 //条件不成立,将false赋值给a
```

上述代码 b 的取值为 false。

2.6.9 圆括号

圆括号大家都很熟悉，在数学运算中是一个神器，把最先计算的内容括起来则可以跨越四则运算当中的乘除成为第一优先级。Java 中有很多运算符号与运算表达式，用户可以通过圆括号来实现更为复杂和更为灵活的表达式运算。

圆括号在算术运算符运算当中的优先运算如下：

```
int a=20, b=30, c=25,d1,d2;
d1 = a+b-c*2+b/10;
```

这里要想实现从左到右的顺序计算，这个表达式是不可能实现的，这就需要添加圆括号了，代码如下：

```
d2 = ((a+b-c)*2+b)/10 ;
```

这样就实现了从左到右的顺序计算，运算结果为 d1 取值为 3，d2 取值为 8。

☆**大牛提醒**☆

圆括号必须是成对出现，一定是英文输入法当中的圆括号。

2.6.10 运算符优先级

当多个运算符出现在一个表达式中，谁先谁后呢？这就涉及运算符优先级的问题。在一个多运算符的表达式中，运算符优先级不同会导致最后得出的结果差别甚大。

例如，（1+3）+（3+2）×2，这个表达式如果按加号最优先计算，答案就是 18，如果按照乘号最优先，答案则是 14。再如，x=7+3×2，这里 x 得到 13，而不是 20，因为乘法运算符比加法运算符有较高的优先级，所以先计算 3×2 得到 6，然后再加 7。

如表 2-15 所示的是 Java 中运算符的优先级排序。

表 2-15　运算符的优先级

<table>
<tr><th>优先级顺序</th><th>分 类 说 明</th><th>运 算 符</th></tr>
<tr><td>1</td><td>圆括号</td><td>()</td></tr>
<tr><td>2</td><td>正、负号</td><td>+、-</td></tr>
<tr><td>3</td><td>一元运算符</td><td>++、--、!</td></tr>
<tr><td>4</td><td>乘除取模</td><td>*、/、%</td></tr>
<tr><td>5</td><td>加减符号</td><td>+、-</td></tr>
<tr><td>6</td><td>位移符号</td><td>>>、>>>、<<</td></tr>
<tr><td>7</td><td>关系符号中的大小比较</td><td><、>、>=、<=</td></tr>
<tr><td>8</td><td>关系符号中的等于不等于</td><td>==、!=</td></tr>
<tr><td>9</td><td>位与运算</td><td>&</td></tr>
<tr><td>10</td><td>位异或运算</td><td>^</td></tr>
<tr><td>11</td><td>位或运算</td><td>|</td></tr>
<tr><td>12</td><td>逻辑与运算</td><td>&&</td></tr>
<tr><td>13</td><td>逻辑或运算</td><td>||</td></tr>
<tr><td>14</td><td>三元运算符</td><td>? :</td></tr>
<tr><td>15</td><td>赋值运算符</td><td>=</td></tr>
</table>

☆**大牛提醒**☆

运算符优先级一般遵循表 2-5，在编写程序时尽量使用圆括号“()”运算符来限定运算次序，以免运算次序发生错误。

2.7　新手疑难问题解答

问题 1：从精度上来讲，浮点型的精度比整型精确，从表示范围上来讲，浮点型表示的范围比整型表示的范围大，那么，为什么还需要整型呢？

解答：每种数据类型都有优缺点，虽然有时可以将浮点型与整型相互替换，但有时就非要某种类型不可了，而且有些整数是浮点型表示不出来的！这就必须使用整型数据类型了。

问题 2：String 是最基本的数据类型吗?

解答：基本数据类型包括 byte、short、int、long、float、double、char 和 boolean。因此 String 不是基本数据类型，而是引用数据类型，其本质是一个类，因此 String 的 S 应该大写。

2.8　实战训练

实战 1：收银台速算账。

编写程序，输入商品单价和商品个数，输出商品总价。去零头，计算优惠，输出应支付金额，运行结果如图 2-25 所示。

实战 2：计算圆的面积和周长。

编写程序，将圆周率 PI 使用常量声明，通过输入半径 r 来计算并输出圆的面积与周长，运行结果如图 2-26 所示。

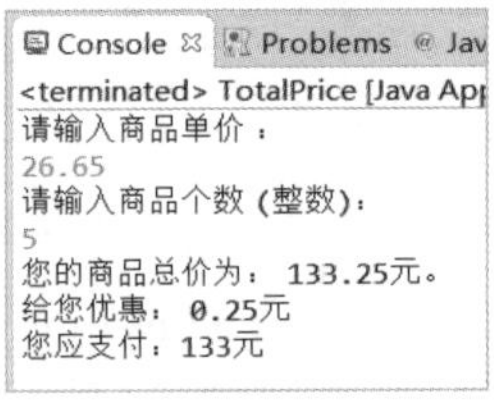

Console ✕ Problems @ Jav
<terminated> TotalPrice [Java Ap
请输入商品单价：
26.65
请输入商品个数（整数）：
5
您的商品总价为：133.25元。
给您优惠：0.25元
您应支付：133元

图 2-25　收银台收银计算结果

Console ✕ Problems @ Javad
<terminated> CircleCalculation [Java
请输入圆半径r：
2.56
半径为2.56的圆
面积为：20.588741263360003
周长为：16.084954112000002

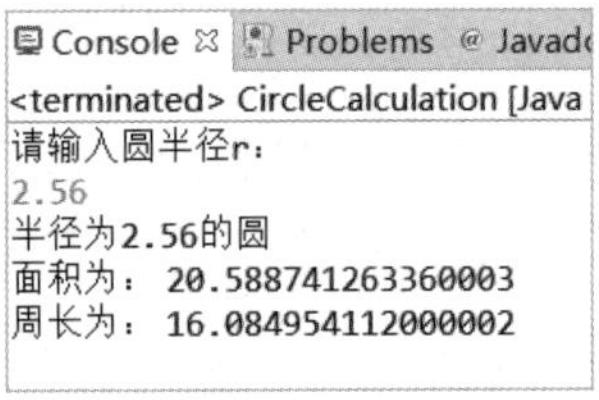

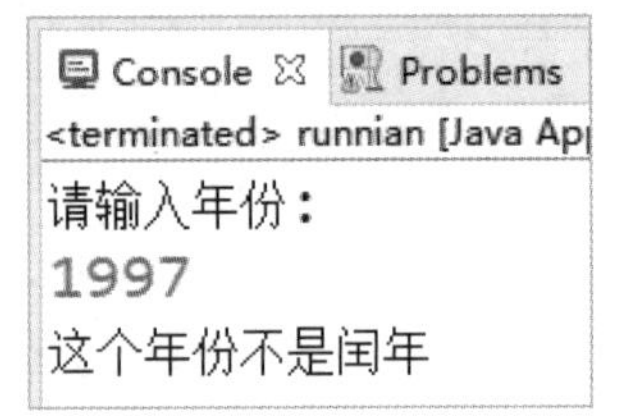

图 2-26　圆的面积和周长计算结果

实战 3：判断某一个年份是否是闰年。

编写程序，根据用户输入的年份，判断这个年份是否为闰年。运行结果如图 2-27 所示。

Console ✕ Problems
<terminated> runnian [Java Ap
请输入年份：
2020
这个年份是闰年
Console ✕ Problems
<terminated> runnian [Java Ap
请输入年份：
1997
这个年份不是闰年

图 2-27　判断是否为闰年计算结果

第3章 流程控制

流程控制对于任何一门编程语言来说都是非常重要的，它能够控制程序的执行顺序。如果没有流程控制语句，整个程序将按照顺序结构来执行，这样就不能根据用户需要来执行程序的顺序，从而得到正确的执行结果。本章介绍 Java 程序中的流程控制语句。

3.1 程序结构

在计算机中，程序是被逐句执行的，Java 语言中有 3 个基本结构来组织程序语句，分别是顺序结构、选择结构和循环结构。使用这 3 种结构，可以完成任何复杂的程序，这 3 种结构也是书写复杂 Java 语言程序的基础。3 种基本程序结构如图 3-1 所示。

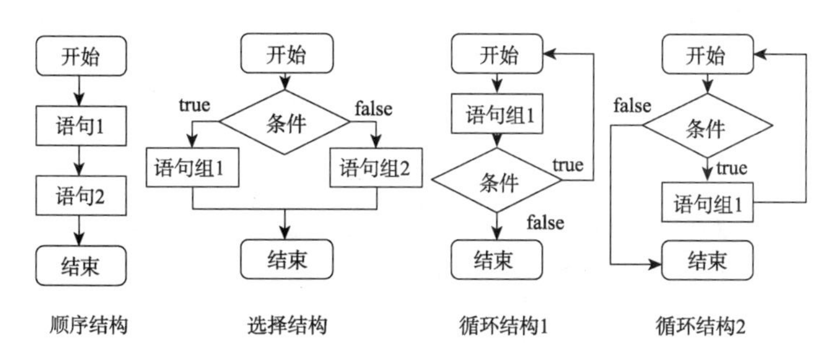

图 3-1　3 种基本程序结构

通过上述 3 种程序结构，可以进行结构化程序设计。结构化程序设计是采用自顶向下，逐步求精的设计方法，各个模块通过基本控制结构进行连接，且整个过程只有一个入口和一个出口。下面介绍程序结构的执行顺序：

（1）顺序结构：程序中的各操作按照它们出现的先后顺序执行。

（2）选择结构：程序的处理出现了分支，它需要根据某一特定的条件选择其中的一个分支执行。选择结构有单选择、双选择和多选择 3 种形式。

（3）循环结构：程序反复执行某个或某些操作，直到某条件为假（或为真）时才可终止循环。循环结构的基本形式有当型循环和直到型循环两种。

- 当型循环：表示先判断条件，当满足给定的条件时执行循环体，并且在循环体执行完之后，循环返回到循环流程入口；如果条件不满足，则退出循环直接到达流程出口处。
- 直到型循环：表示从程序入口处直接执行循环体，在循环终端处判断条件，如果条件不满足，返回入口处继续执行循环体，直到条件为真时再退出循环。

本章之前所涉及的程序编写大多是顺序结构，例如，声明并输出一个 int 类型的变量，代码如下：

```
int R=3;
System.out.println("圆的半径为: "+R);
```

下面将主要对选择结构中的条件语句和循环结构的循环语句进行介绍。

3.2 条件语句

条件语句要求程序员指定一个或多个要评估或测试的条件，以及条件为真时要执行的语句（必须的）和条件为假时要执行的语句（可选的）。Java 语言把任何非零和非空的值假定为 true，把零或空的值假定为 false。Java 语言提供的条件语句如表 3-1 所示。

表 3-1 条件语句

语　句	描　述
if 语句	一个 if 语句由一个布尔表达式后跟一个或多个语句组成
if…else 语句	一个 if 语句后可跟一个可选的 else 语句，else 语句在布尔表达式为假时执行
if…else if 语句	用户可以在一个 if 或 else if 语句内使用另一个 if 或 else if 语句
switch 语句	一个 switch 语句允许测试一个变量等于多个值时的情况
嵌套 switch 语句	用户可以在一个 switch 语句内使用另一个 switch 语句

大多数编程语言中典型的条件结构形式如图 3-2 所示。

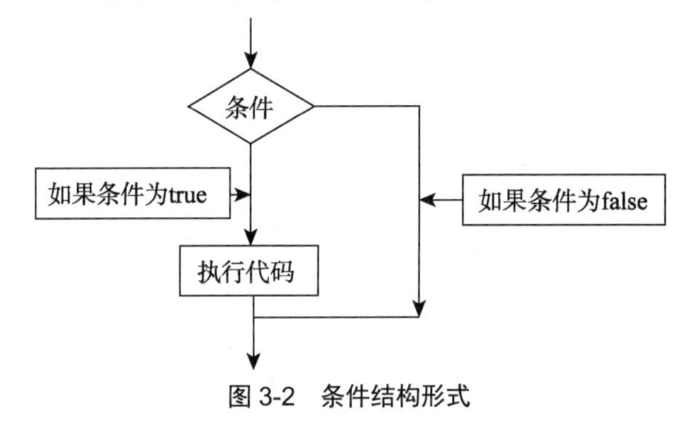

图 3-2 条件结构形式

3.2.1 简单 if 语句

简单 if 语句仅有一个 if 语句，用来判断所给定的条件是否满足，根据判定结果（真或假）决定所要执行的操作。if 语句的选择结构的一般语法格式如下：

```
if(布尔表达式)
{
    语句;
}
```

参数介绍如下：

- 布尔表达式：必要参数，最后返回的结果必须是一个布尔值。它可以是一个单纯的布尔变量或常量，也可以是关系表达式。

- 语句：可以是一条或多条语句，当布尔表达式的值为true时执行这些语句，若仅有一条语句，则可以省略条件语句中的“{}”。

如果布尔表达式为true，则if语句内的代码块将被执行；如果布尔表达式为false，将跳过语句块，执行花括号后面的语句。if语句的执行流程如图3-3所示。

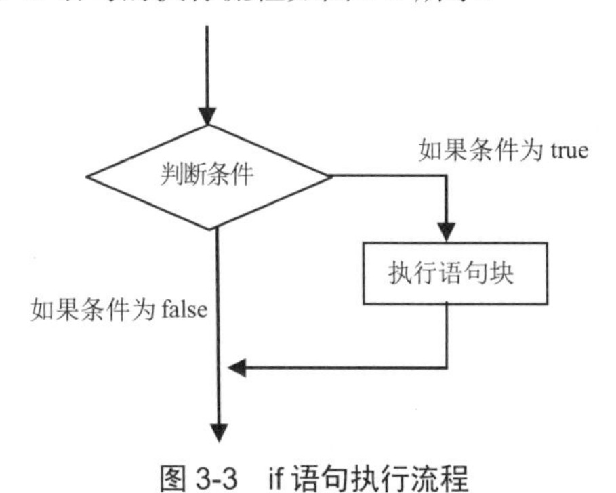

图3-3 if语句执行流程

使用if语句应注意以下几点：

（1）if 关键字后的一对圆括号不能省略。圆括号内的布尔表达式要求结果为布尔型或可以隐式转换为布尔型的表达式、变量或常量，即表达式返回的一定是布尔值true或false。

（2）if 表达式后的一对花括号是语句块的语法。程序中的多个语句使用一对花括号将其括住，就构成了语句块。if 语句中的语句块如果是一句，花括号可以省略；如果是一句以上，花括号一定不能省略。

（3）if 语句表达式后一定不要加分号，如果加上分号代表条件成立后执行空语句，在调试程序时不会报错，只会警告。

【例3.1】编写程序，输入3个整数，把这3个数由大到小排序，并将结果输出（源代码\ch03\3.1.txt）。

```
package myPackage;
import java.util.Scanner; //引入扫描器库
public class Test {
   public static void main(String[] args) {
      Scanner s = new Scanner(System.in);
      System.out.println("请输入3个整数: ");
      int a = s.nextInt();
      int b = s.nextInt();
      int c = s.nextInt();
      if (a < b) {
         int t = a;
         a = b;
         b = t;
      }
      if (a < c) {
         int t = a;
         a = c;
         c = t;
      }
      if (b < c) {
         int t = b;
         b = c;
         c = t;
      }
      System.out.println("从大到小的顺序输出:");
```

```
        System.out.println(a + "," + b + "," + c);
        s.close();
    }
}
```

运行结果如图 3-4 所示。

Console ⊠ Problems @ Javadoc
<terminated> Test [Java Application] C:\User
请输入3个整数：
15 20 11
从大到小的顺序输出：
20,15,11

图 3-4 从大到小排列数据运行结果

3.2.2 if…else 语句

if…else 语句是条件语句中最常用的一种形式，它会针对某种条件有选择地做出处理。通常表现为“如果满足某种条件，就进行某种处理，否则就进行另一种处理”，它是一个二分支选择结构，语法格式如下：

```
if(布尔表达式)
{ 语句块 1; }
else
{ 语句块 2;}
```

if…else 的功能是先判断表达式的值，如果为真，执行语句块 1，否则执行语句块 2。if…else 语句的执行流程如图 3-5 所示。

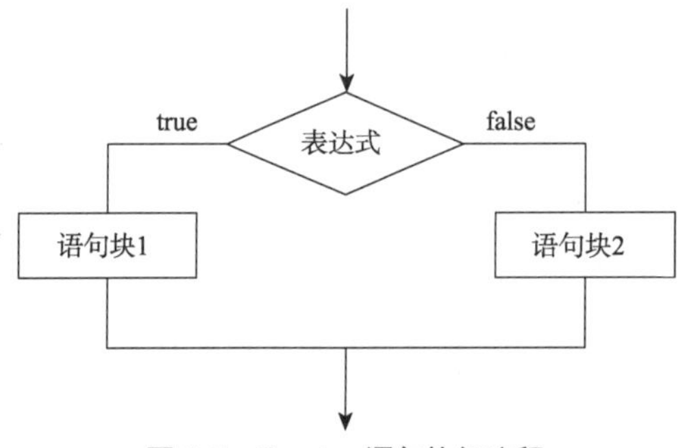

图 3-5 if…else 语句执行流程

【例 3.2】编写程序，输入一个整数，判断该整数的奇偶性，并输出判断结果（源代码\ch03\3.2.txt）。

```
package myPackage;
import java.util.Scanner;
public class ParityCheck {
    public static void main(String[] args) {              //主方法
        Scanner scan = new Scanner(System.in);            //扫描器
        System.out.println("请输入一个正整数:");
        long A = scan.nextLong();                         //接收变量值
        if (A%2 == 0) {
            System.out.println("这个数字是偶数");
        } else {
            System.out.println("这个数字是奇数");
        }
        scan.close();
    }
}
```

保存并运行程序，如果输入偶数，运行结果如图 3-6 所示；如果输入奇数，运行结果如图 3-7 所示。

```
Console ⌧  Problems  @ Javadoc
<terminated> ParityCheck [Java Application]
请输入一个正整数：
20
这个数字是偶数
```

图 3-6　输入偶数运行结果

```
Console ⌧  Problems  @ Javadoc
<terminated> ParityCheck [Java Application]
请输入一个正整数：
25
这个数字是奇数
```

图 3-7　输入奇数运行结果

☆**大牛提醒**☆

当布尔表达式是一个布尔值的等值判断时，就是使用“==”判断布尔值，如果误写成赋值符号“=”，程序不会出错，能执行，但是判断结果有可能有误。

3.2.3　if…else if 多分支语句

在 Java 语言中，if…else if 多分支语句用于处理某一事件的多种情况，通常表现为“如果满足某一条件，就采用与该条件对应的处理方式；如果满足另一个条件，就采用与另一个条件对应的处理方式”，语法格式如下：

```
if(表达式 1){
   语句块 1;
}else if(表达式 2){
   语句块 2;
   }else if(表达式 3){
      语句块 3;
   }…
} else if(表达式 n){
   语句块 n;
}
```

该流程控制语句的功能是首先执行表达式 1，如果返回值为 true，则执行语句块 1，再判断表达式 2，如果返回值为 true，则执行语句块 2，再判断表达式 3，如果返回值为 true，则执行语句块 3……否则执行语句块 n。if…else if 多分支语句执行流程如图 3-8 所示。

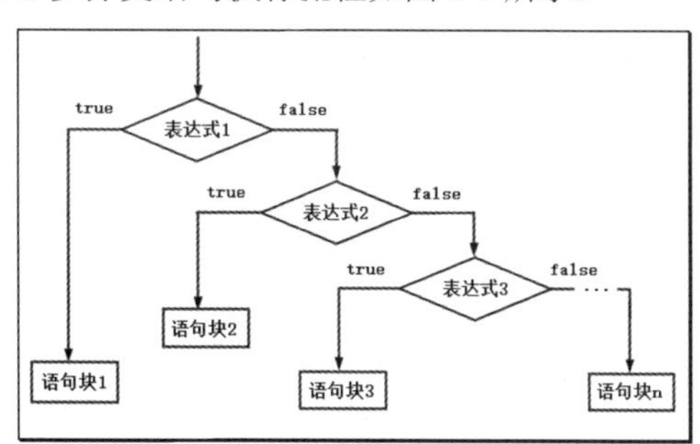

图 3-8　if…else if 多分支语句执行流程

【例 3.3】根据录入的员工销售金额，输出相应的等级划分。90 万元以上为业绩优秀，80 万～90 万元为业绩良好，70 万～80 万元为业绩中等，60 万～70 万元为业绩完成，60 万元以下为业绩未完成。编写程序，使用 if…else if 多分支语句对销售金额进行判断，并输出相应的业绩评比结果（源代码\ch03\3.3.txt）。

```
package myPackage;
import java.util.Scanner;
public class IfElseDemo {
   public static void main(String[] args) {
      //运用控制台输入销售金额;
      System.out.println("输入销售金额:");
```

```
        Scanner console=new Scanner(System.in);
        double sales= console.nextDouble();
        System.out.print("销售等级为:");
        if (sales>=90) {
           System.out.println("业绩优秀");
        } else if (sales < 90 && sales >= 80) {
           System.out.println("业绩良好");
        } else if (sales < 80 && sales >= 70) {
           System.out.println("业绩中等");
        } else if (sales<70 && sales >= 60) {
           System.out.println("业绩完成");
        } else  {              //该行代码 if (sales< 60)可省略;
           System.out.println("业绩不及格!");
        console.close();
        }
    }
}
```

运行结果如图 3-9 所示，这里输入销售金额为 85 万元，则返回的结果为业绩良好。

```
Console ☒  Problems  @ Javadoc
<terminated> IfElseDemo [Java Application]
输入销售金额：
85
销售等级为：业绩良好
```

图 3-9　根据销售金额返回销售等级运行结果

3.2.4　switch 多分支语句

一个 switch 语句允许测试一个变量等于多个值时的情况。每个值称为一个 case，且被测试的变量会对每个 switch case 进行检查。一个 switch 语句相当于一个 if…else 嵌套语句，因此它们相似度很高，几乎所有的 switch 语句都能用 if…else 嵌套语句表示。

switch 语句与 if…else 嵌套语句最大的区别在于：if…else 嵌套语句中的条件表达式是一个逻辑表达的值，即结果为 true 或 false，而 switch 语句后的表达式值为整型、字符型或字符串型并与 case 标签里的值进行比较。

switch 语句的语法格式如下：

```
switch(用户判断的参数)
{
    case 常量表达式 1:语句块 1; [break;]
    case 常量表达式 2:语句块 2; [break;]
    case 常量表达式 3:语句块 3; [break;]
    …
    case 常量表达式 n:语句块 n; [break;]
    default:语句块 n+1; [break;]
}
```

switch 语句的判断流程如图 3-10 所示。

首先计算表达式的值，当表达式的值等于常量表达式 1 的值时，执行语句块 1；当表达式的值等于常量表达式 2 的值时，执行语句块 2；……；当表达式的值等于常量表达式 n 的值时，执行语句块 n，否则执行 default 后面的语句块 n+1，当执行到 break 语句时跳出 switch 结构。

switch 语句必须遵循下面的规则：

（1）switch 语句中的表达式是一个常量表达式，必须是一个整型或枚举类型。

（2）在一个 switch 中可以有任意数量的 case 语句，每个 case 后跟一个要比较的值和一个冒号。

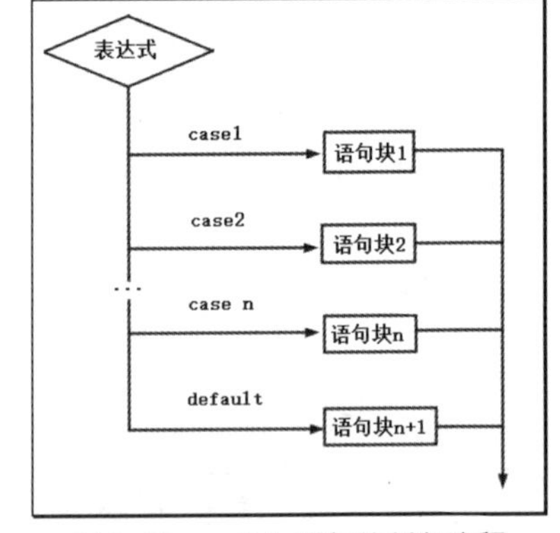

图 3-10　switch 语句的判断流程

（3）case 标签后的表达式必须与 switch 中的变量具有相同的数据类型，且必须是一个常量或字面量。

（4）当被测试的变量等于 case 中的常量时，case 后跟的语句将被执行，直到遇到 break 语句为止。

（5）当遇到 break 语句时，switch 终止，控制流将跳转到 switch 语句后的下一行。

（6）不是每一个 case 都需要包含 break。如果 case 语句不包含 break，控制流将会继续后续的 case，直到遇到 break 为止。

（7）一个 switch 语句可以有一个可选的默认值，出现在 switch 的结尾。默认值可用于在上面所有 case 都不为真时执行一个任务。默认值中的 break 语句不是必需的。

【例 3.4】编写程序，使用 switch 语句根据学号查询学生信息（源代码\ch03\3.4.txt）。

```
package myPackage;
import java.util.Scanner;
public class SearchName {
    public static void main(String[] args) {
        System.out.println("请输入学号: ");
        Scanner input = new Scanner(System.in);
        int studentNum = input.nextInt();       //控制台获取输入的学号
        input.close();                          //输入流扫描器关闭
        switch (studentNum) {
        case 2001:
            System.out.println("张珊");
            break;
        case 2002:
            System.out.println("张欢");
            break;
        case 2003:
            System.out.println("张丽");
            break;
        case 2004:
            System.out.println("李明");
            break;
        case 2005:
            System.out.println("王欢");
        case 2006:
            System.out.println("王刚");
        case 2007:
            System.out.println("赵强");
            break;
        case 2008:
            System.out.println("马涛");
        case 2009:
        case 2010:
        default:
            System.out.println("系统中没有该学号对应的人.");
        }
        input.close();
    }
}
```

运行结果如图 3-11 所示。其中学号 2005 输出三个人名，这是因为 case 2005 没有 break 语句，所以寻找下面的 break，到 case 2007 执行语句后 break 才停止。而学号 2008 输出对应人名，还输出 default 的内容，只是因为 case 2008 之后没找到 break，一直到 default 才停止的。学号 2011，在系统中没有该学号，也就是没有满足的 case 常量与之对应，所以输出 default 内容。

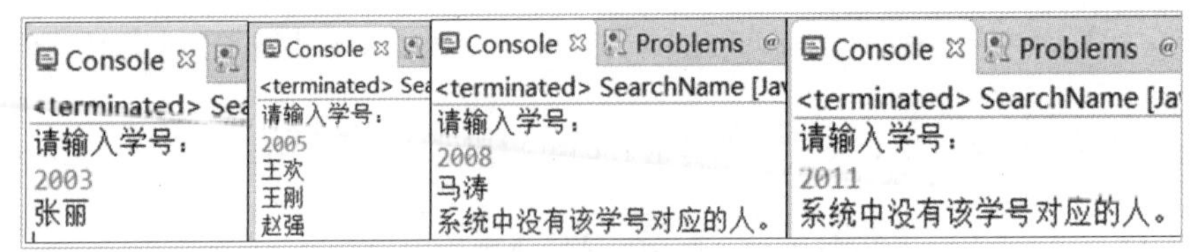

图 3-11 根据学号查询学生信息运行结果

3.3 循环语句

在实际应用中，往往会遇到一行或几行代码需要执行多次的情况，这就是代码的循环。几乎所有的程序都包含循环，循环是重复执行的指令，重复次数由条件决定，这个条件称为循环条件，反复执行的程序段称为循环体。

一个正常的循环程序，具有四个基本要素，分别是循环变量初始化、循环条件、循环体和改变循环变量的值。大多数编程语言中循环语句的结构形式如图 3-12 所示。

Java 语言为用户提供了多种循环语句，有 while 循环语句、do…while 循环语句、for 循环语句、嵌套循环语句等。具体介绍如表 3-2 所示。

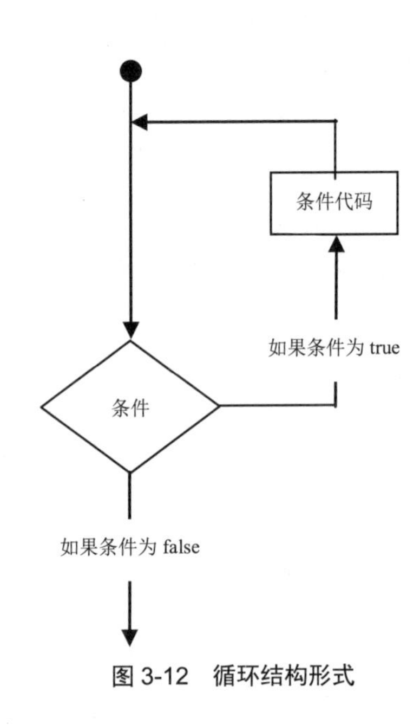

图 3-12 循环结构形式

表 3-2 循环语句

语　句	描　述
while 循环语句	当给定条件为真时，重复语句或语句组。它会在执行循环主体之前测试条件
do…while 循环语句	除了它是在循环主体结尾测试条件外，其他与 while 语句类似
for 循环语句	多次执行一个语句序列，简化管理循环变量的代码
嵌套循环语句	用户可以在 while、for 或 do…while 循环内使用一个或多个循环

3.3.1 while 循环语句

while 循环语句根据循环条件的返回值来判断执行零次或多次循环体。当逻辑条件成立时，重复执行循环体，直到条件不成立时终止，while 循环语句的语法格式如下：

```
while(条件表达式)
{
    语句块;
}
```

在这里，语句块可以是一个单独的语句，也可以是几个语句组成的代码块。表达式可以是任意的表达式，表达式的值非零时为 true，当条件为 true 时执行循环；当条件为 false 时，退出循环，程序流将继续执行紧接着循环的下一条语句。

while 循环语句的执行流程如图 3-13 所示。

当遇到 while 循环语句时，首先计算表达式的返回值，当表达式的返回值为 true 时，执行一次循环体中的语句块，循环体中的语句块执行完毕时，将重新查看是否符合条件，若表达式的值还返回 true 将再次执行相同的代码，否则跳出循环。while 循环的特点：先判断条件，后执行语句。

【例 3.5】编写程序，实现 100 以内自然数的求和，即 1+2+3+…+100，最后输出计算结果（源代码\ch03\3.5.txt）。

```
package myPackage;
public class GetSum {
    public static void main(String[] args) {
        int i=1;
        int sum=0;
        while(i<=100){
           sum=sum+i;
           i++;
        }
        System.out.println("100 以内自然数求和：");
        System.out.println("1+2+3+…+100="+sum);
    }
}
```

运行结果如图 3-14 所示。

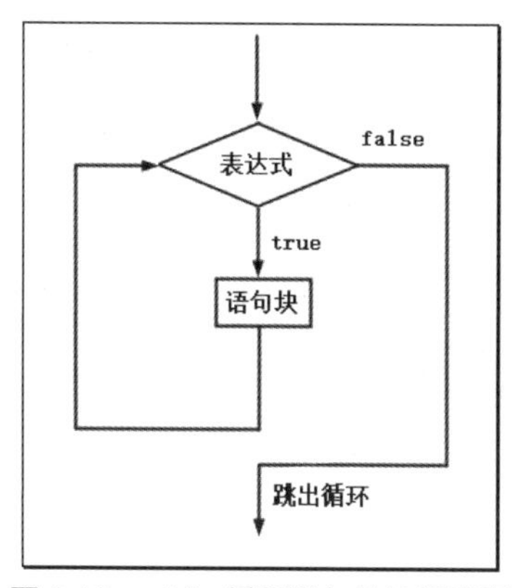

图 3-13 while 循环语句的执行流程

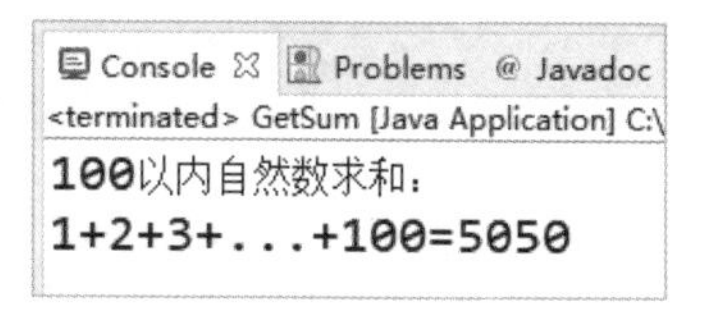

图 3-14 while 循环语句的应用

3.3.2 do…while 循环语句

在 Java 语言中，do…while 循环语句是在循环语句的尾部检查它的条件。do…while 循环语句与 while 循环语句类似，但是也有区别。do…while 循环语句和 while 循环语句的最主要区别：

（1）do…while 循环语句是先执行循环体后判断循环条件，while 循环语句是先判断循环条件后执行循环体。

（2）do…while 循环语句的最小执行次数为 1 次，while 循环语句的最小执行次数为 0 次。

do…while 循环语句的语法格式如下：

```
do
```

```
{
    语句块;
}
while(条件表达式);
```

这里的条件表达式出现在循环语句的尾部，所以循环语句中的语句块会在条件被测试之前至少执行一次。如果条件为真，控制流会跳转回上面的 do，然后重新执行循环语句中的语句块，这个过程会不断重复，直到给定条件变为假为止。do…while 循环语句的执行流程如图 3-15 所示。

程序遇到关键字 do，执行花括号内的语句块，语句块执行完毕，执行 while 关键字后的布尔表达式，如果表达式的返回值为 true，则向上执行语句块，否则结束循环语句，执行 while 关键字后的程序代码。

使用 do…while 循环语句应注意以下几点：

（1）do…while 循环语句是先执行“循环体语句”，后判断循环终止条件，与 while 语句不同。二者的区别在于：当 while 后面的表达式开始的值为 0（假）时，while 循环语句的循环体一次也不执行，而 do…while 循环语句的循环体至少要执行一次。

（2）在书写格式上，循环体部分要用{}括起来，即使只有一条语句也如此；do…while 循环语句最后以分号结束。

（3）通常情况下，do…while 循环语句是从后面控制表达式退出循环。但它也可以构成无限循环，此时要利用 break 语句或 return 语句直接从循环体内跳出循环。

【例 3.6】编写程序，实现 100 以内自然数的求和，即 1+2+3+…+100，最后输出计算结果（源代码\ch03\3.6.txt）。

```
package myPackage;
public class GetSum {
    public static void main(String[] args) {
        int i = 1;
        int sum = 0;
        do {
            sum += i;
            i++;
        } while (i <= 100);
        System.out.println("100 以内自然数求和: ");
        System.out.println("1+2+3+…+100=" + sum);
    }
}
```

运行结果如图 3-16 所示。

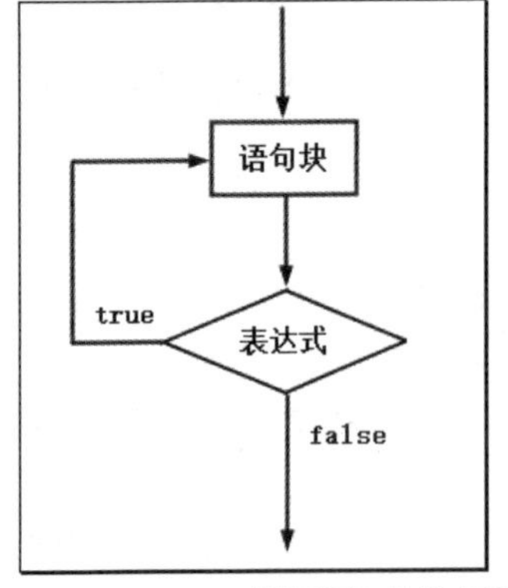

图 3-15　do…while 循环语句的执行流程

Console ☒ Problems @ Javadoc
<terminated> GetSum [Java Application] C:\
100以内自然数求和：
1+2+3+···+100=5050

图 3-16　do…while 循环语句的应用

3.3.3　for 循环语句

for 循环语句和 while 循环语句、do…while 循环语句一样，可以循环重复执行一个语句块，直到指定的循环条件返回值为假。for 循环语句的语法格式为：

```
for(表达式 1;表达式 2;表达式 3)
{
    语句块;
}
```

参数介绍如下：

（1）表达式 1 为赋值语句，如果有多个赋值语句可以用逗号隔开，形成逗号表达式，循环四要素中的循环变量初始化。

（2）表达式 2 返回一个布尔值，用于检测循环条件是否成立，循环四要素中的循环条件。

（3）表达式 3 为赋值表达式，用来更新循环控制变量，以保证循环能正常终止，循环四要素中的改变循环变量的值。

for 循环语句的执行流程如下：

（1）表达式 1 会首先被执行，且只会执行一次。这一步允许用户声明并初始化任何循环控制变量。用户也可以不在这里写任何语句，只要有一个分号出现即可。

（2）判断表达式 2。如果为真，则执行循环语句块；如果为假，则不执行循环语句块，且控制流会跳转到紧接着 for 循环语句的下一条语句。

（3）在执行完 for 循环语句块后，控制流会跳回表达式 3。该表达式允许用户更新循环控制变量。该表达式可以留空，只要在条件后有一个分号出现即可。

（4）条件再次被判断。如果为真，则执行循环，这个过程会不断重复（循环语句块，然后增加步值，再重新判断条件）。在条件变为假时，for 循环语句终止。

for 循环语句的执行流程如图 3-17 所示。

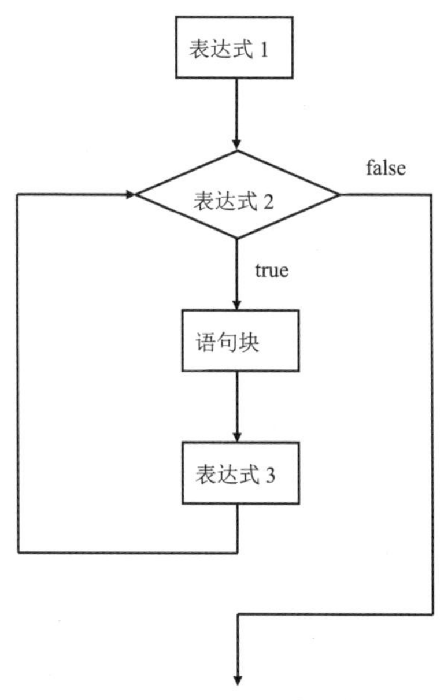

图 3-17　for 循环语句执行流程

☆**大牛提醒**☆

Juva 语言不允许省略 for 循环语句中的 3 个表达式，否则 for 循环语句将出现死循环现象。

【例 3.7】编写程序，实现 100 以内自然数的求和，即 1+2+3+…+100，最后输出计算结果（源代码\ch03\3.7.txt）。

```
package myPackage;
public class GetSum {
    public static void main(String[] args) {
        int i = 1;
        int sum = 0;
        for (i = 1; i <= 100; i++) {
            sum += i;
        }
        System.out.println("100 以内自然数求和: ");
        System.out.println("1+2+3+…+100=" + sum);
    }
}
```

运行结果如图 3-18 所示。

Console ☒ Problems @ Javadoc
<terminated> GetSum [Java Application] C:\
100以内自然数求和:
1+2+3+···+100=5050

图 3-18　for 循环语句的应用

3.3.4　foreach 语句

foreach 语句是 for 循环语句的特殊简化版本，但是 foreach 语句并不能完全取代 for 循环语句，也就是说，并不是所有的 foreach 语句都可以改写为 for 循环语句版本。foreach 不是一个关键字，只是我们习惯上将这种特殊的 for 循环语句格式称为 foreach 语句。

foreach 语句在遍历数组等方面为程序员提供了很大的方便，其语法格式如下：

```
for(循环变量 x:遍历对象 obj){
    执行含有 x 的循环体
}
```

参数说明：

（1）循环变量不用进行初始化，且类型与遍历对象中的数据类型一致。

（2）遍历对象是指一组数据的集合，可以从第一个元素开始一个一个进行访问。

（3）遍历对象可以是数组或者类的实例对象。

【例 3.8】编写程序，使用 foreach 语句遍历输出一个简单的数组（源代码\ch03\3.8.txt）。

```
package myPackage;
public class ArrayTraversal {
    public static void main(String[] args) {
        int[] nums = { 1, 3, 5, 7, 9 };  //定义一个 int 型数组 nums,并初始化为 1,3,5,7,9
        System.out.println("下面将遍历输出数组 nums 的内容! ");
        for (int i : nums) {               //用循环变量 i 循环遍历输出数组 nums 中的元素
            System.out.print(i + " ");
        }
    }
}
```

运行结果如图 3-19 所示。

Console ⊠ Problems @ Javad
<terminated> ArrayTraversal [Java A
下面将遍历输出数组nums的内容!
1 3 5 7 9

图 3-19　foreach 语句的应用

3.3.5　循环语句的嵌套

在一个循环语句内又包含另一个循环语句，称为循环嵌套。如果内嵌的循环语句中还包含有循环语句，这种称为多层循环。while 循环语句、do…while 循环语句和 for 循环语句之间可以相互嵌套。

1. 嵌套 for 循环语句

Java 语言中，嵌套 for 循环语句的语法格式如下：

```
for (表达式 1;表达式 2;表达式 3)
{
    语句块;
    for(表达式 1;表达式 2;表达式 3)
    {
        语句块;
        … … …
    }
    … … …
}
```

嵌套 for 循环语句的流程如图 3-20 所示。

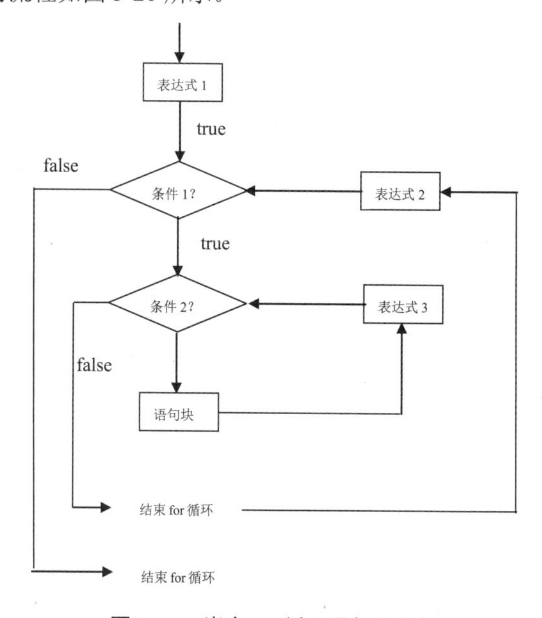

图 3-20　嵌套 for 循环语句的流程

【例 3.9】编写程序，在窗口输出数字金字塔（源代码\ch03\3.9.txt）。

```
package myPackage;
public class NumberPyramid {
    public static void main(String[] args) {
        //外循环,确定金字塔的高度,也就是行数,这里是 8 行
        for (int i = 0; i < 8; i++) {
            //内循环 1,输出金字塔每一行左边的空部分
```

```
            for (int t = 0; t < 8 - i; t++) { //每一行输出的空格是总行数减去行数
                System.out.print(" ");//输出空格
            }
            //内循环 2 输出金字塔每一行的数字
            for (int j = i; j >= 0; j--) {      //每一行输出的数字与行数相同
                System.out.print(j + 1 + " "); //输出数字,加 1 是为了最小数为 1 而不是 0
            }
            //内循环 1 和内循环 2 是同级别的,在同一行输出对应列元素
            //每一行内容输出后换行进行下一行内容循环
            System.out.println();
        }
    }
}
```

运行结果如图 3-21 所示。

2. 嵌套 while 循环语句

Java 语言中，嵌套 while 循环语句的语法格式如下：

```
while (条件 1)
{
    语句块
    while (条件 2)
    {
        语句块;
        … … …
    }
    … … …
}
```

嵌套 while 循环语句的流程如图 3-22 所示。

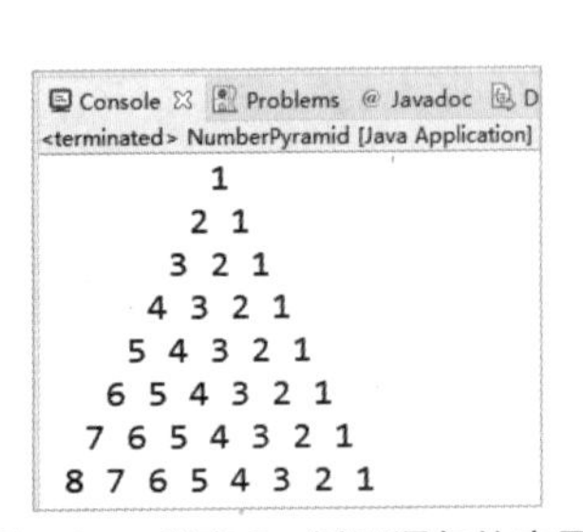

图 3-21 嵌套 for 循环语句的应用

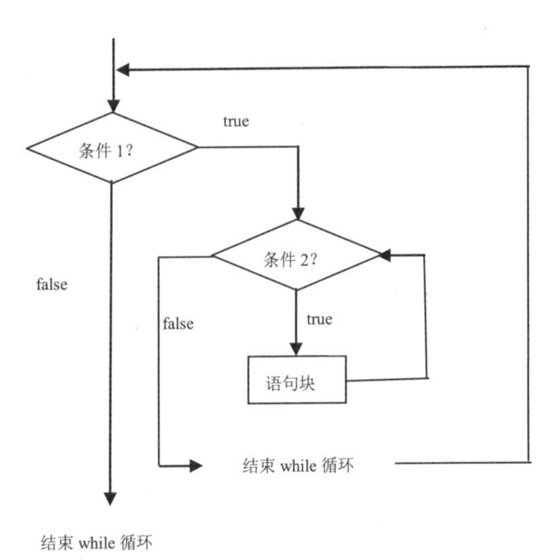

图 3-22 嵌套 while 循环语句的流程

【例 3.10】编写程序，在窗口输出九九乘法表（源代码\ch03\3.10.txt）。

```
package myPackage;
public class Test {
    public static void main(String[] args) {
        int i = 1;
        int j = 1;
        while (i <= 9) {
            j = 1;
```

```
            while (j <= i) {
                int answer;
                answer = i * j;
                System.out.print(j + "*" + i + "=" + answer + "  ");
                j++;
            }
            System.out.println();
            i++;
        }
    }
}
```

运行结果如图 3-23 所示。

```
Console ☒  Problems  @ Javadoc  Declaration
<terminated> Test [Java Application] C:\Users\Administrator\Downloads\eclipse-java-2020-12-R-win32-x86_64\eclipse\plugins\org.eclipse.justj.o
1*1=1
1*2=2  2*2=4
1*3=3  2*3=6  3*3=9
1*4=4  2*4=8  3*4=12  4*4=16
1*5=5  2*5=10  3*5=15  4*5=20  5*5=25
1*6=6  2*6=12  3*6=18  4*6=24  5*6=30  6*6=36
1*7=7  2*7=14  3*7=21  4*7=28  5*7=35  6*7=42  7*7=49
1*8=8  2*8=16  3*8=24  4*8=32  5*8=40  6*8=48  7*8=56  8*8=64
1*9=9  2*9=18  3*9=27  4*9=36  5*9=45  6*9=54  7*9=63  8*9=72  9*9=81
```

图 3-23　嵌套 while 循环语句的应用

3. 嵌套 do…while 循环语句

Java 语言中，嵌套 do…while 循环语句的语法格式如下：

```
do
{
    语句块;
    do
    {
        语句块;
        … … …
    }while (条件 2);
    … … …
}while (条件 1);
```

嵌套 do…while 循环语句的流程如图 3-24 所示。

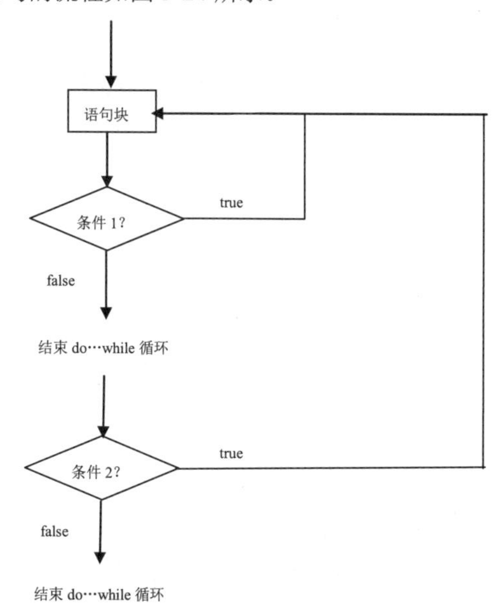

图 3-24　嵌套 do…while 循环语句的流程

【例 3.11】编写程序，在窗口输出九九乘法表（源代码\ch03\3.11.txt）。

```
package myPackage;
public class Test {
 public static void main(String[] args) {
     int c = 1;
     do {
         int d = 1;
         do {
             System.out.print(d + "*" + c + "=" + d * c + "\t");
             d++;
         } while (d <= c);
         c++;
         System.out.println();
     } while (c <= 9);
 }
}
```

运行结果如图 3-25 所示。

```
Console ⌧ Problems @ Javadoc Declaration
<terminated> Test [Java Application] C:\Users\Administrator\Downloads\eclipse-java-2020-12-R-win32-x86_64\eclipse\plugins\org.eclipse.justj.o
1*1=1
1*2=2	2*2=4
1*3=3	2*3=6	3*3=9
1*4=4	2*4=8	3*4=12	4*4=16
1*5=5	2*5=10	3*5=15	4*5=20	5*5=25
1*6=6	2*6=12	3*6=18	4*6=24	5*6=30	6*6=36
1*7=7	2*7=14	3*7=21	4*7=28	5*7=35	6*7=42	7*7=49
1*8=8	2*8=16	3*8=24	4*8=32	5*8=40	6*8=48	7*8=56	8*8=64
1*9=9	2*9=18	3*9=27	4*9=36	5*9=45	6*9=54	7*9=63	8*9=72	9*9=81
```

图 3-25 嵌套 do…while 循环语句的应用（九九乘法口诀）

3.3.6 无限循环

如果条件永远不为假，则循环将变成无限循环。for 循环语句在传统意义上可用于实现无限循环。由于构成循环的三个表达式中任何一个都不是必需的，用户可以将某些条件表达式留空来构成一个无限循环。例如下面这段代码：

```
package myPackage;
public class Test {
    public static void main(String[] args) {
           for( ; ; )
           {
              System.out.println("该循环会永远执行下去！");
           }
    }
}
```

当条件表达式不存在时，它被假设为真。用户也可以设置一个初始值和增量表达式，但是一般情况下，Java 程序员偏向于使用 for(;;)结构来表示一个无限循环，运行结果如图 3-26 所示。

```
Console ⌧ Problems @ Javadoc Declaration
Test [Java Application] C:\Users\Administrator\Downloads\e
该循环会永远执行下去!
该循环会永远执行下去!
该循环会永远执行下去!
该循环会永远执行下去!
该循环会永远执行下去!
该循环会永远执行下去!
```

图 3-26 无限循环的运行结果

☆**大牛提醒**☆

可以使用“break”语句终止一个无限循环。

3.4　跳转语句

跳转语句可以改变代码的执行顺序，通过这些语句可以实现代码的跳转。Java 语言提供的跳转语句有 break 语句、continue 语句，如表 3-3 所示。

表 3-3　跳转语句

语　句	描　述
break 语句	终止循环语句或 switch 语句，程序流将继续执行紧接着循环语句或 switch 语句的下一条语句
continue 语句	告诉一个循环体立刻停止本次循环迭代，重新开始下次循环迭代

3.4.1　break 语句

break 主要用在循环语句或者 switch 语句中，用来跳出整个语句块。当 break 跳出最里层的循环后，将继续执行该循环下面的语句，书写格式有如下 3 种：

第 1 种：

```
while(…){
    …
    break;
    …
}
```

第 2 种：

```
do{
    …
    break;
    …
}while(…);
```

第 3 种：

```
for{
    …
    break;
    …
}
```

当循环执行到“break”语句时，就跳出循环，不用执行“break”后面的语句。如果用户使用的是嵌套循环（即一个循环内嵌套另一个循环），break 语句会停止执行最内层的循环，然后开始执行该语句块之后的下一行代码。

Java 语言中 break 语句的语法格式如下：

```
break;
```

break 语句的流程如图 3-27 所示。

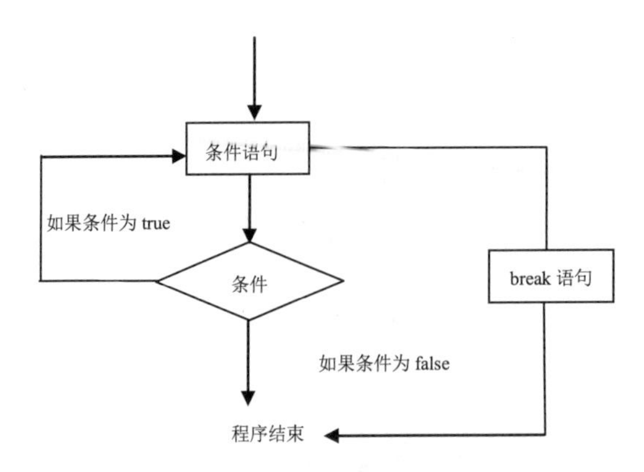

图 3-27 break 语句的流程

break 语句用在循环语句的循环体内的作用是终止当前的循环语句。例如：

无 break 语句：

```
int sum=0, number;
Scanner inputKey = new Scanner(System.in);
int number= inputKey.nextDouble();
while (number !=0) {
   sum+=number;
   int number= inputKey.nextDouble();
}
```

有 break 语句：

```
int sum=0, number;
Scanner inputKey = new Scanner(System.in);
while (1) {
   int number= inputKey.nextDouble();
   if (number==0)
      break;
   sum+=number;
}
```

这两段程序产生的效果是一样的。需要注意的是，break 语句只是跳出当前的循环语句，对于嵌套的循环语句，break 语句的功能是从内层循环跳到外层循环。例如：

```
int i=0, j, sum=0;
while (i<10) {
   for ( j=0; j<10; j++) {
      sum+=i + j;
      if (j==i) break;
   }
   i++;
}
```

本例中的 break 语句执行后，程序立即终止 for 循环语句，并转向 for 循环语句的下一个语句，即 while 循环体中的 i++语句，继续执行 while 循环语句。

【例 3.12】编写程序，输入两个数值，然后输出这两个数值的前 3 个公约数（源代码\ch03\3.12.txt）。

```
package myPackage;
import java.util.Scanner;
public class CommonDivisor {
   public static void main(String[] args) {
      Scanner input = new Scanner(System.in);    //控制台输入流的扫描器
      System.out.println("请输入找公约数的两个数字,空格隔开: ");
```

```
        int get1 = input.nextInt();                        //控制台接受找公约数的两个数
        int get2 = input.nextInt();
        int count = 0;                                     //记录公约数个数,这里初始值为 0
        if (get1 >= get2) {
            for (int i = 1; i <= get2; i++) {
                if (get1 % i == 0 && get2 % i == 0) {//两个数的余数都为零的那个数是公约数
                    System.out.print(i + " ");         //输出公约数
                    count++;                           //公约数个数增加
                    if (count == 3) {                  //公约数个数到了 3,跳出循环
                        break;
                    }
                }
            }
        } else {
            for (int i = 1; i <= get1; i++) {
                if (get1 % i == 0 && get2 % i == 0) {
                    System.out.print(i + " ");
                    count++;
                    if (count == 3) {
                        break;
                    }
                }
            }
        }
        input.close();
    }
}
```

运行结果如图 3-28 所示。这里输入的是 60 和 50，这两个数的公约数为 1、2、5、10 共 4 个，而在指定个数后，输出的公约数只有 3 个，也就是当程序执行到 break 语句后，跳出了循环。

```
Console ⊠ Problems @ Javadoc Declaration
<terminated> CommonDivisor [Java Application] C:\Users\A
请输入找公约数的两个数字，空格隔开：
60 50
1 2 5
```

图 3-28　输出指定个数的公约数

3.4.2　continue 语句

continue 语句跳转跟 break 是不一样的，它不是结束整个循环，而是跳过当前循环，直接进入下次循环。对于 for 循环语句，continue 语句执行后自增语句仍然会执行。对于 while 循环语句和 do…while 循环语句，continue 语句重新执行条件判断语句。continue 语句书写格式有如下 3 种：

第 1 种：

```
while(…){
    …
    continue;
    …
}
```

第 2 种：

```
do{
    …
    continue;
    …
}while(…);
```

第 3 种：

```
for{
    …
    continue;
```

```
    ...
}
```

Java 语言中 continue 语句的语法格式如下：

```
continue;
```

continue 语句的流程如图 3-29 所示。

通常情况下，continue 语句总是与 if 语句联在一起，用来加速循环。假设 continue 语句用于 while 循环语句，要求在某个条件下跳出本次循环，一般形式如下：

```
while(表达式 1) {
    ...
    if(表达式 2) {
        continue;
    }
    ...
}
```

这种形式和前面介绍的 break 语句用于循环的形式十分相似，其区别是：continue 只终止本次循环，继续执行下一次循环，而不是终止整个循环。而 break 语句则是终止整个循环过程，不会再去判断循环条件是否还满足。在循环体中，continue 语句被执行之后，其后面的语句均不再执行。

【例 3.13】编写程序，输出 10 以内所有的偶数（源代码\ch03\3.13.txt）。

```
package myPackage;
public class EvenNum {
    public static void main(String[] args) {
        for (int i = 0; i <= 10; i++) {
            if (i % 2 !=0) {
                continue;
            }
            System.out.println(i);
        }
    }
}
```

运行结果如图 3-30 所示。这里是使用一个 for 循环语句输出 10 以内的所有值，如果输出的值是奇数，则使用 continue 语句跳过本次循环。

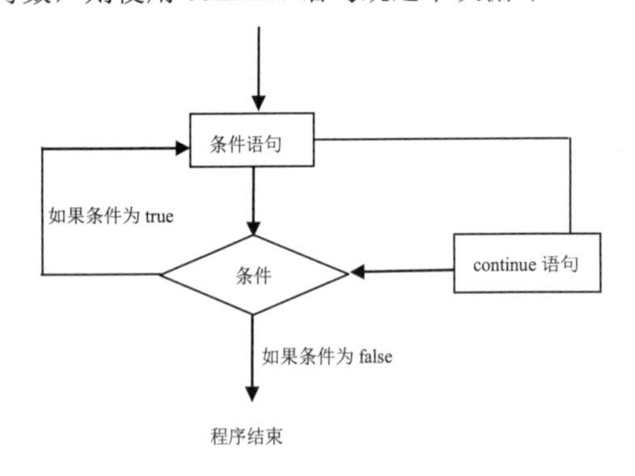

图 3-29 continue 语句的流程

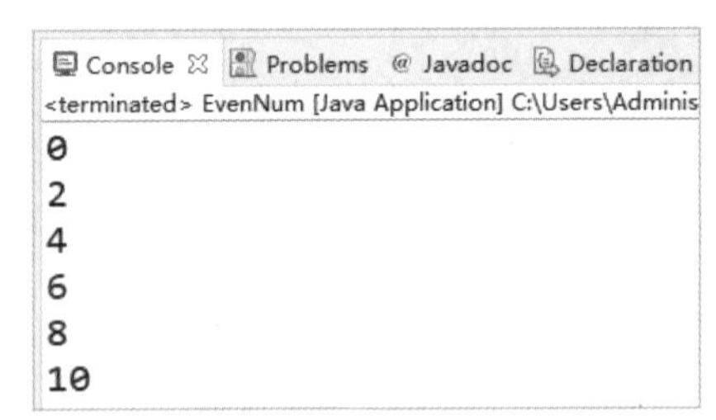

图 3-30 输出 10 以内的所有偶数

3.5 新手疑难问题解答

问题 1：continue 语句和 break 语句有什么区别？

解答：continue 语句只结束本次循环，而不是终止整个循环的执行。break 语句则是结束整个循环过程，不再判断执行循环的条件是否成立。break 语句可以用在循环语句和 switch 语句中。在循环语句中用来结束内部循环；在 switch 语句中用来跳出 switch 语句。

问题 2：Java 语言中 while 循环语句、do…while 循环语句、for 循环语句有什么区别？

解答：同一个问题，往往既可以用 while 循环语句解决，也可以用 do…while 循环或者 for 循环语句来解决，但在实际应用中，应根据具体情况来选用不同的循环语句。选用的一般原则是：

（1）如果循环次数在执行循环体之前就已确定，一般用 for 循环语句。如果循环次数是由循环体的执行情况确定的，一般用 while 循环语句或者 do…while 循环语句。

（2）当循环体至少执行一次时，用 do…while 循环语句，反之，如果循环体可能一次也不执行，则选用 while 循环语句。

（3）循环语句中，for 循环语句使用频率最高，while 循环语句其次，do…while 循环语句很少用。

三种循环语句 for、while、do…while 可以互相嵌套自由组合。但要注意的是，各循环必须完整，相互之间绝不允许交叉。

3.6　实战训练

实战 1：实现猜数字游戏。

编写程序，输入要猜的数字，猜对了结束游戏，否则一直进行猜数字游戏，程序运行结果如图 3-31 所示。

图 3-31　猜数字游戏运行结果

实战 2：实现小型查询系统。

编写程序，制作一个小型查询系统。当输入名字进入查询系统，然后根据提示选择查询选项，包括信息查询和成绩等级查看，最后根据选择的查询内容，输出相应的结果，程序运行结果如图 3-32 所示。

实战 3：打印指定年月的日历信息。

编写程序，这里打印出 2021 年 10 月的日历信息，程序运行结果如图 3-33 所示。

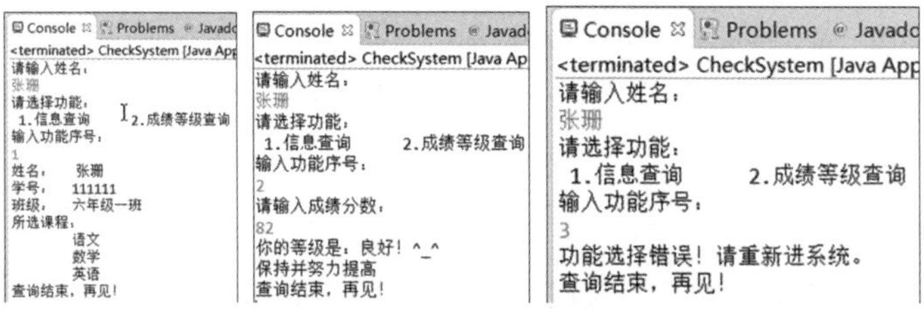

图 3-32　查询系统运行结果

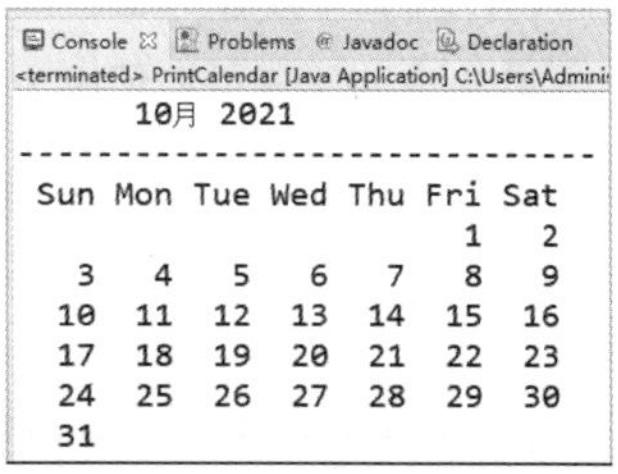

图 3-33　10 月份的日历信息

第4章 Java中的数组

数组是一种常用的数据类型，把相同数据类型的元素按照一定的顺序排列放在一起，就组成了数组。其中，每个元素可以通过一个索引（下标）来访问它们。根据所表现的维度不同，数组分为一维数组、二维数组和多维数组。本章将详细介绍数组的使用，主要内容包括一维数组、二维数组、数组的排序等。

4.1 数组概述

Java 语言支持数组数据结构，数组是具有相同数据类型的一组数据的集合。使用它可以存储一个固定大小的相同类型元素的顺序集合。

4.1.1 认识数组

在现实中，经常会对批量数据进行处理。例如，输入一个班级 45 名学生的“Java 语言程序设计”课程的成绩，将这 45 个学生的分数由大到小输出。这个问题首先是一个排序文件，因为要把这 45 个成绩从大到小排序，因此必须把这 45 个成绩都记录下来，然后在这 45 个数值中找到最大值、次大值、……、最小值进行排序。这里先不讨论排序文件，初学者存储这 45 个数据就是问题，首先会想到先定义 45 个整型变量，代码如下：

```
...
int a1,a2,a3…a45;
```

然后再给这 45 个变量赋值，最后就是使用 if 语句对这 45 个成绩排序，可想而知对 45 个数值进行排序是很烦琐的。为此，Java 语言提出了数组这一概念，使用数组可以把具有相同类型的若干变量按一定顺序组织起来，这些按照顺序排列的同类数据元素的集合就被称为“数组”。

数组中的变量可以通过索引进行访问，数组中的变量也称为数组的元素，数组能够容纳元素的数量称为数组的长度。数组中的每个元素都具有唯一的索引（或称为下标）与其相对应，在 Java 语言中数组的索引从 0 开始。

数组中的变量可以使用 numbers[0]、numbers[1]、…、numbers[n]的形式来表示，这里的数据代表一个个单独的变量。所有的数组都是由连续的内存位置组成，最低的地址对应第一个元素，最高的地址对应最后一个元素，具体的结构形式如图 4-1 所示。

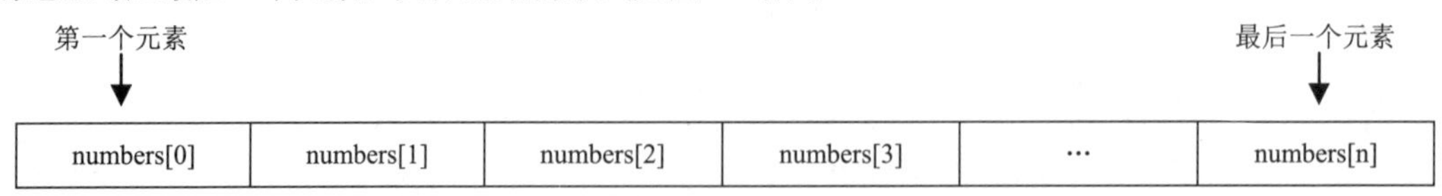

图 4-1 数据结构形式示意图

4.1.2　数组的特点

数组中的成员称为数组元素，数组元素下标的个数称为数组的维数。根据数组的维数可以将数组分为一维数组、二维数组和多维数组等。数组具有以下特点：

（1）数组中的元素具有相同类型，每个元素具有相同的名称和不同的下标。

（2）数组中的元素被存储在内存中一个连续的区域中。

（3）数组中的元素具有一定的顺序关系，每个元素都可以通过下标进行访问。

4.2　一维数组

一维数组通常是指只有一个下标的数组元素组成的数组，它是 Java 语言程序设计中经常使用的一类数组。一维数组中的所有数组元素用一个相同的数组名来标识，用不同的下标来指示其在数组中的位置，系统默认下标从 0 开始。

4.2.1　创建一维数组

要使用 Java 中的数组，必须先声明数组，再为数组分配内存空间。数组元素的数据类型决定了数组的数据类型，它可以是 Java 中任意的数据类型，包括基本数据类型和其他引用类型。数组名字为一个合法的标识符，符号“[]”指明该变量是一个数据类型变量。单个“[]”表示要创建的数组是一个一维数组。

声明一维数组有两种方式：

```
数组元素类型  数组名[];    //第 1 种方式
数组元素类型[]  数组名;    //第 2 种方式
```

一维数组声明示例：

```
char myChars[];          //声明 char 型数组,数组中的每个元素都是 char 型数值
int[] myInts;            //声明 int 型数组,数组中的每个元素都是 int 型数值
```

声明数组后，还不能访问它的任何元素，因为声明数组只是给了数组名字和数组的数据类型。要想真正使用数组，还需要为数组分配内存空间。在为数组分配内存空间时必须指明数组的长度。为数组分配内存空间的语法格式如下：

```
数组名= new 数据类型[数组元素个数];
```

主要参数介绍如下：

- 数组名：被连接到数组变量的名称。
- 数组元素个数：指定数组中变量的个数，即数组的长度。

例如，下面为数组分配内存空间，语法格式如下：

```
myarr=new int[5]; //数组长度为 5
```

这里表示要创建一个有 5 个元素的整型数组，并且将创建的数组对象赋给引用变量 myarr，即变量 myarr 引用这个数组，如图 4-2 所示。

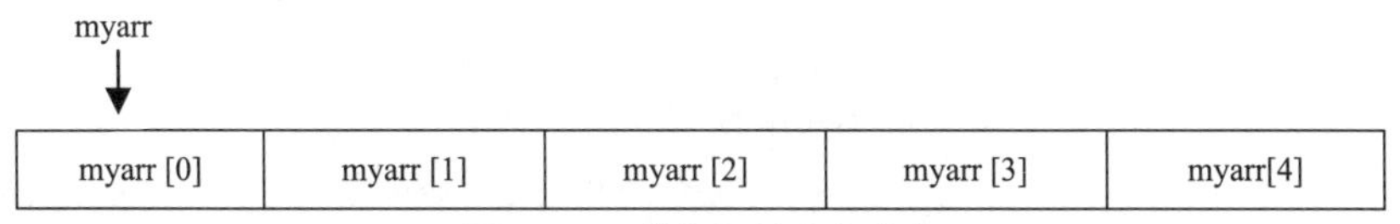

图 4-2　一维数组的内存模式

这里的 myarr 是数组名，方括号“[ ]”中的值为数组的下标，也称为索引。数组通过下标来区分不同的元素，也就是说，数组中的元素都可以通过下标来访问。数组中的下标是从 0 开始，这里创建的数组 myarr 中有 5 个元素，因此数组中的元素下标为 0～4。

【例 4.1】创建一维数组，并输出该数组的默认值（源代码\ch04\4.1.txt）。

```
public class Test {
   public static void main(String[] args) {
      int[] arr1;                                   //声明一维数组
      arr1 = new int[3];                            //为数组分配内存空间
      System.out.println("arr1[0]=" + ar1[0]);  //访问数组中的第一个元素
      System.out.println("arr1[1]=" + ar1[1]);  //访问数组中的第二个元素
      System.out.println("arr1[2]=" + ar1[2]);  //访问数组中的第三个元素
   }
}
```

运行结果如图 4-3 所示。首先声明了一个 int 类型的变量 arr，并将数组在内存中的地址赋值给它。arr[0]、arr[1]、arr[2]表示使用数组的索引来访问数组的元素，数组的索引从 0 开始，但没有赋值，所以显示的都是默认值 0。

```
Console ⊠ Problems @ Javadoc
<terminated> Test [Java Application] C:\User
arr[0]=0
arr[1]=0
arr[2]=0
```

图 4-3　声明数组应用示例

在声明数组的同时也可以为数组分配内存空间，这种创建数组的方法是将数组的声明和内存的分配合在一起执行。语法格式如下：

```
数组元素类型 数组名= new 数组元素类型[元素个数];
```

例如，这里创建数组 myarr，并指定了数组长度的个数为 5，这种创建数组的方法也是编写 Java 程序过程中的常用方法。

```
int  myarr= new int[5];
```

4.2.2　一维数组的赋值

在 Java 中，数组可以和基本数据类型一样进行初始化操作，也就是赋值操作。数组的初始化操作有静态和动态两种。在定义数组时，指定数组的长度，由系统自动为元素赋初值的方式称为动态初始化。例如：

```
int arr[] = new int[3];
arr[0] = 5;
arr[1] = 6;
arr[2] = 9;
```

这种方式是先给数组创建了内存空间，然后再给数组元素逐一赋值。

☆**大牛提醒**☆

Java 数组中的第一个元素，索引是以 0 开始的，如图 4-4 所示。

一维数组 arr
↓

元素名	arr [0]	arr [1]	arr [2]
元素值	5	6	9
索引（下标）	0	1	2

图 4-4　数组中的元素与对应的索引

【例 4.2】创建一维数组并动态初始化数组，然后计算出数组元素的总和（源代码\ch04\4.2.txt）。

```
public class Test {
```

```
    public static void main(String[] args) {
        int size = 5;                        //数组大小
        int[] myList = new int[size];        //定义数组
        myList[0] = 15;
        myList[1] = 14;
        myList[2] = 13;
        myList[3] = 12;
        myList[4] = 18;
        //计算所有元素的总和
        int total = 0;
        for (int i = 0; i < size; i++) {
            total += myList[i];
        }
        System.out.println("myList[0]=" + myList[0]);
        System.out.println("myList[1]=" + myList[1]);
        System.out.println("myList[2]=" + myList[2]);
        System.out.println("myList[3]=" + myList[3]);
        System.out.println("myList[4]=" + myList[4]);
        System.out.println("数组元素总和为: " + total);
    }
}
```

运行结果如图 4-5 所示。首先声明了一个数组变量 myList，接着创建了一个包含 5 个 int 类型元素的数组，并且把它的引用赋值给 myList 变量，最后通过 for 循环语句计算出所有元素的和为 72。

```
Console  Problems  Javadoc
<terminated> Test [Java Application] C:\User
myList[0]=15
myList[1]=14
myList[2]=13
myList[3]=12
myList[4]=18
数组元素总和为：72
```

图 4-5　数组动态初始化

数组的初始化还有一种静态方式，就是在定义数组的同时就为数组的每个元素赋值。数组的静态初始化有两种方式，语法格式如下：

（1）数组元素类型[] 数组名 = {元素，元素，……}；

（2）数组元素类型[] 数组名 = new 数组元素类型[]{元素，元素，……}。

例如，如下代码，就是利用静态方式初始化数组。

```
//第一种
int[] a1 = {2,5,8,9};
int a2[] = {5,6,8,7};
//第二种
int[] b2 = new int[]{8,4,6,3,1};
int b1[] = new int[]{4,5,8,2,1};
```

这两种方式都可以实现数组的静态初始化，但第二种更简便，不易出错，因此建议使用第二种方式。

【例 4.3】创建一维数组并静态初始化数组，然后输出数组元素值（源代码\ch04\4.3.txt）。

```
public class Test {
    public static void main(String[] args) {
        int[] ar1 = { 1, 2, 3, 4 };  //静态初始化
        String[] ar2 = new String[] { "Java", "PHP", "Python" };
        //下面的代码是依次访问数组中的元素
        System.out.println("ar1[0] = " + ar1[0]);
        System.out.println("ar1[1] = " + ar1[1]);
        System.out.println("ar1[2] = " + ar1[2]);
        System.out.println("ar1[3] = " + ar1[3]);
        System.out.println("ar2[0] = " + ar2[0]);
        System.out.println("ar2[1] = " + ar2[1]);
        System.out.println("ar2[2] = " + ar2[2]);
    }
}
```

运行结果如图 4-6 所示。这里使用两种静态初始化的方式为每个元素赋初值。int 类型的数组没

有采用 new 关键字，而是直接使用了{}来初始化元素的值，String[]类型的数组使用 new String[]{}来初始化，这里要特别注意的是不能写成 new String[3]{}，这样编译器会报错。

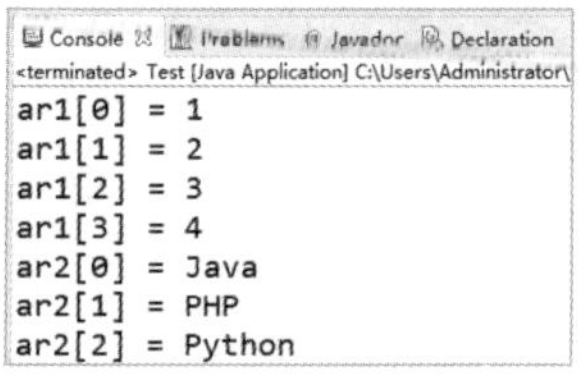

```
ar1[0] = 1
ar1[1] = 2
ar1[2] = 3
ar1[3] = 4
ar2[0] = Java
ar2[1] = PHP
ar2[2] = Python
```

图 4-6　数组静态初始化

☆**大牛提醒**☆

当创建一个数组时，如果没有赋初值，那么 Java 会给数组元素赋予默认值 0。例如下面一段代码:

```
int[] a = new int[10];
for(int i=0;i<10;i++) {
    System.out.print(a[i]+", ");
}
```

运行之后输出 10 个 0，这是数组变量的默认值。

【例 4.4】创建一维数组，并给其中的数组元素赋值，然后输出该数组的全部元素值（源代码\ch04\4.4.txt）。

```
public class Test {
    public static void main(String[] args) {
        int[] arr = new int[4];  //定义可以存储 4 个整数的数组
        arr[0] = 1;              //为第 1 个元素赋值 1
        arr[2] = 3;              //为第 2 个元素赋值 2
        //下面的代码是输出数组中每个元素的值
        System.out.println("arr[0]=" + arr[0]);
        System.out.println("arr[1]=" + arr[1]);
        System.out.println("arr[2]=" + arr[2]);
        System.out.println("arr[3]=" + arr[3]);
    }
}
```

运行结果如图 4-7 所示。首先声明 int 类型的数组变量 arr，长度为 4。然后通过数组的索引进行赋值，但并没有对 4 个元素全部赋值，而是对 arr[0]和 arr[2]进行了赋值，从结果可以看出它们的值分别为 1 和 3，而 arr[1]和 arr[3]没有赋值，因此显示的是默认值 0。

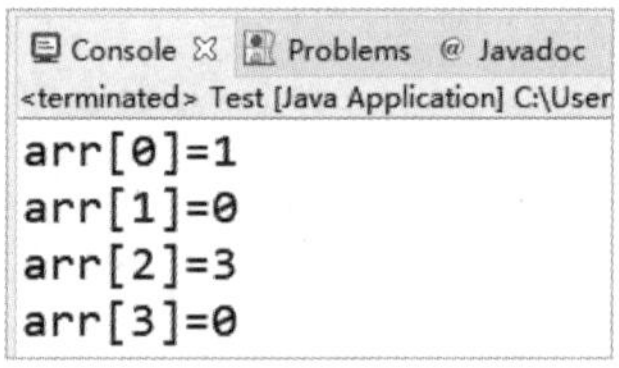

```
arr[0]=1
arr[1]=0
arr[2]=3
arr[3]=0
```

图 4-7　数组的默认值和赋值

4.2.3　遍历一维数组

遍历一维数组是通过索引实现的，也就是说直接通过有效索引号指定访问数组中的内容，例如如下代码：

```
int[] a = new int[]{8,4,6,3,1};
System.out.print("数组 a 的第一个元素: "+a[0]);          //输出数组 a 的第一个元素: 8
```

```
    System.out.print("数组 a 的第二个元素: "+a[1]);           //输出数组 a 的第二个元素: 4
    System.out.print("数组 a 的第三个元素: "+a[2]);           //输出数组 a 的第三个元素: 6
```

【例 4.5】 创建一维数组，输出 2000 到 2020 年之间的闰年，这里已知 2000 年到 2020 年之间的闰年是 2000、2004、2008、2012、2016、2020（源代码\ch04\4.5.txt）。

```
public class Test {
    public static void main(String[] args) {
        //创建一个一维数组,并用已知信息初始化
        int[] leapYear = new int[] {2000,2004,2008,2012,2016,2020};
        //通过 for 循环语句,将数组中的 6 个年份输出
        for(int i=0;i<6;i++) {  //这里 i 一定不能大于或等于 6,不然会访问到不属于该数组的位置
            System.out.println(leapYear[i]+"是闰年! ");
        }
    }
}
```

运行结果如图 4-8 所示。这里使用数组 leapYear 保存闰年年份，最后通过一层 for 循环将数组元素输出。

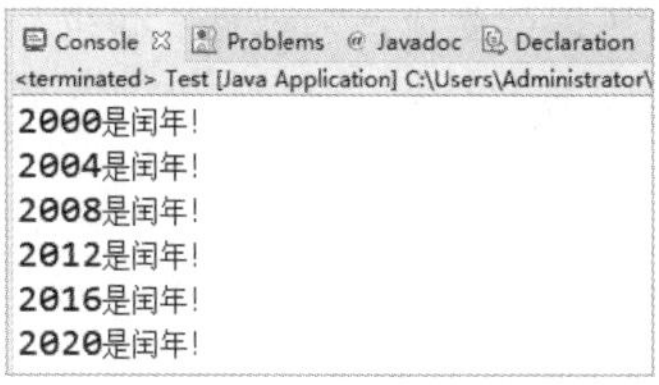

```
Console ☒ Problems @ Javadoc Declaration
<terminated> Test [Java Application] C:\Users\Administrator\
2000是闰年!
2004是闰年!
2008是闰年!
2012是闰年!
2016是闰年!
2020是闰年!
```

图 4-8　闰年输出结果

☆**大牛提醒**☆

一定要记住数组索引号或者下标是从 0 开始的。不能访问索引号为大于或等于元素数量的内容，该内容不属于该数组的内存空间，系统会报错。上例 4.5 中，数组中有 6 个元素，那么这个数组就只有 6 个元素空间大小，数组是从 0 开始计数的，所以循环的变量 i 只能从 0 变化到 5，共 6 个元素访问，如果访问到标号为 6 的内容，则会报错，终止程序，如图 4-9 所示。

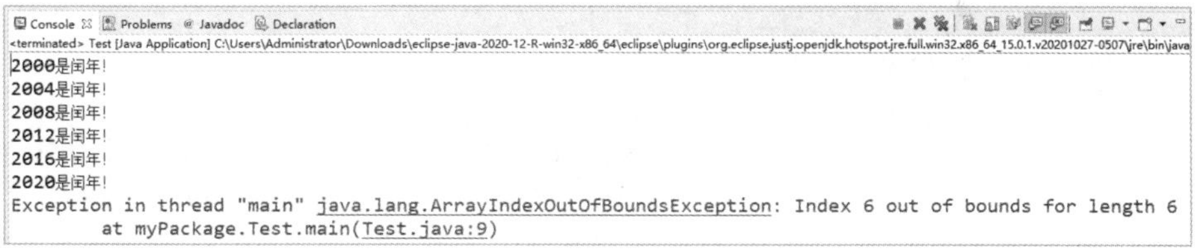

```
Console ☒ Problems @ Javadoc Declaration
<terminated> Test [Java Application] C:\Users\Administrator\Downloads\eclipse-java-2020-12-R-win32-x86_64\eclipse\plugins\org.eclipse.justj.openjdk.hotspot.jre.full.win32.x86_64_15.0.1.v20201027-0507\jre\bin\java
2000是闰年!
2004是闰年!
2008是闰年!
2012是闰年!
2016是闰年!
2020是闰年!
Exception in thread "main" java.lang.ArrayIndexOutOfBoundsException: Index 6 out of bounds for length 6
        at myPackage.Test.main(Test.java:9)
```

图 4-9　访问非法地址报错结果

在例 4.5 中，使用 for 循环语句遍历了数组的所有元素，这种写法读者一定要掌握。另外，Java JDK 1.5 引进了一种新的循环类型，被称为 foreach 循环语句或者加强型循环语句，它能在不使用索引的情况下遍历数组。foreach 循环语句的语法格式如下：

```
for(type element: array)
{
    System.out.println(element);
}
```

【例 4.6】 创建一维数组，使用 foreach 循环语句输出 2000 到 2020 年之间的闰年，这里已知 2000 年到 2020 年之间的闰年是 2000、2004、2008、2012、2016、2020（源代码\ch04\4.6.txt）。

```
public class Test {
    public static void main(String[] args) {
        int[] leapYear = new int[] {2000,2004,2008,2012,2016,2020};
```

```
        //输出所有数组元素
        for (int year : leapYear) {
            System.out.println(year+"是闰年！ ");
        }
    }
}
```

运行结果如图 4-10 所示。这里使用 foreach 循环语句对数组进行遍历。

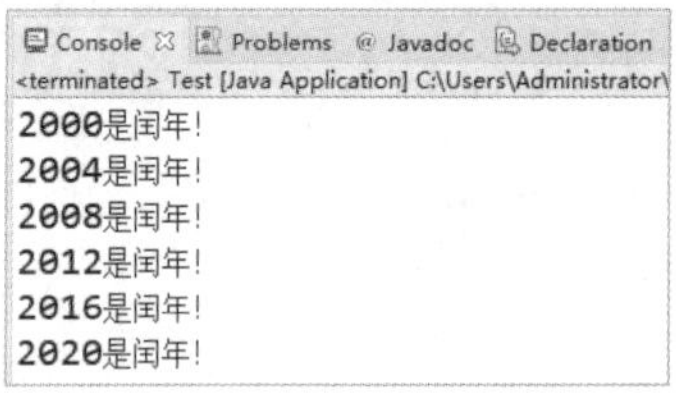

```
Console ☒  Problems  @ Javadoc  Declaration
<terminated> Test [Java Application] C:\Users\Administrator\
2000是闰年!
2004是闰年!
2008是闰年!
2012是闰年!
2016是闰年!
2020是闰年!
```

图 4-10 使用 foreach 循环语句遍历数组元素

☆**大牛提醒**☆

foreach 循环语句相对于 for 循环语句要简洁，但也有缺点，就是丢掉了索引信息。因此，当访问数组时，如果需要访问数组的索引，最好使用 for 循环语句来实现循环或遍历，而不要使用 foreach 循环语句循环，因为它丢失了索引信息。

4.2.4 数组的 length 属性

当数组被分配内存时已经确定了元素的数量，元素数量表示数组的长度。数组自带一个 length 属性，表示该数组的长度，也就是可容纳的元素个数。语法格式如下：

```
数组名.length
```

这就返回一个整型值。

【例 4.7】创建一维数组，使用 length 属性输出数组的长度，这里已知数组中存有班里女生姓名，统计输出班级女生人数（源代码\ch04\4.7.txt）。

```
public class Girls {
    public static void main(String[] args) {
        String[] names = {"张珊","张欢","王静","李娜","李青",
                "赵敏","马艳","杨璇","杨阳","马丽"};
        System.out.println("我们班级有: "+names.length+"个女生！ ");
    }
}
```

运行结果如图 4-11 所示。

```
Console ☒  Problems  @ Javadoc
<terminated> Test [Java Application] C:\User
我们班级有：10个女生!
```

图 4-11 统计班级女生人数结果

4.3 二维数组

一维数组是表示一个线性顺序关系，正如队伍方阵中的一列或者一行。如果队伍有 100 个人，该怎么排列呢？排成一排吗？这显然不合理，肯定是多列多行来排列。当处理这类问题时，就需要用到二维数组了。

4.3.1 创建二维数组

二维数组常用于表示二维表，表中的信息以行和列的形式表示，它有 2 个下标，第 1 个下标代表元素所在的行，第 2 个下标代表元素所在的列。

二维数组可以看作是特殊的一维数组，它有两种声明方式：

```
数据类型  数组名[][];
数据类型[][]  数组名;
```

二维数组声明实例：

```
char myChars[][];
int[][] myInts;
```

同一维数组一样，二维数组在声明时也没有分配内存空间，同样要使用关键字 new 来分配内存，然后才能访问每个数组元素。分配内存空间的语法格式如下：

```
数组名= new 数组元素类型[行数][列数];
```

为二维数组分配内存空间有两种方式，一种是直接分配行列，如下：

```
char myChars[ ][ ];
myChars = new char[2][2];        //申请 2 行 2 列的 char 型二维数据空间
```

另一种是先分配行，再分配列，如下：

```
int myInts[ ][ ];
myInts = new int[2][ ];
myInts[0]= new int[2];
myInts[1]= new int[2];           //申请 2 行 2 列的 int 型二维数据空间
```

综合上述创建二维数组并为其分配空间的过程，二维数组的声明语法格式如下：

```
数组元素类型 数组名 = new 数组元素类型[行数][列数];
```

例如，下面声明一个三行两列的 int 型二维数组：

```
int  myInts2 = new int[3][2];        //三行两列的 int 型二维数组
```

二维数组的两个[ ]方括号分别表示行和列。行号和列号用来确定一个元素，相当于一个面上的一点。二维数组中数据的分布如表 4-1 所示。

表 4-1　二维数组中数据的分布

行号	列号			
	0	1	2	…
0	(0,0)位置元素	(0,1)位置元素	(0,2)位置元素	(0,n)位置元素
1	(1,0)位置元素	(1,1)位置元素	(1,2)位置元素	(1,n)位置元素
2	(2,0)位置元素	(2,1)位置元素	(2,2)位置元素	(2,n)位置元素
…	(n,0)位置元素	(n,1)位置元素	(n,2)位置元素	(n,n)位置元素

从表 4-1 中可见，二维数组中的数据如同坐标上的点一样，这样能更为方便地表示生活中的事物。

☆**大牛提醒**☆

创建二维数组时，可以只声明“行”的数量，而不声明“列”的数量，例如：

```
int myInts[ ][ ]=new int[2][ ];
```

如果不声明“行”的数量，就是错误的写法，例如：

```
int myInts[ ][ ]= new int[ ][ ];
int myInts[ ][ ]= new int[ ][2];
```

4.3.2 二维数组的赋值

二维数组的初始化与一维数组类似，也有 3 种方式。但不同的是，二维数组有两个索引（下标），构成由行和列组成的一个矩阵。

第 1 种方式：

```
int[][] a1 = {{2,5,8},{1,5,4}};                    //表示两行三列的二维数组
int a2[][] = {{5,6},{8,7}};                        //表示两行两列的二维数组
```

第 2 种方式：

```
int[] b2 = new int[][]{{2,5,8},{1,5,4}};           //表示两行三列的二维数组
int b1[] = new int[][]{{5,6},{8,7}};               //表示两行两列的二维数组
```

第 3 种方式：

```
int[][] c1 = new int[2][2];           //申请两行两列的二维数组空间
int c2[][] = new int[2][3];           //申请两行三列的二维数组空间
c1[0] = new int[]{8 ,4};              //给数组 c1 的第一行分配一个数组
c2[0] = new int[]{8,4,6};             //给数组 c2 的第一行分配一个数组
c1[1][0]= 6;  c2[1][0] = 9;           //给数组 c1 和 c2 的第二行第一列赋值为 6 和 9
c1[1][1] = 9;  c2[1][1] = 7;          //给数组 c1 和 c2 的第二行第二列赋值为 9 和 7
c2[1][2] = 6;                         //给数组 c2 的第二行第三列赋值为 6
```

前两种是通过{ }中的元素来确定二维数组的行和列，所以不能在[][]中写行数和列数。可以发现，数组的每一行对应的是一个数组数据，就可以理解为一维数组的元素对应的是另一个一维数组。最后一种是先申请确定数组行列数，然后再在对应行列位置进行赋值。

当二维数组元素较多时，例如 100 行、100 列的 10000 个数据，就可以通过 for 循环语句赋值，例如如下代码：

```
int[][] c1 = new int[100][100];      //申请 100 行 100 列的二维数组空间
for(int i=0;i<100;i++){              //遍历行数,注意行标号一定小于行数
    for(int j=0;j<100;j++){          //遍历列数,注意列表号一定小于列数
        c1[i][j] = 1;                //给确定行列的位置填写数据
    }
}
```

【例 4.8】创建二维数组，使用 for 循环语句输出二维数组中的值（源代码\ch04\4.8.txt）。

```
public class Test {
    public static void main(String[] args) {
        int[][] num = new int[3][3]; //定义了三行三列的二维数组
        num[0][0] = 1;               //给第一行第一个元素赋值
        num[0][1] = 2;               //给第一行第二个元素赋值
        num[0][2] = 3;               //给第一行第三个元素赋值

        num[1][0] = 4;               //给第二行第一个元素赋值
        num[1][1] = 5;               //给第二行第二个元素赋值
        num[1][2] = 6;               //给第二行第三个元素赋值

        num[2][0] = 7;               //给第三行第一个元素赋值
        num[2][1] = 8;               //给第三行第二个元素赋值
        num[2][2] = 9;               //给第三行第三个元素赋值
        for (int x = 0; x < num.length; x++) {   //定位行
            for (int y = 0; y < num[x].length; y++) { //定位每行的元素个数
                System.out.print(num[x][y] + "\t");
            }
            System.out.println("\n");
        }
```

```
        }
    }
```

运行结果如图 4-12 所示。创建了一个二维数组 num，num 是一个 3 行 3 列的二维数组，并为每个元素赋值，通过 for 循环语句将数组的所有元素显示出来。

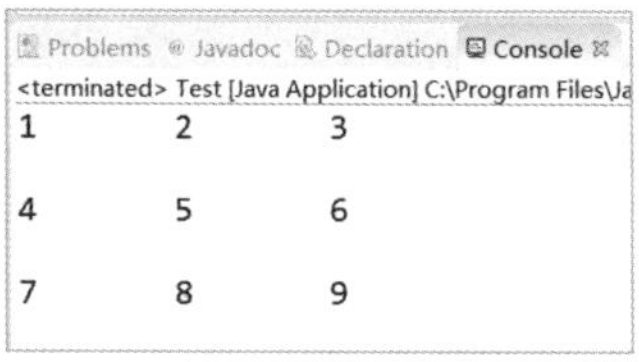

```
Problems  Javadoc  Declaration  Console
<terminated> Test [Java Application] C:\Program Files\Ja
1        2        3

4        5        6

7        8        9
```

图 4-12　通过 for 循环语句输出数组元素

4.3.3　遍历二维数组

遍历二维数组需要使用双层 for 循环语句，而且通常需要使用 length 属性来获取数组的长度。对于二维数组中的元素值，我们可以直接使用行号和列号作为索引来访问。例如：

```
int b1[][] = new int[][]{{5,6},{8,7}};        //表示两行两列的二维数组
System.out.println(b1[0][0]);                 //输出是 5
System.out.println(b1[0][1]);                 //输出是 6
System.out.println(b1[1][0]);                 //输出是 8
System.out.println(b1[1][1]);                 //输出是 7
```

但是这样一个一个地写不但麻烦，而且程序代码也不够整洁，这时，我们就可以使用 for 循环语句来遍历二维数组元素。例如：

```
int b1[][] = new int[][]{{5,6},{8,7}};        //表示两行两列的二维数组
for(int i=0;i<2;i++){                         //循环每一行
    for(int j=0;j<2;j++){                     //循环每一行中的每一列
    System.out.print(b1[i][j] +" ");          //输出行和列确定的元素
    }
    System.out.println();                     //每一行内容输出后换行
}
```

运行结果如图 4-13 所示。这里的二维数组是通过两层 for 循环语句输出的结果，其中外层 for 循环语句遍历的是数组的行数，内层 for 循环语句遍历的是每行的每一列元素。

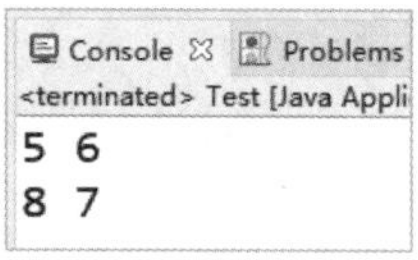

```
Console  Problems
<terminated> Test [Java Appli
5 6
8 7
```

图 4-13　二维数组输出结果

☆**大牛提醒**☆

不能访问索引号大于或等于行数和列数的内容，该内容不属于该数组的内存空间，系统会报错。

另外，使用 foreach 循环语句也可以遍历二维数组的元素，并输出访问结果。

【例 4.9】 使用 foreach 循环语句遍历数组，并输出数组元素值（源代码\ch04\4.9.txt）。

```
public class Test {
    public static void main(String[] args) {
        int[][] num = new int[3][3];      //定义了三行三列的二维数组
        num[0][0] = 1;                    //给第一行第一个元素赋值
        num[0][1] = 2;                    //给第一行第二个元素赋值
        num[0][2] = 3;                    //给第一行第三个元素赋值

        num[1][0] = 4;                    //给第二行第一个元素赋值
```

```
        num[1][1] = 5;          //给第二行第二个元素赋值
        num[1][2] = 6;          //给第二行第三个元素赋值

        num[2][0] = 7;          //给第三行第一个元素赋值
        num[2][1] = 8;          //给第三行第二个元素赋值
        num[2][2] = 9;          //给第三行第三个元素赋值

        for (int[] n : num) {
            for (int i : n) {
                System.out.print(i + "\t");
            }
            System.out.println("\n");
        }
    }
}
```

运行结果如图 4-14 所示。这里创建了一个二维数组 num，num 是一个 3 行 3 列的二维数组，并为每个元素赋值，通过 foreach 循环语句将数组的所有元素显示出来。

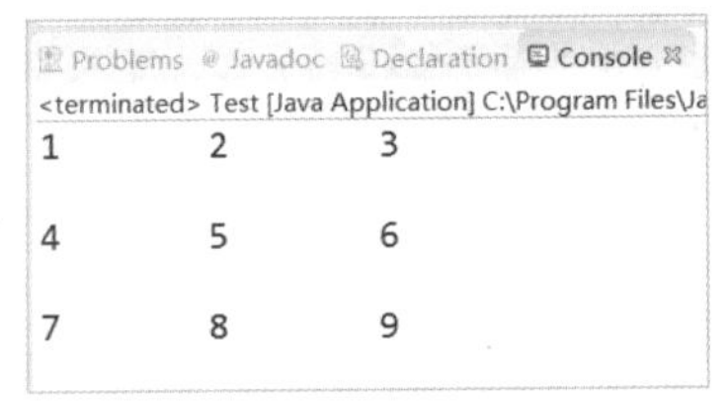

图 4-14　通过 foreach 循环语句输出数组元素

4.3.4　不规则数组

Java 除了支持行、列固定的矩形方阵数组类型外，还支持不规则的数组。例如二维数组中，不同行的元素个数可以不同，例如：

```
int c1[][]= new int[4][];            //创建二维数组,指定行数,不指定列数
c1[0] = new int[5];                  //第一行分配 5 个元素
c1[1] = new int[2];                  //第二行分配 2 个元素
c1[2] = new int[4];                  //第三行分配 4 个元素
c1[3] = new int[6];                  //第四行分配 6 个元素
```

这个不规则数组的内存空间分布如表 4-2 所示。

表 4-2　不规则数组中数据的分布

行　号	列　号					
	0	1	2	3	4	5
0	第 1 个	第 2 个	第 3 个	第 4 个	第 5 个	
1	第 1 个	第 2 个				
2	第 1 个	第 2 个	第 3 个	第 4 个		
3	第 1 个	第 2 个	第 3 个	第 4 个	第 5 个	第 6 个

【例 4.10】使用不规则二维数组输出课程表信息。这里二维数组 0 行是星期，0 列是节序，其余内容是课程名，没课的内容是空的（源代码\ch04\4.10.txt）。

```
public class Schedule {
    public static void main(String[] args) {
        //声明一个课表数组
        String[][] schedule = new String[8][];
```

```
        //给课表添加内容
        schedule[0] = new String[] {" ","星期一","星期二","星期三","星期四","星期五"};
        schedule[1] = new String[] {"1","数学","语文"};
        schedule[2] = new String[] {"2","英语"};
        schedule[3] = new String[] {"3","语文"};
        schedule[4] = new String[] {"4","体育"};
        schedule[5] = new String[] {"5","绘画","数学","数学","科学","体育"};
        schedule[6] = new String[] {"6","科学","","","",""};
        schedule[7] = new String[] {"7","政治","绘画","微机"};
        //输出表头
        System.out.println("\t\t 课表");
        //输出课表
        for(int i=0;i<schedule.length;i++) {//不确定数组行数,就用 length 属性
            for(int j=0;j<schedule[i].length;j++) {//不确定每一行的列数,就用 length 属性
                System.out.print(schedule[i][j]+" ");
            }
            System.out.println();//每一行输出之后换行
        }
    }
}
```

运行结果如图 4-15 所示。

图 4-15　课程表输出结果

☆**大牛提醒**☆

当不确定数组行列信息，就用 length 属性获取对应行列数进行遍历，以免访问非法地址。

4.4　数组的基本操作

数组的基本操作包括遍历数组、填充数组、排序数组等。对于遍历数组我们已经在前面介绍过，下面详细介绍填充数组与排序数组。

4.4.1　填充数组

数组中的元素定义完成后，可以通过 Arrays 类的 fill()方法来对数组中的元素进行分配，起到填充替换的效果。fill()方法的语法格式如下：

```
Arrays.fill(数组名,要填充的内容);
```

主要参数介绍如下：

- 数组名：已经定义好的数组。
- 填充内容：填充内容是给数组添加的，与数组具有相同的数据类型。

【例 4.11】使用 fill()方法填充数组，这里填充内容为一个*矩阵（源代码\ch04\4.11.txt）。

```
import java.util.Arrays;
```

```
public class FillTest{
    public static void main(String[] args) {
        char[][] myPicture = new char[5][];          //声明二维数组
        char[] temp = new char[5];                   //声明一维数组
        Arrays.fill(temp, '*');                      //填充一维数组
        Arrays.fill(myPicture, temp);                //填充二维数组
        for(int i=0;i<myPicture.length;i++) {
            for(int j=0;j<myPicture[i].length;j++) {
                System.out.print(myPicture[i][j]+" ");
            }
            System.out.println();
        }
    }
}
```

运行结果如图 4-16 所示。

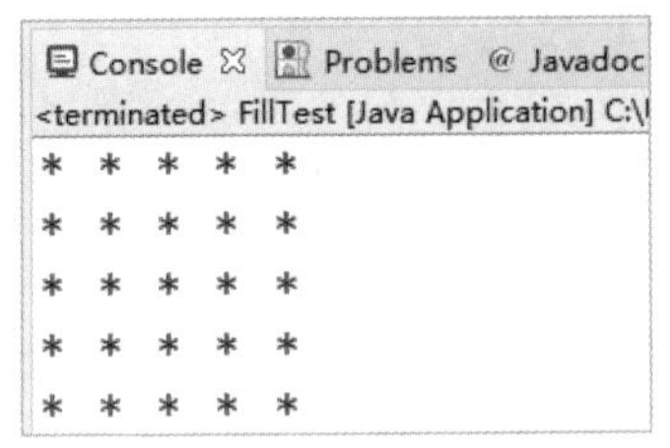

图 4-16　fill()方法运行结果

4.4.2　快速排序

通过 Arrays 类的 sort()方法可以对数组中的元素快速排序，排序方式是根据其数组元素的自然顺序进行升序排列。

【例 4.12】使用 sort()方法排序数组（源代码\ch04\4.12.txt）。

```
import java.util.Arrays;
public class Test {
    public static void main(String[] args) {
        int[] a = { 5, 26, 3, 12, 8, -29, 55 };
        System.out.print("排序前: ");
        for (int i = 0; i < a.length; i++) {
            System.out.print(a[i] + " ");
        }
        System.out.println();//输出空行
        System.out.print("排序后: ");
        Arrays.sort(a); //数组排序
        for (int i = 0; i < a.length; i++) {
            System.out.print(a[i] + " ");
        }
    }
}
```

运行结果如图 4-17 所示。这里使用数组类 Arrays 的 sort()方法对数组的元素进行升序排列，然后使用 for 循环语句将数组元素按排列后的顺序显示出来。

Problems　Javadoc　Declaration　Console
<terminated> Test [Java Application] C:\Program Files\Ja
-29 3 5 8 12 26 55

图 4-17　快速排序运行结果

4.4.3 冒泡排序

冒泡排序（Bubble Sort）是一种计算机科学领域较简单的排序算法。冒泡排序就是比较相邻的两个数据，小数放在前面，大数放在后面，这样排一次后，最小的数就被排在了第一位，第二次排序也是如此，如此类推，直到所有的数据排序完成。这样数组元素中值小的就像气泡一样从底部上升到顶部。

【例 4.13】创建一维数组，使用冒泡排序方式将数组按从小到大的顺序输出（源代码\ch04\4.13.txt）。

```
public class ArrayBubble {
    public static void main(String[] args) {
        int array[] = { 15, 6, 2, 13, 8, 4, };      //定义并声明数组
        int temp = 0;                                //临时变量
        //输出未排序的数组
        System.out.println("未排序的数组: ");
        for (int i = 0; i < array.length; i++) {
            System.out.print(array[i] + " ");
        }
        System.out.println();                        //输出空行
        //通过冒泡排序为数组排序
        for (int i = 0; i < array.length; i++) {
            for (int j = i + 1; j < array.length; j++) {
                if (array[i] > array[j]) {           //比较两个的值,如果满足条件,执行if语句
                    //将array[i]的值和array[j]的值做交换,将值小的给array[i]
                    temp = array[i];                 //将array[i]的值交给临时变量temp
                    array[i] = array[j];             //将两者中值小的array[j]赋给array[i]
                    array[j] = temp; //将temp中暂存的大值交给array[j],完成一次值的交换
                }
            }
        }
                                                     //输出排好序的数组
        System.out.println("冒泡排序,排好序的数组: ");
        for (int i = 0; i < array.length; i++) {
            System.out.print(array[i] + " ");
        }
    }
}
```

运行结果如图 4-18 所示。这里声明并初始化了一个一维数组，通过 for 循环语句输出数组的元素。通过冒泡排序算法，对一维数组进行排序。

```
Console ☒ Problems @ Javadoc
<terminated> ArrayBubble [Java Application]
未排序的数组：
15 6 2 13 8 4
冒泡排序，排好序的数组：
2 4 6 8 13 15
```

图 4-18 冒泡排序运行结果

提示：使用冒泡排序时，首先比较数组中前两个元素即 array[i]和 array[j]，借助中间变量 temp，将值小的元素放在数组的前面即 array[i]中，值大的元素放在数组的后边即 array[j]中。最后将排序后的数组输出。

4.4.4 选择排序

选择排序（Selection Sort）是一种简单直观的排序算法。它的工作原理是每一次从待排序的数组

元素中选出最小（或最大）的一个元素，存放在序列的起始位置，直到全部待排序的数据元素排完。选择排序是不稳定的排序方法。

【例 4.14】创建一维数组，使用选择排序方式将数组按从小到大的顺序输出（源代码\ch04\4.14.txt）。

```
public class ArraySelect {
    public static void main(String[] args) {
        int array[] = {15,6,2,13,8,4,};   //定义并声明数组
        int temp = 0;
                                          //输出未排序的数组
        System.out.println("未排序的数组: ");
        for(int i=0;i<array.length;i++){
            System.out.print(array[i] + " ");
        }
        System.out.println();             //输出空行
                                          //选择排序
        for(int i=0;i<array.length;i++){
            int index = i;
            for(int j=i+1;j<array.length;j++){
                if(array[index]>array[j]){
                    index = j;            //将数组中值最小的元素的下标找出,放到 index 中
                }
            }
            if(index != i){               //如果值最小的元素不是下标为 i 的元素,将两者交换.
                temp = array[i];
                array[i] = array[index];
                array[index] = temp;
            }
        }                                 //输出排好序的数组
        System.out.println("选择排序,排好序的数组: ");
        for(int i=0;i<array.length;i++){
            System.out.print(array[i] + " ");
        }
    }
}
```

运行结果如图 4-19 所示。这里声明并初始化了一个一维数组，通过 for 循环语句输出数组的元素。通过选择排序算法，对一维数组进行排序。

```
Console ⨯  Problems  @ Javadoc
<terminated> ArraySelect [Java Application]
未排序的数组:
15 6 2 13 8 4
选择排序，排好序的数组:
2 4 6 8 13 15
```

图 4-19 选择排序运行结果

4.5 新手疑难问题解答

问题 1：Java 中的变量一定要初始化吗？

解答：不一定。Java 数组变量是引用数据类型变量，它并不是数组对象本身，只要让数组变量指向有效的数组对象，即可使用该数组变量。对数组执行初始化，并不是对数组变量进行初始化，而是对数组对象进行初始化——也就是为该数组对象分配一块连续的内存空间，这块连续的内存空

间就是数组的长度。

问题 2：为什么数组的索引是从 0 开始的？

解答：从 0 开始是继承了汇编语言的传统，这样更有利于计算机做二进制的运算和查找。

4.6　实战训练

实战 1：输出一个 10 行 10 列的矩阵。

编写程序，设计一个 10 行 10 列的矩阵，并输出矩阵内容，程序运行结果如图 4-20 所示。

实战 2：杨辉三角算法。

编写程序，使用二维数组实现杨辉三角算法，程序运行结果如图 4-21 所示。

实战 3：交换二维数组中的行列数据。

编写程序，交换二维数组中的行与列，然后遍历输出行列交换前与交换后的二维数组，程序运行结果如图 4-22 所示。

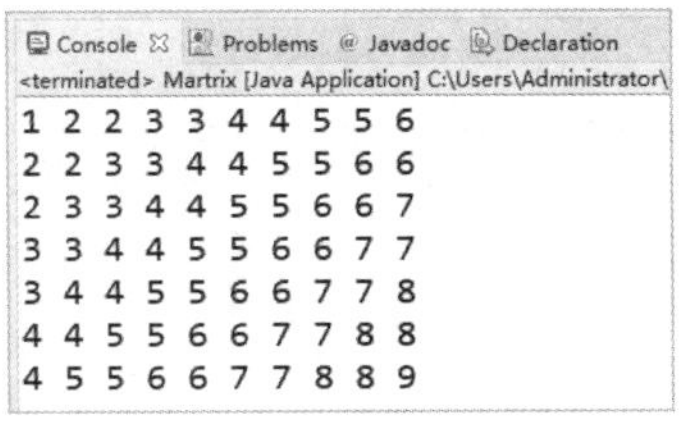

```
Console ⊠  Problems  @ Javadoc  Declaration
<terminated> Martrix [Java Application] C:\Users\Administrator\
1 2 2 3 3 4 4 5 5 6
2 2 3 3 4 4 5 5 6 6
2 3 3 4 4 5 5 6 6 7
3 3 4 4 5 5 6 6 7 7
3 4 4 5 5 6 6 7 7 8
4 4 5 5 6 6 7 7 8 8
4 5 5 6 6 7 7 8 8 9
```

图 4-20　矩阵输出结果

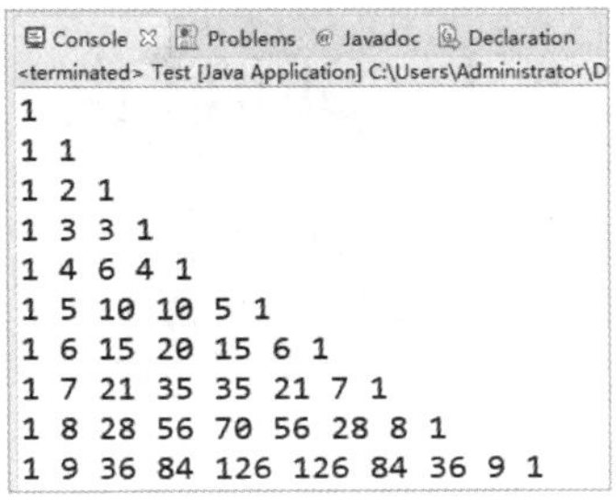

```
Console ⊠  Problems  @ Javadoc  Declaration
<terminated> Test [Java Application] C:\Users\Administrator\D
1
1 1
1 2 1
1 3 3 1
1 4 6 4 1
1 5 10 10 5 1
1 6 15 20 15 6 1
1 7 21 35 35 21 7 1
1 8 28 56 70 56 28 8 1
1 9 36 84 126 126 84 36 9 1
```

图 4-21　杨辉三角算法

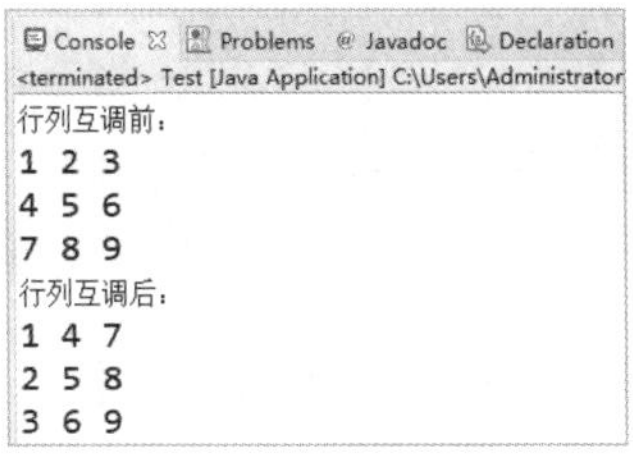

```
Console ⊠  Problems  @ Javadoc  Declaration
<terminated> Test [Java Application] C:\Users\Administrator
行列互调前：
1 2 3
4 5 6
7 8 9
行列互调后：
1 4 7
2 5 8
3 6 9
```

图 4-22　交换二维数组的行与列

第 5 章

字符串的应用

Java 语言中的 char 类型可以保存字符，但它只能表示单个字符，如果使用 char 类型处理大篇幅的文章就会非常麻烦。为解决这类问题，Java 提供了一个特殊的批量文本处理数据类型，就是字符串类型，即 String 类，本章介绍字符串的应用。

5.1 String 类

String 类的本质是字符数组，String 类是 Java 中的文本数据类型。String 类操作的数据是字符串，字符串是由字母、数字、汉字以及下画线组成的一串字符。

5.1.1 声明字符串

字符串是常量，它们的值在创建之后不能更改，但是可以使用其他变量重新赋值的方式进行更改。在 Java 语言中，单引号中的内容表示字符，如'H'，双引号中的内容则表示字符串。例如：

```
"字符串","136951425","name01"
```

Java 通过 java.lang.String 这个类来创建可以保存字符串的变量，所以字符串变量是一个对象。下面声明一个字符串变量 a，代码如下：

```
String a
```

还可以一次声明多个字符串变量，代码如下：

```
String a,b
```

一次声明两个字符串变量，分别是 a 和 b。

☆**大牛提醒**☆

在不给字符串变量赋值的情况下，其默认值为 null，如果此时调用 String 的方法，则会出现异常。

5.1.2 创建字符串

创建字符串的方法有两种，一种是直接使用双引号赋值，另一种是使用 new 关键字创建。

1. 直接创建

直接使用双引号为字符串常量赋值，语法格式如下：

```
String 字符串名 = "字符串";
```

主要参数介绍如下：

- 字符串名：一个合法的标识符。
- 字符串：由字符组成。

例如，直接将字符串常量赋值给 String 类型变量，代码如下：

```
String name = "找寻春天! ";
String s="Hello Java!";
String str1,str2;
str1 = "小李是学生";
str2 = "小李是五年级的学生";
```

2. new 关键字创建

在 java.lang 包中的 String 类有多种重载的构造方法，可以通过 new 关键字调用 String 类的构造方法创建字符串。

（1）无参构造方法 String()。

创建空字符串。具体代码如下：

```
String name = new String();
```

☆**大牛提醒**☆

使用 String 声明的空字符串，它的值不是 null(空值)，而是""，它是实例化的字符串对象，不包含任何字符。

（2）字符串作为参数的构造方法。

使用一个带 String 型参数的构造函数，创建字符串。具体代码如下：

```
String name = new String("明天");
```

（3）字符数组作为参数的构造方法。

使用一个带 char 型数组参数的构造函数，创建字符串。具体代码如下：

```
char[] nameChar = {'明','天'};
String name = new String(nameChar);
```

（4）指定字符数组的部分作为参数的构造方法。

使用带三个参数的构造函数，创建字符数组。具体代码如下：

```
char[] ch = {'我','是','明','天'};
String name = new String(ch,2,2);
```

三个参数分别是：字符数组，提取字符串的首个字符在字符数组中的位置，提取的字符个数。

【例 5.1】 创建 CreatString 类，声明多个字符串变量，用不同的赋值方法给这些字符串赋值并输出（源代码\ch05\5.1.txt）。

```
public class CreatString {
    public static void main(String[] args) {
        String str1 = "一寸光阴一寸金,寸金难买寸光阴.";
        System.out.println("str1=" + str1);
        String str2 = new String();
        str2 = "十年树木,百年树人.";
        System.out.println("str2=" + str2);
        String str3 = new String("己所不欲,勿施于人.");
        System.out.println("str3=" + str3);
        char[] strchar1 = { '与', '朋', '友', '交', ',', '言', '而', '有', '信', '.'};
        String str4 = new String(strchar1);
        System.out.println("str4=" +str4);
        char[] strchar = { '一', '日', '之', '计', '在', '于', '晨', ',', '一', '年', '
之', '计', '在', '于', '春', '.' };
        String str5 = new String(strchar, 0, 8);
```

```
        System.out.println("str5="+str5);
    }
}
```

运行结果如图 5-1 所示。

```
Console ⊠  Problems  @ Javadoc  Declaration
<terminated> CreatString [Java Application] C:\Users\Administrator
str1=一寸光阴一寸金，寸金难买寸光阴。
str2=十年树木，百年树人。
str3=己所不欲，勿施于人。
str4=与朋友交，言而有信。
str5=一日之计在于晨，
```

图 5-1 使用 String 类创建字符串

5.1.3 String 类的方法

在实际编程开发中会经常操作到字符串，所以 String 类为用户提供了多种操作字符串的方法。如表 5-1 所示。

表 5-1 String 类的方法

序 号	方 法	描 述
1	char charAt(int index)	返回指定索引处的 char 值
2	int compareTo(Object o)	把这个字符串和另一个对象比较
3	int compareTo(String anotherString)	按字典顺序比较两个字符串
4	int compareToIgnoreCase(String str)	按字典顺序比较两个字符串，不考虑大小写
5	String concat(String str)	将指定字符串连接到此字符串的结尾
6	boolean contentEquals(StringBuffer sb)	当且仅当字符串与指定的 StringBuffer 有相同顺序的字符时返回真
7	static String copyValueOf(char[] data)	返回指定数组中表示该字符序列的 String
8	static String copyValueOf(char[] data, int offset, int count)	返回指定数组中表示该字符序列的 String
9	boolean endsWith(String suffix)	测试此字符串是否以指定的后缀结束
10	boolean equals(Object anObject)	将此字符串与指定的对象比较
11	boolean equalsIgnoreCase(String anotherString)	将此 String 与另一个 String 比较，不考虑大小写
12	byte[] getBytes()	使用平台的默认字符集将此 String 编码为 byte 序列，并将结果存储到一个新的 byte 数组中
13	byte[] getBytes(String charsetName)	使用指定的字符集将此 String 编码为 byte 序列，并将结果存储到一个新的 byte 数组中
14	void getChars(int srcBegin, int srcEnd, char[] dst, int dstBegin)	将字符从此字符串复制到目标字符数组
15	int hashCode()	返回此字符串的哈希码
16	int indexOf(int ch)	返回指定字符在此字符串中第一次出现处的索引
17	int indexOf(int ch, int fromIndex)	返回指定字符在此字符串中第一次出现处的索引，从指定的索引开始搜索
18	int indexOf(String str)	返回指定子字符串在此字符串中第一次出现处的索引

续表

序　号	方　法	描　述
19	int indexOf(String str, int fromIndex)	返回指定子字符串在此字符串中第一次出现处的索引，从指定的索引开始搜索
20	String intern()	返回字符串对象的规范化表示形式
21	int lastIndexOf(int ch)	返回指定字符在此字符串中最后一次出现处的索引
22	int lastIndexOf(int ch, int fromIndex)	返回指定字符在此字符串中最后一次出现处的索引，从指定的索引开始反向搜索
23	int lastIndexOf(String str)	返回指定子字符串在此字符串中最后一次出现处的索引
24	int lastIndexOf(String str, int fromIndex)	返回指定子字符串在此字符串中最后一次出现处的索引，从指定的索引开始反向搜索
25	int length()	返回此字符串的长度
26	boolean matches(String regex)	告知此字符串是否匹配给定的正则表达式
27	boolean regionMatches(boolean ignoreCase, int toffset, String other, int ooffset, int len)	测试两个字符串区域是否相等
28	boolean regionMatches(int toffset, String other, int ooffset, int len)	测试两个字符串区域是否相等
29	String replace(char oldChar, char newChar)	返回一个新的字符串，它是通过用 newChar 替换此字符串中出现的所有 oldChar
30	String replaceAll(String regex, String replacement)	使用给定的 replacement 替换此字符串所有匹配给定的正则表达式的子字符串
31	String replaceFirst(String regex, String replacement)	使用给定的 replacement 替换此字符串匹配给定的正则表达式的第一个子字符串
32	String[] split(String regex)	根据给定正则表达式的匹配来拆分此字符串
33	String[] split(String regex, int limit)	根据匹配给定的正则表达式来拆分此字符串
34	boolean startsWith(String prefix)	测试此字符串是否以指定的前缀开始
35	boolean startsWith(String prefix, int toffset)	测试此字符串从指定索引开始的子字符串是否以指定前缀开始
36	CharSequence subSequence(int beginIndex, int endIndex)	返回一个新的字符序列，它是此序列的一个子序列
37	String substring(int beginIndex)	返回一个新的字符串，它是此字符串的一个子字符串
38	String substring(int beginIndex, int endIndex)	返回一个新的字符串，它是此字符串的一个子字符串
39	char[] toCharArray()	将此字符串转换为一个新的字符数组
40	String toLowerCase()	使用默认语言环境的规则将此 String 中的所有字符都转换为小写
41	String toLowerCase(Locale locale)	使用给定 Locale 的规则将此 String 中的所有字符都转换为小写
42	String toString()	返回此对象本身（它已经是一个字符串！）
43	String toUpperCase()	使用默认语言环境的规则将此 String 中的所有字符都转换为大写
44	String toUpperCase(Locale locale)	使用给定 Locale 的规则将此 String 中的所有字符都转换为大写

续表

序　号	方　法	描　述
45	String trim()	返回字符串的副本，忽略前导空白和尾部空白
46	static String valueOf(primitive data type x)	返回给定 data type 类型 x 参数的字符串表示形式
47	contains(CharSequence chars)	判断是否包含指定的字符系列
48	isEmpty()	判断字符串是否为空

5.2　字符串的连接

字符串的连接有两种方式，一种是使用“+”号，另一种是使用 String 类提供的 concat()方法。

5.2.1　使用“+”连接

字符串可以通过“+”和“+=”进行连接。使用多个“+”可以连接多个字符串。

【例 5.2】 创建多个字符串，使用“+”和“+=”将多个字符串连接成一个字符串（源代码\ch05\5.2.txt）。

```
public class Test {
    public static void main(String[] args) {
        String str1 = "我叫张珊";
        String str2 = "今年 20 岁,是一名大二的学生.";
        String str3 = str1 + "," +  str2;          //使用“+”来连接字符串
        System.out.println(str1);
        System.out.println(str2);
        System.out.println(str3);
        String str4="我来做个自我介绍: ";
        str4+=str3;                                //使用“+=”来连接字符串
        System.out.println(str4);
    }
}
```

运行结果如图 5-2 所示。

```
Console ☒  Problems  @ Javadoc  Declaration
<terminated> Test (1) [Java Application] C:\Users\Administrator\Downloads\e
我叫张珊
今年20岁，是一名大二的学生。
我叫张珊，今年20岁，是一名大二的学生。
我来做个自我介绍：我叫张珊，今年20岁，是一名大二的学生。
```

图 5-2　使用“+”连接字符串

Java 中连接的字符串不可以直接分成两行。例如：

```
System.out.println("我来做个
自我介绍: ");
```

这种写法是错误的，如果一个字符串太长，为了方便阅读，可以将这个字符串分在两行上书写，此时就可以使用“+”将两个字符串连起来，之后在“+”处换行。因此，语句可以修改为：

```
System.out.println("我来做个"+
"自我介绍: ");
```

这是因为字符串是常量，是不能修改的，所以连接两个字符串之后，原先的字符串不会发生变化，而是在内存中生成一个新的字符串。

5.2.2 使用 concat()方法连接

使用 String 类提供的 concat()方法，将一个字符串连接到另一个字符串的后面。其语法格式如下：

```
String concat(String str);
```

参数介绍如下：

- str：要连接到调用此方法的字符串后面的字符串。
- String：返回一个新的字符串。

【例 5.3】创建多个字符串，使用 concat()方法将多个字符串连接成一个字符串（源代码\ch05\5.3.txt）。

```
public class test {
    public static void main(String[] args) {
        String str1 = "Hello";
        String str2 = "Java! ";
        String str = str1.concat(str2);
        System.out.println(str);
    }
}
```

运行结果如图 5-3 所示。这里定义了两个字符串 str1 和 str2，使用 concat()方法将字符串 str2 连接到 str1 的后面，并赋值给字符串变量 str，然后输出。

图 5-3 使用 concat()方法连接字符串

5.2.3 连接其他数据类型

如果与字符串连接的是 int、long、float、double 和 boolean 等基本数据类型的数据，那么在做连接前系统会自动将这些数据转换成字符串。

【例 5.4】创建多个字符串，使用“+”将字符串与其他数据类型连接，并输出连接结果（源代码\ch05\5.4.txt）。

```
public class test {
    public static void main(String[] args) {
        String s1 = "香蕉的价格是: ";
        float f = 4.8f;
        String s2 = "元/千克.";
        String s = s1 + f + s2;
        System.out.println(s);
    }
}
```

运行结果如图 5-4 所示。这里定义了两个字符串 s1 和 s2，一个 float 型的变量 f，在程序中使用“+”，将 s1、s2 和 f 连接起来，赋值给字符串 s。

☆大牛提醒☆

只要“+”运算符的一个操作数是字符串，编译器就会将另一个操作数转换成字符串形式，所以应谨慎地将其他数据类型与字符串相连，以免出现意想不到的结果。

另外，当字符串与数字运算连接时，会有优先级之分。当数字连接在字符串前面时，先计算再连接；当数字连接在字符串后面，则按照顺序连接。

【例 5.5】创建多个字符串，将字符串与数字运算连接，并输出计算结果（源代码\ch05\5.5.txt）。

```
public class ConnectIntristing {
    public static void main(String[] args) {
        String str1 = "12" + 5 + 6 + 9;  //数字连接在后,按顺序连接
        System.out.println("\"12\"+5+6+9=" + str1);
        String str2 = 5 + 6 + 9 + "12";  //数字连接在前,先计算再连接
        System.out.println(" 5+6+9+\"12\"=" + str2);
        String str3 = "12" + (5 + 6 + 9);//数字连接在后,但是括号保持运算功能,先计算再连接
        System.out.println("\"12\"+(5+6+9)=" + str3);
    }
}
```

运行结果如图 5-5 所示。

```
Console ⊠ Problems @ Javadoc D
<terminated> ConnectIntristing [Java Application]
香蕉的价格是：4.8元/公斤。
```

图 5-4　字符串与其他数据类型连接

```
Console ⊠ Problems @ Javadoc
<terminated> ConnectIntristing [Java Applica
"12"+5+6+9=12569
 5+6+9+"12"=2012
"12"+(5+6+9)=1220
```

图 5-5　字符串与数字运算连接

5.3　提取字符串信息

字符串作为对象，可以通过 String 中的方法获取其有效信息，如获取某字符串的长度、某个索引位置的字符等。

5.3.1　获取字符串长度

使用 length()方法可以获取字符串的长度，长度指的是字符串中字符的个数，其中空格也是长度的一部分，语法格式如下：

```
str.length();
```

例如，定义一个字符串 str，使用 length()方法获取其长度，代码如下：

```
String str="I Love Java!"
int size=str.length();
```

将 size 输出，得出的结果就是 12。

这里 length()方法的返回值是 int 型，所以需要一个 int 型变量来保存结果。

【例 5.6】创建一个字符串，获取它的长度并输出（源代码\ch05\5.6.txt）。

```
public class Test {
    public static void main(String[] args) {
        String s = "I Love Java!";                          //声明字符串
        System.out.println("字符串的长度为: " + s.length()); //获取字符串长度,即字符个数
    }
}
```

运行结果如图 5-6 所示。

Console ⊠	Problems	@ Javadoc
<terminated> Test (1) [Java Application] C:\		
字符串的长度为：12		

图 5-6　获取字符串的长度

5.3.2　获取指定位置的字符

使用 charAt()方法可以获取指定位置的字符，语法格式如下：

```
str.charAt(index)
```

参数介绍如下：

- str：任意字符串对象。
- index：char 值的索引。

【例 5.7】创建一个字符串，找出字符串中索引位置为 4 的字符（源代码\ch05\5.7.txt）。

```
public class Test {
    public static void main(String[] args) {
        String s = "清明时节雨纷纷"; //声明字符串
        System.out.println("字符串为:" + s);
        System.out.println("字符串中索引位置为 4 的字符为:" + s.charAt(4));
    }
}
```

运行结果如图 5-7 所示。

Console ⊠	Problems	@ Javadoc	Declaration
<terminated> Test (1) [Java Application] C:\Users\Administrator			
字符串为:清明时节雨纷纷			
字符串中索引位置为4的字符为:雨			

图 5-7　获取指定位置的字符

5.3.3　获取子字符串索引位置

indexOf()方法返回的是搜索的字符或字符串在字符串中首次出现的索引位置，如果没有检索到要查找的字符或字符串，则返回-1，语法格式如下：

```
str.indexOf(substr);
```

参数介绍如下：

- str：任意字符串对象。
- substr：要搜索的字符或字符串。

例如：查找字符 e 在字符串 s 中首次出现的索引位置，代码如下：

```
String s = "hello world"; //声明字符串
int size=s. indexOf('e');
```

这里返回的结果为：

```
1
```

lastIndexOf()方法返回的是搜索的字符或字符串在字符串中最后一次出现的索引位置，如果没有检索到要查找的字符或字符串，则返回-1，语法格式如下：

```
str. lastindexOf(substr);
```

参数介绍如下：

- str：任意字符串对象。
- substr：要搜索的字符或字符串。

例如：查找字符 o 在字符串 s 中最后一次出现的索引位置，代码如下：

```
String s = "hello world"; //声明字符串
int size=s. lastindexOf('o');
```

这里返回的结果为 7。

☆**大牛提醒**☆

空格也算一个字符长度。

【例 5.8】创建一个字符串，找出字符 o 在该字符串首次出现的索引值和最后一次出现的索引值（源代码\ch05\5.8.txt）。

```
public class Test {
    public static void main(String[] args) {
        String s = "hello world"; //声明字符串
        System.out.println("字符 o 第一次出现的位置:" + s.indexOf('o'));
        System.out.println("字符 o 最后一次出现的位置:" + s.lastIndexOf('o'));
    }
}
```

运行结果如图 5-8 所示。

```
Console ☒  Problems  @ Javadoc
<terminated> Test (1) [Java Application] C:\User
字符o第一次出现的位置:4
字符o最后一次出现的位置:7
```

图 5-8　获取子字符串索引位置

5.3.4　判断字符串首尾内容

startsWith()方法和 endsWith()方法分别用于判断字符串是否以指定的内容开始或结束。这两个方法的返回值都是 boolean 类型。

1. startsWith(String prefix)方法

该方法用于判断字符串是否以指定的前缀开始。语法格式如下：

```
str.startsWith(prefix)
```

参数介绍如下：

- str：任意字符串对象。
- prefix：作为前缀的字符串。

【例 5.9】查找学生中姓“王”的同学（源代码\ch05\5.9.txt）。

```
public class SearchWang{
    public static void main(String[] args) {
        String students[] = { "张珊", "张欢", "王静", "李娜", "李青", "赵敏", "马艳", "
王明", "杨璇", "杨阳", "马丽", "王刚", "王娜" };
        for (int i = 0; i < students.length; i++) { //循环查找以“王”开头的名字
            if (students[i].startsWith("王")) { //用 startsWith()方法验证是否为"王"开头的名字
                System.out.println(students[i]);
            }
        }
    }
}
```

运行结果如图 5-9 所示。

Console ⊠ Problems @ Javadoc
<terminated> SearchWang [Java Application]
王静
王明
王刚
王娜

图 5-9　查找姓王的同学

2. endsWith(String suffix)方法

该方法用于判断字符串是否以指定的后缀结束。语法格式如下：

```
str.endsWith(suffix)
```

参数介绍如下：

- str：任意字符串对象。
- suffix：作为后缀的字符串。

【例 5.10】在成语集合中查找以“春”结束的成语并展示出来（源代码\ch05\5.10.txt）。

```
public class SearchSpring {
    public static void main(String[] args) {
        //成语集合
        String Spring[] = { "妙手回春", "大地回春", "枯木逢春", "万古长春", "春风化雨",
"春满人间", "春风得意", "春风夏雨" };
        //循环查找以“春”结束的成语
        for (int i = 0; i < Spring.length; i++) {
            if (Spring[i].endsWith("春")) {//用 endsWith()方法验证是否为以“春”结束的成语
                System.out.println("这是一个以“春”结束的成语: " + Spring[i]);
            }
        }
    }
}
```

运行结果如图 5-10 所示。

Console ⊠ Problems @ Javadoc Declaration
<terminated> SearchSpring [Java Application] C:\Users\Admi
这是一个以“春”结束的成语：妙手回春
这是一个以“春”结束的成语：大地回春
这是一个以“春”结束的成语：枯木逢春
这是一个以“春”结束的成语：万古长春

图 5-10　查找以“春”结束的成语

5.3.5　判断子字符串是否存在

contains()方法可以判断字符串中是否包含指定的内容，语法格式如下：

```
str. contains (string);
```

参数介绍如下：

- str：任意字符串对象。
- string：查询的子字符串。

【例 5.11】搜索歌名部分关键词来找歌曲（源代码\ch05\5.11.txt）。

```
public class Song {
    public static void main(String[] args) {
        //歌名集合
        String[] songs = new String[] { "点歌的人", "明天会更好", "无价之姐", "水手 ", "
三生三世", "像我这样的人", "小雨", "追梦人", "爱拼才会赢","光辉岁月" };
```

```
        for (int i = 0; i < songs.length; i++) {
            if (songs[i].contains("人")) {//循环每一个歌名,查看是否包含关键字
                System.out.println(songs[i]);
            }
        }
    }
}
```

运行结果如图 5-11 所示。

```
Console ⊠ Problems @ Javadoc
<terminated> Song [Java Application] C:\Us
点歌的人
像我这样的人
追梦人
```

图 5-11　通过关键字搜索歌曲

5.3.6　获取字符数组

通过 toCharArray()方法可以将一个字符串转换为一个字符数组。语法格式如下：

```
str. toCharArray( );
```

参数介绍如下：

- str：任意字符串对象。

【例 5.12】以数组方式输出古诗内容（源代码\ch05\5.12.txt）。

```
public class TangPoetry {
    public static void main(String[] args) {
        String poetry = "千山鸟飞绝,万径人踪灭.孤舟蓑笠翁,独钓寒江雪.";
        System.out.println("字符串这样输出古诗：");
        System.out.println(poetry);
        System.out.println("字符串转换为数组后这样输出古诗：");
        char[] poetry2 = poetry.toCharArray();              //将字符串转换为字符数组
        for (int i = 0; i < poetry2.length; i++) {          //循环输出字符数组内容
            System.out.print(poetry2[i] + " ");
            if (poetry2[i] == ',' || poetry2[i] == '.')     //根据需求换行
                System.out.println();
        }
    }
}
```

运行结果如图 5-12 所示。

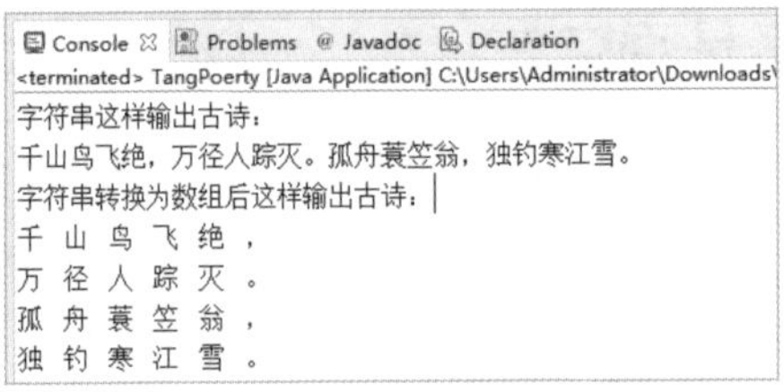

```
Console ⊠ Problems @ Javadoc Declaration
<terminated> TangPoerty [Java Application] C:\Users\Administrator\Downloads\
字符串这样输出古诗：
千山鸟飞绝，万径人踪灭。孤舟蓑笠翁，独钓寒江雪。
字符串转换为数组后这样输出古诗：
千 山 鸟 飞 绝 ，
万 径 人 踪 灭 。
孤 舟 蓑 笠 翁 ，
独 钓 寒 江 雪 。
```

图 5-12　以数组方式输出古诗

5.4　字符串的操作

字符串的操作主要包括字符串的截取、分割、替换、比较、大小写转换等，下面进行详细介绍。

5.4.1　截取字符串

String 类中的 substring()方法可以对字符串进行截取操作，该方法适用于截取字符串中的一部分内容，语法格式如下：

```
str.substring(beginIndex);                //从 beginIndex 位置的字符开始到字符串结尾的部分
str.substring(beginIndex,endIndex);       //从 beginIndex 开始到 endIndex 的前一个字符
```

参数介绍如下：

- str：任意字符串对象。
- beginIndex：起始索引。
- endIndex：结束索引。

【例 5.13】字符串的截取操作（源代码\ch05\5.13.txt）。

```
public class Test {
    public static void main(String[] args) {
        String str = "Java-PHP-Python";
        //下面是字符串截取操作
        System.out.println("从第 6 个字符截取到末尾的结果: " + str.substring(5));
        System.out.println("从第 6 个字符截取到第 8 个字符的结果: " + str.substring(5, 8));
    }
}
```

运行结果如图 5-13 所示。

```
Console ⨯  Problems  @ Javadoc  Declaration
<terminated> Test (1) [Java Application] C:\Users\Administrator\
从第6个字符截取到末尾的结果：PHP-Python
从第6个字符截取到第8个字符的结果：PHP
```

图 5-13　截取字符串

需要注意的是，字符串中的索引是从 0 开始的，在字符串截取时，只包括开始索引，不包括结束索引。

5.4.2　分割字符串

String 类中的 split()方法可以对字符串进行分割操作，该方法适用于将字符串按照某个字符串中的某个分隔符进行分割，语法格式如下：

```
str. split(regex);
```

参数介绍如下：

- str：任意字符串对象。
- regex：分隔符表达式。

【例 5.14】字符串的分割操作（源代码\ch05\5.14.txt）。

```
public class Test {
    public static void main(String[] args) {
        String str = "Java-PHP-Python";
        System.out.print("分割后的字符串数组中的元素依次为:");
        String[] strArray = str.split("-"); //将字符串转换为字符串数组
        for (int i = 0; i < strArray.length; i++) {
            if (i != strArray.length - 1) {
                //如果不是数组的最后一个元素,在元素后面加逗号
                System.out.print(strArray[i] + ",");
            } else {
                //数组的最后一个元素后面不加逗号
```

```
                System.out.println(strArray[i]);
            }
        }
    }
}
```

运行结果如图 5-14 所示。

Console ☒ Problems @ Javadoc Declaration
<terminated> Test (1) [Java Application] C:\Users\Administrator\Downloads\e
分割后的字符串数组中的元素依次为：Java,PHP,Python

图 5-14　分割字符串运行结果

5.4.3　替换字符串

使用 replace()方法可以将字符串中的一些字符用新的字符来替换，语法格式如下：

```
str.replace(oldStr,newStr);
```

参数介绍如下：

- str：任意字符串对象。
- newStr：替换后的字符序列。
- oldStr：要被替换的字符序列。

☆**大牛提醒**☆

replace()方法返回的是一个新的字符串，如果字符串 str 中没有找到需要被替换的子字符序列 oldStr，则将原字符串返回。

【例 5.15】 编写程序，将《Java 入门很轻松》书名进行更新替换（源代码\ch05\5.15.txt）。

```
public class ChangeName {
    public static void main(String[] args) {
        String name = "Java 入门很轻松";
        String newName = name.replace("Java", "JAVA");    //将原来的 Java 用 JAVA 替换
        System.out.println("原来的书名是: "+name);
        System.out.println("现在的书名是: "+newName);
    }
}
```

运行结果如图 5-15 所示。

Console ☒ Problems @ Javadoc
<terminated> Test (1) [Java Application] C:\
原来的书名是：Java入门很轻松
现在的书名是：JAVA入门很轻松

图 5-15　替换字符串运行结果

5.4.4　去除空白内容

使用 trim()方法可以去除字符串两端处的空格。语法格式如下：

```
str.trim();
```

主要参数为 str，即任意字符串对象。

【例 5.16】 编写程序，定义一个字符串，然后去除该字符串首尾处的空格（源代码\ch05\ 5.16.txt）。

```
public class Test {
    public static void main(String[] args) {
        String s = "    hello java     ";
```

```
        System.out.println("去除字符串两端空格后的结果:" + s.trim());
        System.out.println("去除字符串中所有空格后的结果:" + s.replace(" ", ""));
    }
}
```

运行结果如图 5-16 所示。

Console ⊠ Problems @ Javadoc Declaration
<terminated> Test (1) [Java Application] C:\Users\Administrator\
去除字符串两端空格后的结果:hello java
去除字符串中所有空格后的结果:hellojava

图 5-16　去除字符串的空格运行结果

5.4.5　比较字符串是否相等

使用 equals()方法可以比较两个字符串是否相等。当且仅当进行比较的字符串不为 null，并且与被比较的字符串内容相同时，结果才为 true，语法格式如下：

```
str. equals(anotherstr);
```

参数介绍如下：

- str：任意字符串对象。
- anotherstr：进行比较的字符串。

【例 5.17】使用 equals()方法比较两个字符串（源代码\ch05\5.17.txt）。

```
public class Test {
    public static void main(String[] args) {
        String s1 = "String";          //声明一个字符串
        String s2 = "Str";
        System.out.println("字符串 s1 为: " + s1);
        System.out.println("字符串 s2 为: " + s2);
        System.out.println("判断两个字符串是否相等,结果为: " + s1.equals(s2));
    }
}
```

运行结果如图 5-17 所示。

Console ⊠ Problems @ Javadoc Declaration
<terminated> Test (1) [Java Application] C:\Users\Administrator\
字符串s1为：String
字符串s2为：Str
判断两个字符串是否相等，结果为：false

图 5-17　判断字符串是否相等运行结果

equals()方法和“==”的作用不同。equals()方法比较的是字符串内的字符是否相等，而“==”用于比较两个字符串对象的地址是否相同。因此，即使两个字符串对象的字符内容完全相同，使用“==”判断时结果也是 false。因此如果要比较字符串的字符内容是否相等只能使用 equals()方法。

【例 5.18】使用“==”比较两个字符串（源代码\ch05\5.18.txt）。

```
public class Test {
    public static void main(String[] args) {
        String s1 = "String";          //声明一个字符串
        String s2 = new String("String");
        System.out.println("字符串 s1 为: " + s1);
        System.out.println("字符串 s2 为: " + s2);
        System.out.println("s1==s2 的比较结果为: "+(s1==s2));
    }
}
```

运行结果如图5-18所示。

```
Console ⊠  Problems  @ Javadoc  Declaration
<terminated> Test (1) [Java Application] C:\Users\Administrator
字符串s1为：String
字符串s2为：String
s1==s2的比较结果为：false
```

图5-18　使用“==”比较字符串运行结果

5.4.6　字符串的比较操作

使用compareTo()方法可以按字典顺序比较两个字符串。使用compareToIgnoreCase()方法也可以按字典顺序比较两个字符串，但不考虑大小写，语法格式如下：

```
public int compareTo(String str)
public int compareToIgnoreCase(String str)
```

参数介绍如下：

- 返回值：如果参数字符串等于此字符串，则返回值0；如果此字符串按字典顺序小于字符串参数，则返回一个小于0的值；如果此字符串按字典顺序大于字符串参数，则返回一个大于0 的值。
- str：要做比较的字符串。

【例5.19】compareTo()方法和compareToIgnoreCase()方法的使用（源代码\ch05\5.19.txt）。

```
public class Test {
    public static void main(String[] args) {
        //字符串比较
        String str1 = "java";
        String str2 = "script";
        String str3 = "JAVA";
        int compare1 = str1.compareTo(str2);
        int compare2 = str1.compareToIgnoreCase(str3);
        System.out.println("字符串 str1 为: "+str1);
        System.out.println("字符串 str2 为: "+str2);
        System.out.println("字符串 str3 为: "+str3);
        System.out.println("compareTo()方法: ");
        if (compare1 > 0) {
            System.out.println("字符串 str1 大于字符串 str2");
        } else if (compare1 < 0) {
            System.out.println("字符串 str1 小于字符串 str2");
        } else {
            System.out.println("字符串 str1 等于字符串 str2");
        }
        System.out.println("compareToIgnoreCase()方法: ");
        if (compare2 > 0) {
            System.out.println("字符串 str1 大于字符串 str3");
        } else if (compare2 < 0) {
            System.out.println("字符串 str1 小于字符串 str3");
        } else {
            System.out.println("字符串 str1 等于字符串 str3");
        }
    }
}
```

运行结果如图5-19所示。

```
Console ⊠ Problems @ Javadoc Declaration
<terminated> Test (1) [Java Application] C:\Users\Administrator
字符串str1为：java
字符串str2为：script
字符串str3为：JAVA
compareTo()方法：
字符串str1小于字符串str2
compareToIgnoreCase()方法：
字符串str1等于字符串str3
```

图 5-19　使用 compareTo()方法和 compareToIgnoreCase()方法运行结果

在例 5.19 中，定义了三个字符串 str1、str2 和 str3，分别使用 compareTo()方法和 compareToIgnoreCase()方法对它们进行比较。

（1）使用 compareTo()方法比较字符串 str1 和 str2，由于字符串 str1 中首字符 j 在字典中的 Unicode 值小于字符串 str2 中首字符 s，所以字符串 str1 小于字符串 str2。

（2）使用 compareToIgnoreCase()方法比较字符串 str1 和 str3，由于此方法比较时忽略大小写，因此两个字符串 str1 和 str3 相等。

5.4.7　字符串大小写转换

通过方法可以将字符串转成数组，并将字符串中的字符进行大小写转换。使用 toCharArray()方法将一个字符串转换为一个字符数组，使用 valueOf()方法将一个 int 类型的数字转换为字符串。

使用 toLowerCase()方法可以实现字符串的大写字母转换为小写字母，使用 toUpperCase()方法可以实现字符串的大写字母转换为小写字母，语法格式如下：

```
str.toLowerCase();
str.toUpperCase();
```

主要参数为 str，即任意字符串对象。

【例 5.20】字符串大小写的转换操作（源代码\ch05\5.20.txt）。

```
public class Test {
    public static void main(String[] args) {
        String title1 = "I Love Java!";
        String newTitle = title1.toUpperCase();
        System.out.println("小写转大写\n\t 原来是-【" + title1 + "】");
        System.out.println("\t 现在是-【" + newTitle + "】");
        String title2 = "I love Java";
        String newTitle2 = title2.toLowerCase();
        System.out.println("大写转小写\n\t 原来是-【" + title2 + "】");
        System.out.println("\t 现在是-【" + newTitle2 + "】");
    }
}
```

运行结果如图 5-20 所示。

```
Console ⊠ Problems @ Javadoc Declaration
<terminated> Test (1) [Java Application] C:\Users\Administrator\
小写转大写
        原来是-【I Love Java!】
        现在是-【I LOVE JAVA!】
大写转小写
        原来是-【I love Java】
        现在是-【i love java】
```

图 5-20　字符串大小写转换运行结果

5.5 正则表达式

正则表达式是一种可以用于模式匹配和替换的规范，一个正则表达式就是由普通的字符（例如字符 a 到 z）以及特殊字符（元字符）组成的文字模式，它用以描述在查找文字主体时待匹配的一个或多个字符串。

5.5.1 常用正则表达式

正则表达式（regular expression）作为一个模板，将某个字符模式与所搜索的字符串进行匹配。下面介绍在编程当中经常会使用到的正则表达式，如表 5-2 所示。

表 5-2 常用正则表达式

<table>
<tr><th>规　则</th><th>正则表达式语法</th></tr>
<tr><td>一个或多个汉字</td><td>^[\u0391-\uFFE5]+$</td></tr>
<tr><td>邮政编码</td><td>^[1-9]\d{5}$</td></tr>
<tr><td>QQ 号码</td><td>^[1-9]\d{4,10}$</td></tr>
<tr><td>邮箱</td><td>^[a-zA-Z_]{1,}[0-9]{0,}@(([a-zA-z0-9]-*){1,}\.){1,3}[a-zA-z\-]{1,}$</td></tr>
<tr><td>用户名（字母开头+数字/字母/下画线）</td><td>^[A-Za-z][A-Za-z1-9_-]+$</td></tr>
<tr><td>手机号码</td><td>^1[3|4|5|8][0-9]\d{8}$</td></tr>
<tr><td>URL</td><td>^((http|https)://)?([\w-]+\.)+[\w-]+(/[\w-./?%&=]*)?$</td></tr>
<tr><td>18 位身份证号</td><td>^(\d{6})(18|19|20)?(\d{2})([01]\d)([0123]\d)(\d{3})(\d|X|x)?$</td></tr>
</table>

5.5.2 正则表达式的实例

在 String 类中提供了 matches()方法，用于检查字符串是否匹配给定的正则表达式。其语法格式如下：

```
public boolean matches(String regex)
```

参数介绍如下：

- regex：用来匹配字符串的正则表达式。
- boolean：返回值类型。

使用 String 类提供的 matches()方法验证输入的邮箱是否匹配指定的正则表达式。

【例 5.21】 使用正则表达式，在字符串中查询字符或者字符串（源代码\ch05\5.21.txt）。

```
import java.util.regex.Matcher;
import java.util.regex.Pattern;
public class Test {
    public static void main(String[] args) {
        //要验证的字符串
        String str = "abcdefg";
        //正则表达式规则
        String regEx = "ABC*";
        //编译正则表达式
        Pattern pattern = Pattern.compile(regEx);
        //忽略大小写的写法
```

```
        //Pattern pattern = Pattern.compile(regEx, Pattern.CASE_INSENSITIVE);
        Matcher matcher = pattern.matcher(str);
        //查找字符串中是否有匹配正则表达式的字符/字符串
        boolean rs = matcher.find();
        System.out.println(rs);
    }
}
```

运行结果如图 5-21 所示。

Problems @ Javadoc Declaration Console
<terminated> Test [Java Application] C:\Program Files\Ja
false

图 5-21　在字符串中查询字符或字符串

例 5.21 中利用正则表达式判断字符串“abcdefg”中是否含有“ABC*”。*表示通配符，即以 ABC 开头的任意长度的字符串。运行结果为 false，说明字符串“abcdefg”中不含有“ABC*”，原因是 Pattern.compile()方法默认区分字母的大小写。如果将 ABC 改为 abc，则结果为 true。Pattern.compile()方法也可以添加第二个参数 Pattern.CASE_INSENSITIVE，使其不区分字母大小。

【例 5.22】使用正则表达式验证 E-mail 格式是否正确（源代码\ch05\5.22.txt）。

```
import java.util.regex.Matcher;
import java.util.regex.Pattern;
public class Test {
    public static void main(String[] args) {
        //要验证的字符串
        String str = "xyz@abc.net";
        //邮箱验证规则
        String regEx = "[a-zA-Z_]{1,}[0-9]{0,}@(([a-zA-z0-9]-*){1,}\\.){1,3}[a-zA-
z\\-]{1,}";
        //编译正则表达式
        Pattern pattern = Pattern.compile(regEx);
        //忽略大小写的写法
        //Pattern pat = Pattern.compile(regEx, Pattern.CASE_INSENSITIVE);
        Matcher matcher = pattern.matcher(str);
        //字符串是否与正则表达式相匹配
        boolean rs = matcher.matches();
        System.out.println(rs);
    }
}
```

运行结果如图 5-22 所示。

Problems @ Javadoc Declaration Console
<terminated> Test [Java Application] C:\Program Files\Ja
true

图 5-22　验证 E-mail 格式是否正确

一般来说，正确的邮箱格式为：用户名@服务器域名。例 5.22 验证了用户输入的邮箱格式是否符合要求。需要验证的邮箱地址为“xyz@abc.net”，通过正则表达式“[a-zA-Z_]{1,}[0-9]{0,}@(([a-zA-z0-9]-*){1,}\\.){1,3}[a-zA-z\\-]{1,}”，验证邮箱格式正确。如果将邮箱地址中的@符号删去，则会提示错误。

5.6 字符串的类型转换

在 Java 语言的 String 类中还提供了字符串的类型转换方法，将字符串转换为数组、基本数据类型转换为字符串以及格式化字符串，本节将详细介绍这些类型转换方法的使用。

5.6.1 字符串转换为数组

在 Java 语言的 String 类中提供 toCharArray()方法，它将字符串转换为一个新的字符数组，其语法格式如下：

```
str.toCharArray();
```

主要参数为 str，即任意字符串对象。

【例 5.23】 toCharArray()方法的使用（源代码\ch05\5.23.txt）。

```
public class test {
    public static void main(String[] args) {
        //toCharArray()
        String str = "清明时节雨纷纷";
        char[] c = str.toCharArray();
        System.out.println("字符数组的长度: " +  c.length);
        System.out.println("char 数组中的元素是: ");
        for(int i=0;i<str.length();i++){
            System.out.print(c[i]+" ");
        }
    }
}
```

运行结果如图 5-23 所示。

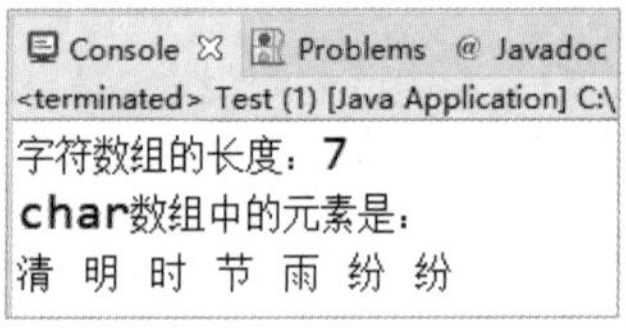

Console ☒ Problems @ Javadoc
<terminated> Test (1) [Java Application] C:\
字符数组的长度：7
char数组中的元素是：
清 明 时 节 雨 纷 纷

图 5-23 toCharArray()方法的使用

在例 5.23 中，定义字符串 str，调用 toCharArray()方法将字符串转换成字符数组。打印字符数组的长度以及字符数组中的元素。

5.6.2 基本数据类型转换为字符串

在 Java 语言的 String 类中提供 valueOf()方法，作用是返回参数数据类型的字符串表示形式，其语法格式如下：

```
str. valueOf(boolean b);
str. valueOf(char c);
str. valueOf(int i);
str. valueOf(long l);
str. valueOf(float f);
str. valueOf(double d);
str. valueOf(Object obj);
str. valueOf(char[] data);
str. valueOf(char[] data, int offset, int count);
```

参数介绍如下：

- str：任意字符串对象。
- 参数：指定要返回字符串类型的数据类型。这里是 boolean 型、char 型、整型、长整型、浮点型、对象、字符数组和字符数组的子字符数组。

【例 5.24】 valueOf()方法的使用（源代码\ch05\5.24.txt）。

```
public class test {
    public static void main(String[] args) {
        //valueOf 方法的使用
        boolean b = true;
        System.out.println("布尔类型=>字符串:");
        System.out.println(String.valueOf(b));
        int i = 34;
        System.out.println("整数类型=>字符串:");
        System.out.println(String.valueOf(i));
    }
}
```

运行结果如图 5-24 所示。

```
Console ⊠  Problems  @ Javadoc
<terminated> Test (1) [Java Application] C:\
布尔类型=>字符串:
true
整数类型=>字符串:
34
```

图 5-24 valueOf()方法的使用

在例 5.24 中，定义布尔类型和整数类型的变量，通过 String 类调用它的静态方法 valueOf()，将它们转换为字符串类型。

5.6.3 格式化字符串

在 Java 语言的 String 类中提供 format()方法格式化字符串，它有两种重载形式，其语法格式如下：

```
public static String format(String format, Object… args);
public static String format(Locale l, String format, Object… args)
```

参数介绍如下：

- locale：指定的语言环境。
- format：字符串格式。
- args：字符串格式中由格式说明符引用的参数。如果还有格式说明符以外的参数，则忽略这些额外的参数。参数的数目是可变的，可以为 0 个。
- String：返回类型是字符串。
- static：静态方法。

第一种形式的 format()方法，使用指定的格式字符串和参数生成一个格式化的新字符串。第二种形式的 format()方法，使用指定的语言环境、格式字符串和参数生成一个格式化的新字符串。新字符串始终使用指定的语言环境。

format()方法中的字符串格式参数有很多种转换符选项，例如：日期、整数、浮点数等。这些转换符的说明如表 5-3 所示。

表 5-3 format()转换符选项

转换符	说明
%s	字符串类型
%c	字符类型
%b	布尔类型
%d	整数类型（十进制）
%x	整数类型（十六进制）
%o	整数类型（八进制）
%f	浮点类型
%a	十六进制浮点类型
%e	指数类型
%g	通用浮点类型（f 和 e 类型中较短的）
%h	散列码
%%	百分比类型
%n	换行符
%tx	日期与时间类型（x 代表不同的日期与时间转换符）

【例 5.25】format()方法的使用（源代码\ch05\5.25.txt）。

```
public class FormatTest {
    public static void main(String args[]){
        String str1 = String.format("32 的八进制: %o", 32);
        System.out.println(str1);

        String str2 = String.format("字母 G 的小写是: %c%n", 'g');
        System.out.print(str2);

        String str3 = String.format("12>8 的值: %b%n", 12>8);
        System.out.print(str3);

        String str4 = String.format("%1$d,%2$s,%3$f", 125,"ddd",0.25);
        System.out.println(str4);
    }
}
```

运行结果如图 5-25 所示。

```
Console ⊠  Problems  @ Javadoc  Declaration
&lt;terminated&gt; Test (1) [Java Application] C:\Users\Administra
32的八进制：40
字母G的小写是：g
12>8的值：true
125,ddd,0.250000
```

图 5-25 format()方法的使用

5.7 StringBuffer 与 StringBuilder

在 Java 语言中，除了 String 类创建和处理字符串外，还有 StringBuffer 类和 StringBuilder 类，它

们的使用类似。本节将详细介绍 StringBuilder 类的创建和处理字符串方法的使用。

5.7.1　认识 StringBuffer 与 StringBuilder

StringBuilder 是一个可变的字符序列，是 Java 5.0 新增的。此类提供一个与 StringBuffer 兼容的 API，但不保证同步。该类被设计用作 StringBuffer 的一个简易替换，用在字符串缓冲区被单个线程使用的时候。如果可能，建议优先采用该类，因为在大多数实现中，它比 StringBuffer 要快。两者的方法基本相同。两者最大的区别就是：

- StringBuffer：线程安全的。
- StringBuilder：线程非安全的。

当在字符串缓冲区被多个线程使用时，JVM 不能保证 StringBuilder 的操作是安全的，但是可以保证 StringBuffer 的操作是正确的。在大多数情况都是在单线程下进行操作，所以建议用 StringBuilder 而不用 StringBuffer，因为 StringBuilder 速度更快。

String、StringBuffer 和 StringBuilder 三者实用的总结：

- 如果要操作少量的数据建议使用 String。
- 单线程操作字符串缓冲区下操作大量数据建议使用 StringBuilder。
- 多线程操作字符串缓冲区下操作大量数据建议使用 StringBuffer。

5.7.2　StringBuilder 类的创建

在 Java 的 StringBuilder 类中提供了 3 个常用的构造方法，用于创建可变字符串。

1. StringBuilder()

StringBuilder()构造方法，创建一个空的字符串缓冲区，初始容量为 16 个字符，其语法格式为：

```
public StringBuilder()
```

2. StringBuilder(int capacity)

StringBuilder(int capacity) 构造方法，创建一个空的字符串缓冲区，并指定初始容量大小是 capacity 的字符串缓冲区，其语法格式为：

```
public StringBuilder(int capacity)
```

3. StringBuilder(String str)

StringBuilder(String str)构造方法，创建一个字符串缓冲区，并将其内容初始化为指定的字符串 str。该字符串的初始容量为 16 加上字符串 str 的长度。

```
public StringBuilder(String str)
```

【例 5.26】使用构造方法创建 StringBuilder 对象（源代码\ch05\5.26.txt）。

```
public class StringBuilderTest {
    public static void main(String[] args) {
        //定义空的字符串缓冲区
        StringBuilder sb1 = new StringBuilder();
        //定义指定长度的空字符串缓冲区
        StringBuilder sb2 = new StringBuilder(12);
        //创建指定字符串的缓冲区
        StringBuilder sb3 = new StringBuilder("java buffer");

        System.out.println("输出缓冲区的容量：");
        System.out.println("sb1 缓冲区容量："+sb1.capacity());
        System.out.println("sb2 缓冲区容量："+sb2.capacity());
```

```
        System.out.println("sb3 缓冲区容量: "+sb3.capacity());
    }
}
```

运行结果如图 5-26 所示。

在例 5.26 中，创建了 3 个 StringBuilder 对象，分别是通过空的构造方法、指定缓冲区大小的构造方法和指定缓冲区字符串的构造方法。使用 capacity()方法输出三个 StringBuilder 对象的容量大小。

```
Console ⌧  Problems  @ Javadoc
<terminated> Test (1) [Java Application] C:\
输出缓冲区的容量:
sb1缓冲区容量: 16
sb2缓冲区容量: 12
sb3缓冲区容量: 27
```

图 5-26　StringBuilder 对象的创建

5.7.3　StringBuilder 类的方法

与 String 类类似，StringBuilder 类也提供了许多的方法。它们主要是 append()、insert()、delete()和 reverse()方法。下面详细介绍这些方法。

1. 追加字符串

在 StringBuilder 类中，提供了许多重载的 append()方法，可以接受任意类型的数据，每个方法都能有效地将给定的数据转换成字符串，然后将该字符串的字符添加到字符串缓冲区中。其语法格式如下：

```
public StringBuilder append(String str)
```

参数介绍如下：

- str：要追加的字符串。
- StringBuilder：返回值类型。

注意： 始终将这些字符添加到缓冲区的末端。

【例 5.27】 在 StringBuilder 类中，append()方法的使用（源代码\ch05\5.27.txt）。

```
public class AppendMethod {
    public static void main(String[] args) {
        StringBuilder sb = new StringBuilder("测试 append 方法: ");
        sb.append("目前香蕉的市场价格: ");
        sb.append(4.8);
        sb.append("元");
        sb.append(1);
        sb.append("公斤.  ");
        sb.append(true);
        sb.append("  ");
        sb.append('c');
        System.out.println(sb);
    }
}
```

运行结果如图 5-27 所示。

```
Console ⌧  Problems  @ Javadoc  Declaration
<terminated> Test (1) [Java Application] C:\Users\Administrator\Downloads\eclipse-java-2020-
测试append方法: 目前香蕉的市场价格: 4.8元1公斤。  true  c
```

图 5-27　append()方法的使用

在例 5.27 中，创建了带字符串缓冲区的 StringBuilder 类的对象 sb，通过 append()方法将 Java 中的基本数据类型以字符串的形式追加到 sb 后面，并在控制台打印字符串的内容。

注意： 本节使用的 jdk 版本都是 MyEclipse 自带的 JDK1.6 版本。

2. 插入字符串

在 StringBuilder 类中，提供了许多重载的 insert()方法，可以接受任意类型的数据，将要插入的字符串插入到指定的字符串缓冲区的位置，其语法格式如下：

```
public StringBuilder insert(int offset, String str)
```

参数介绍如下：

- offset：要插入字符串的位置。
- str：要插入的字符串。
- StringBuilder：返回值类型。

注意：使用 insert()方法则是在指定的点添加字符。

【例 5.28】在 StringBuilder 类中，insert()方法的使用（源代码\ch05\5.28.txt）。

```
public class InsertMethod {
    public static void main(String[] args) {
        StringBuilder sb = new StringBuilder ("hellojava");
        sb.insert(5,',');
        sb.insert(10, ".");
        sb.insert(11, true);
        sb.insert(15, 100);
        System.out.println(sb);
    }
}
```

运行结果如图 5-28 所示。

```
Console ⊠  Problems  @ Javadoc
<terminated> Test (1) [Java Application] C:\
hello,java.true100
```

图 5-28　insert()方法的使用

在例 5.28 中，定义了带字符串缓冲区的 StringBuilder 类的对象 sb，通过 insert()方法将 Java 中的基本数据类型以字符串形式插入到字符串指定的位置，并在控制台打印字符串的内容。

3. 删除字符串

在 StringBuilder 类中，提供了两个用于删除字符串中字符的方法。第一个是 deleteCharAt()方法，用于删除字符串中指定位置的字符。第二个是 delete()方法，用于删除字符串中指定开始和结束位置的子字符串。其语法格式如下：

```
public StringBuilder deleteCharAt(int index)
public StringBuilder delete(int start, int end)
```

参数介绍如下：

- index：要删除的字符的索引。
- start：要删除的子字符串开始的索引，包含它。
- end：要删除的子字符串结束的索引，不包含它。

【例 5.29】在 StringBuilder 类中，删除方法的使用（源代码\ch05\5.29.txt）。

```
public class DeleteMethod {
    public static void main(String[] args) {
        StringBuilder sb = new StringBuilder ();
        sb.append("hello,java,world.");
        //删除一个字符
        System.out.println("删除一个字符：");
        sb.deleteCharAt(5);
        System.out.println(sb);
        System.out.println(sb.length());
        System.out.println("删除子字符串：");
        sb.delete(9, 15);
```

```
        System.out.println(sb);
    }
}
```

运行结果如图 5-29 所示。

```
Console ✕  Problems  @ Javadoc
<terminated> Test (1) [Java Application] C:\
删除一个字符：
hellojava,world.
16
删除子字符串：
hellojava.
```

图 5-29　删除方法的使用

在例 5.29 中，定义了空字符串缓冲区的 StringBuilder 类对象 sb，使用 append()方法追加字符串内容。通过 deleteCharAt()方法指定要删除的字符，此处删除 hello 和 java 之间的逗号；调用 delete()方法指定要删除的子字符串的开始索引和结束索引，在这里删除到结束索引指定的位置之前的字符。

4. 反转字符串

在 StringBuilder 类中，提供了 reverse()方法用于将字符串的内容倒序输出，其语法格式如下：

```
public StringBuilder reverse()
```

【例 5.30】 在 StringBuilder 类中，reverse()方法的使用（源代码\ch05\5.30.txt）。

```
public class ReverseMethod {
    public static void main(String[] args) {
        StringBuilder sb = new StringBuilder ();
        sb.append("hello,world");
        System.out.println("字符串反转前：");
        System.out.println(sb);
        sb.reverse();
        System.out.println("字符串反转后：");
        System.out.println(sb);
    }
}
```

运行结果如图 5-30 所示。

```
Console ✕  Problems  @ Javadoc
<terminated> Test (1) [Java Application] C:\
字符串反转前：
hello,world
字符串反转后：
dlrow,olleh
```

图 5-30　reverse()方法的使用

在例 5.30 中，定义了一个 StringBuilder 类的对象 sb，通过 append()方法追加字符串。调用 StringBuilder 类的 reverse()方法，将 sb 对象的内容反转，并在控制台输出反转前后的内容。

5. 替换字符串

在 StringBuilder 类中，提供了两个字符替换方法：一个是 replace()方法，用于将字符串中指定位置的子字符串替换为新的字符串；另一个是 setCharAt()方法，用于将字符串中指定位置的字符替换为新的字符，其语法格式如下：

```
public StringBuilder replace(int start, int end, String str)
public void setCharAt(int index, char ch)
```

参数介绍如下：

- start：被替换子字符串开始索引，包含它。
- end：被替换子字符串结束索引，不包含它。
- str：要替换成的新字符串。
- index：要被替换的字符的索引。
- ch：要替换成的新字符。

【例 5.31】 在 StringBuilder 类中，替换方法的使用（源代码\ch05\5.31.txt）。

```
public class ReplaceMethod {
    public static void main(String[] args) {
        StringBuilder sb = new StringBuilder ("hello,java");
        sb.setCharAt(6, 'J');
        sb.replace(0, 5, "HELLO");
        System.out.println(sb);
    }
}
```

运行结果如图 5-31 所示。

```
Console ⊠  Problems  @ Javadoc
<terminated> Test (1) [Java Application] C:\
HELLO,Java
```

图 5-31　替换方法的使用

在例 5.31 中，定义了一个 StringBuilder 类的对象 sb，通过调用 setCharAt()方法指定要被替换的字符，调用它的 replace()方法指定要被替换的子字符串，最后在控制台打印输出 sb 的内容。

注意： 由于 StringBuffer 与 StringBuilder 中的方法和功能完全是等价的，StringBuffer 的使用不再做介绍。

5.8　新手疑难问题解答

问题 1： 如何比较两个字符串？使用==还是 equals()方法？

解答： 简单来讲，==测试的是两个对象的引用是否相同，而 equals()比较的是两个字符串的值是否相等。除非想检查的是两个字符串是否是同一个对象，否则应该使用 equals()来比较字符串。

问题 2： 字符串的 length()方法和数组的 length 属性有什么区别？

解答： 字符串的 length()方法和数组的 length 属性虽然都是用来获取长度的，但两者也有不同。String 的 length()方法是类的成员方法，有括号；数组的 length 是数组的一个属性，没有括号。

5.9　实战训练

实战 1： 模拟实现医院叫号系统。

在医院看病是按照叫号系统顺序进行的，但是当出现紧急患者时，会插入紧急患者的序号，下面简单模拟实现医院叫号系统过程。运行结果如图 5-32 所示。

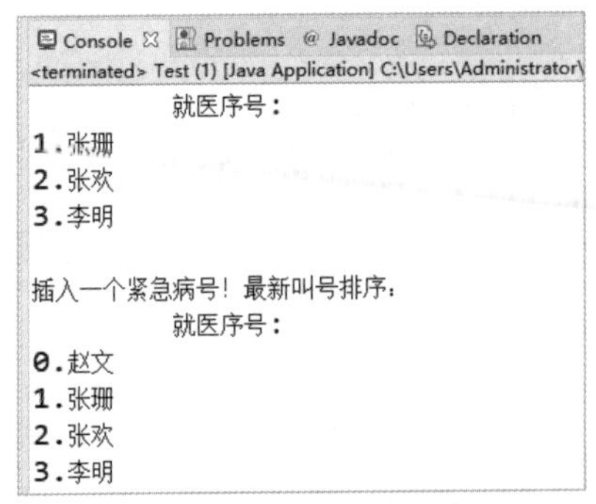

图 5-32 医院叫号系统

实战 2：整理学生花名册。

编写程序，对本学年学生花名册进行整理，将本学年转学的学生信息进行删除。运行结果如图 5-33 所示。

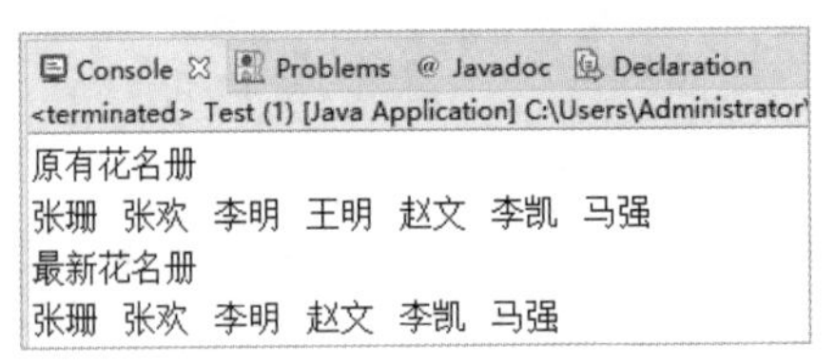

图 5-33 学生花名册

实战 3：模拟输出购物清单。

编写程序，根据输入的商品名称、单价、数量信息，统计每个商品的总价格，不过商品打八折出售，计算出商品打折后的总价，接着输入客户实际付款金额，并算出找给客户多少钱以及积分数值。运行结果如图 5-34 所示。

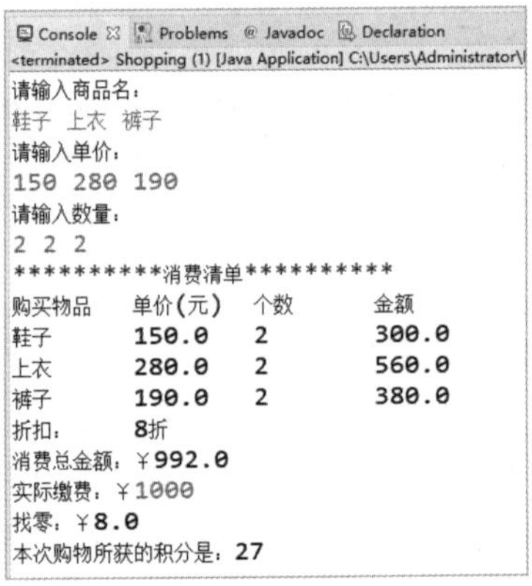

```
Console  Problems  Javadoc  Declaration
<terminated> Shopping (1) [Java Application] C:\Users\Administrator\
请输入商品名：
鞋子 上衣 裤子
请输入单价：
150 280 190
请输入数量：
2 2 2
**********消费清单**********
购买物品    单价(元)    个数        金额
鞋子        150.0       2           300.0
上衣        280.0       2           560.0
裤子        190.0       2           380.0
折扣：      8折
消费总金额：¥992.0
实际缴费：¥1000
找零：¥8.0
本次购物所获的积分是：27
```

图 5-34 购物清单

第 6 章

面向对象编程入门

面向对象是一种编程设计理念。Java 是面向对象的编程语言，面向对象的基础概念是类和对象，掌握和理解类与对象有助于更深层次地理解“面向对象”的编程理念。本章介绍面向对象编程的入门知识，包括类和对象、类的方法等。

6.1 面向对象的特点

几乎所有面向对象的编程设计语言都有 3 个特性，即封装性、继承性和多态性。

6.1.1 封装性

封装性是面向对象的核心思想。将对象的属性和行为封装起来，不需要让外界知道具体实现的细节，这就是封装的思想。封装可以使数据的安全性得到保证。当把过程和数据包围起来后，对数据的访问只能通过已定义的接口。

封装的属性：Java 中类的属性的访问权限的默认值不是 private，要想隐藏该属性或方法，就可以加 private（私有）修饰符，来限制只能在类的内部进行访问。对于类中的私有属性，要对其给出一对方法（getXxx(),setXxx()）访问私有属性，保证对私有属性的操作安全性。

方法的封装：对于方法的封装，该公开的公开，该隐藏的隐藏。方法公开的是方法的声明（定义），即只需知道参数和返回值就可以调用该方法。隐藏方法的实现会使实现的改变对架构的影响最小化。完全的封装，类的属性全部私有化，并且提供一对方法来访问属性。

6.1.2 继承性

继承主要指的是类与类之间的关系。通过继承，可以高效地对原有类的功能进行扩展。继承不仅增强了代码的复用性，提高了开发效率，更为程序的修改补充提供了便利。

Java 中的继承要使用 extends 关键字，并且 Java 中只允许单继承，即一个类只能有一个父类。这样的继承关系呈树状，体现了 Java 的简单性。子类只能继承父类中可以访问的属性和方法，实际上父类中私有的属性和方法也会被继承，只是子类无法访问。

6.1.3 多态性

多态是把子类型的对象主观地看作是其父类型的对象，那么父类型就可以是很多种类型。编译时类型，指被看作的类型，主观认定。运行时类型，指实际的对象实例的类型，客观不可改变（也被看作类型的子类型）。

多态的特性：对象实例确定则不可改变（客观不可改变）；只能调用编译时类型所定义的方法；运行时会根据运行时类型去调用相应类型中定义的方法。

6.2 类和对象

在面向对象的概念中，将具有相同属性及相同行为的一组对象称为类（class）。类是用于组合各个对象所共有操作和属性的一种机制。类的具体化就是对象，即对象就是类的实例化。例如，如图 6-1 所示中男孩女孩为类，而具体的每个人为该类的对象。

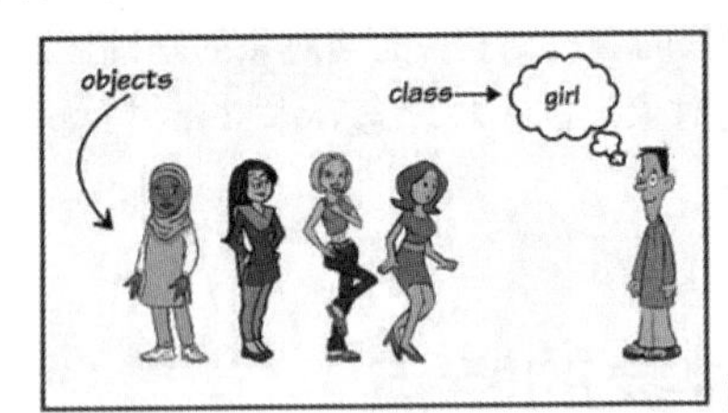

图 6-1 类和对象

6.2.1 什么是类

类是一个模板，它描述一类对象的行为和状态，其内部包括用于描述对象属性的成员变量和用于描述对象行为的成员方法。在 Java 程序设计中，类被认为是一种抽象的数据类型。在使用类之前，必须先声明，类的声明格式如下：

```
[标识符] class 类名称
{
    //类的成员变量
    //类的成员方法
}
```

声明类需要使用关键字 class，在 class 之后是类的名称。标识符可以是 public、private、protected 或者完全省略。类名应该是由一个或多个有意义的单词连缀而成，每个单词首字母大写，单词之间不要使用其他分隔符。

总之，类可以看成是创建 Java 对象的模板。通过下面一个简单的类来理解下 Java 中类的定义，具体代码如下：

```
public class Dog{
    String breed;
    int age;
    String color;
    void barking(){
    }

    void hungry(){
    }

    void sleeping(){
    }
}
```

在上述代码中，可以看到一个类可以包含以下类型变量：

- 局部变量：在方法、构造方法或者语句块中定义的变量被称为局部变量。变量声明和初始化都是在方法中，方法结束后，变量就会自动销毁。
- 成员变量：成员变量是定义在类中，方法体之外的变量。这种变量在创建对象时实例化。成员变量可以被类中方法、构造方法和特定类的语句块访问。
- 类变量：类变量也声明在类中，方法体之外，但必须声明为 static 类型。

另外，一个类还可以拥有多个方法，在上面的例子中：barking()、hungry()和 sleeping()都是 Dog 类的方法。

6.2.2　成员变量

变量就是我们熟悉的变量声明，这里的成员变量指的是专属于这个类的变量，用于描述类的属性与特征。成员变量的定义与普通变量的定义一样，语法格式如下：

```
数据类型 变量名[=值];
```

其中，[=值]表示可选内容，定义变量时可以为其赋值，也可以不为其赋值。

为了了解成员变量，下面创建一个 Person 类，成员变量对应类对象的属性，在 Person 类中设置 4 个成员变量，分别为 gender、build、eyeColor 和 noseShape，分别对应 Person 类的性别、体格、眼睛颜色、鼻子类型。代码如下：

```
public class Person{
    //成员变量声明实例
    String  gender = "女";        //性别
    String  build;               //体格
    String  eyeColor;            //眼睛颜色
    String  noseShape;           //鼻子类型
}
```

成员变量可以赋初值来表述类成员变量的默认值，例如 String gender= "女"，这就表示性别默认是女。如果不赋初值，那么 Java 中系统会用常见类型的默认值来自动初始化，表 6-1 为 Java 中常见类型的默认值。

表 6-1　Java 中常见类型的默认值

数据类型	默认值	说明
byte、short、int、long	0	整型零
float、double	0.0	浮点零
char	' '	空格字符
boolean	false	逻辑假
引用类型，如:String	null	空值

6.2.3　成员方法

在 Java 中，方法定义在类中，它和类的成员属性一起构成完整的类。一个方法有四个要素，分别是方法名称、返回值类型、参数和方法体。定义一个方法的语法格式如下：

```
修饰符 返回值类型 方法名(参数列表)
{
    //方法体
    return 返回值;
}
```

方法包含一个方法头和一个方法体。方法头包括修饰符、返回值类型、方法名称和参数列表。具体介绍如下：

- 修饰符：定义了该方法的访问类型，这是可选的。
- 返回值类型：指定了方法返回的数据类型。它可以是任意有效的类型，如果方法没有返回值，则其返回类型必须是 void，不能省略。方法体中的返回值类型要与方法头中定义的返回值类型一致。
- 方法名称：要遵循 Java 标识符命名规范，通常以英文中的动词开头。
- 参数列表：参数列表是由类型、标识符组成的，每个参数之间使用逗号分隔开。方法可以没有参数，但方法名后面的括号不能省略。
- 方法体：指方法头后{ }内的内容，主要用来实现一定的功能。

【例 6.1】 成员方法应用示例，输出一个人的简单自我介绍（源代码\ch06\6.1.txt）。

```
class Person {
    String name;
    int age;
    void setName(String name2) {
        name = name2;
    }
    void setAge(int age2) {
        age = age2;
    }
    void speak() {
        System.out.println("我叫" + name + ",今年" + age + "岁.");
    }
}
public class Test {
    public static void main(String[] args) {
        Person p1 = new Person();
        p1.setName("张三");
        p1.setAge(18);
        p1.speak();
    }
}
```

运行结果如图 6-2 所示。

图 6-2 成员方法应用示例

6.2.4 构造方法

在创建类的对象时，对类中的所有成员变量都要初始化，赋值过程比较麻烦。如果在对象最初被创建时就完成对其成员变量的初始化，程序将更加简洁。Java 允许对象在创建时进行初始化，初始化的实现是通过构造方法来完成的。例如下面的代码：

```
class Book{
    public Book(){
    }
}
```

其中 public 为构造方法的修饰符；Book 为构造方法的名称。在构造方法中可以为成员变量赋值，这样当实例化一个本类对象时，相应的成员变量也将被初始化。如果类中没有明确定义构造方法，则编译器会自动创建一个不带参数的默认构造方法。

另外，在类中定义构造方法时，还可以为其添加一个或多个参数，即有参构造方法，语法格式如下：

```
class Book{
    public Book(int args){
    }
}
```

其中 public 为构造方法的修饰符；Book 为构造方法的名称。args 为构造方法的参数，可以是多个参数。

在创建类的对象时，使用 new 关键字和一个与类名相同的方法来完成，该方法在实例化过程中被调用，成为构造方法。构造方法是一种特殊的成员方法，主要特点有以下几点：

- 构造方法的名称必须与类的名称完全相同。
- 构造方法不返回任何数据类型，也不需要使用 void 关键字声明。
- 构造方法的作用是创建对象并初始化成员变量。
- 在创建对象时，系统会自动调用类的构造方法。
- 构造方法一般用 public 关键字声明。
- 每个类至少有一个构造方法。如果不定义构造方法，Java 将提供一个默认的不带参数且方法体为空的构造方法。
- 构造方法也可以重载。

【例 6.2】 构造方法应用示例，输出一个人的简单自我介绍（源代码\ch06\6.2.txt）。

```
class Person {
    String name;
    int age;

    public Person(String name, int age) { //定义构造方法,有两个参数
        this.name = name;
        this.age = age;
    }

    void speak() {
        System.out.println("我叫" + name + ",今年" + age + "岁.");
    }
}

public class Test {
    public static void main(String[] args) {
        Person p1 = new Person("张三", 18);  //根据构造方法,必须含有两个参数,如果不写会报错
        p1.speak();
    }
}
```

运行结果如图 6-3 所示。

Problems Javadoc Declaration Console
<terminated> Test [Java Application] C:\Program Files\Ja
我叫张三,今年18岁。

图 6-3　构造方法应用示例

☆**大牛提醒**☆

构造方法和成员方法在修饰符、返回值、命名三方面区别如下：

①与成员方法一样，构造方法可以有任何访问的修饰，如 public、protected、private，或者没有

修饰（通常被 package 和 friendly 调用）。而不同于成员方法的是，构造方法不能有 abstract、final、native，static 或 synchronized 等非访问性质的修饰。

②成员方法能返回任何类型的值或者无返回值（void），构造方法没有返回值，也不需要 void。

③两者的命名。构造方法使用和类相同的名字，而成员方法则不同。按照习惯，成员方法通常用小写字母开始，而构造方法通常用大写字母开始。构造方法通常是一个名词，因为它和类名相同；而成员方法通常更接近动词，因为它说明一个操作。

6.2.5 认识对象

对象是类的一个实例，有状态和行为。例如，一条狗是一个对象，它的状态有颜色、名字、品种；行为有摇尾巴、叫、吃等。对象是根据类创建的，在 Java 中使用关键字 new 来创建一个新的对象。创建对象需要以下三步：

（1）声明：声明一个对象，包括对象名称和对象类型。

（2）实例化：使用关键字 new 来创建一个对象。

（3）初始化：使用 new 创建对象时，会调用构造方法初始化对象。

对象（object）是对类的实例化。在 Java 的世界里，“一切皆为对象”，面向对象的核心就是对象。由类产生对象的语法格式如下：

```
类名 对象名 = new 类名( );
```

例如，声明一个对象：

```
Person p1;
```

然后，实例化一个对象：

```
p1 = new Person();
```

这时就可以连起来写：

```
Person p1 = new Person();
```

另外，访问对象的成员变量或者方法的语法格式如下：

```
对象名称.属性名
对象名称.方法名()
```

例如，访问 Person 类的成员变量和方法代码如下：

```
p1.name;
p1.age;
p1.speak();
```

最后，给成员变量赋值：

```
p1.name = "张三";
p1.age = 18;
```

【例 6.3】创建对象应用示例，输出一个人的简单自我介绍（源代码\ch06\6.3.txt）。

```
class Person {
    String name;
    int age;
    void speak() {
        System.out.println("我叫" + name + ",今年" + age + "岁.");
    }
}

public class Test {
    public static void main(String[] args) {
        Person p1 = new Person();
```

```
        p1.name = "张三";
        p1.age = 18;
        p1.speak();
    }
}
```

运行结果如图 6-4 所示。

Problems @ Javadoc Declaration Console
<terminated> Test [Java Application] C:\Program Files\Jav
我叫张三,今年18岁。

图 6-4　创建对象应用示例

6.2.6　对象运用

类有什么属性，对象就有什么属性。类有什么行为方法，对象就有什么行为操作，而行为的施行根据对象赋予方法的参数不同而有不同的行为表现。

类中的属性就是对象状态的描述，方法就是对象行为能力的规定。通过对象对属性赋值，使该对象实例状态更加丰满，根据需要调用方法，使该对象实例动起来。

总结起来，对象由两部分组成：表示状态的属性和表示行为的方法。给对象状态属性赋值和调用行为方法的语法格式如下：

```
//对象调用类的成员变量进行赋值和运用
对象名.类属性 = 赋值;
//对象调用类的方法
//没返回值的方法调用
对象名.类方法();                    //没参数,没返回值的方法调用
对象名.类方法(有参数);              //有参数,没返回值的方法调用
                                    //有返回值方法调用,需要一个值来存储方法返回值
返回值类型  返回值名字 = 对象名.类方法(有参数/没参数);
```

【例 6.4】模拟实现银行客户余额查询系统（源代码\ch06\6.4.txt）。

```
public class Customer {
    //成员变量 private 私有变量在类外是不能访问的
    private String name;
    private String phone;
    public  String account;
    private int balance=1000000;
    //构造函数
    public Customer (String account) {
        this.account = account;
    }
    //成员方法 1 给私有变量名字和手机赋值
    public void setInformation(String name,String phone) {
        this.name =name;
        this.phone =phone;
    }
    //成员方法 2 查询余额
    public void getBalance() {
        System.out.println("您的余额是: "+this.balance);
    }
    public static void main(String[] args) {
    //创建一个 cust 账号是 569******16 的对象
        Customer cust = new Customer("569******16");
        //对象调用方法进行属性的赋值
        cust.setInformation("张珊","137******86" );
        //对象调用方法进行余额查询
```

```
        cust.getBalance();
    }
}
```

运行结果如图 6-5 所示。

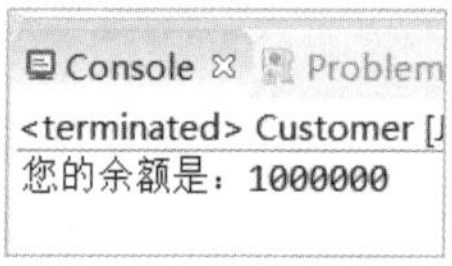

图 6-5　余额查询结果

6.2.7　局部变量

类中定义的变量是类的成员变量，如果类的成员方法内部也定义一个变量，且与成员变量同名，那么这方法内部的变量的适用范围和与成员变量的区分是一个需要解决的问题。使用局部变量可以解决这个问题。

局部变量声明在方法、构造方法或者语句块中，当方法、构造方法或者语句块被执行时创建，执行完成后，局部变量将会被销毁。局部变量没有默认值，所以局部变量被声明后，必须经过初始化，才可以使用。

例如，下面这段代码：

```
public  class  Monkey{
    public  String name;
    public  int  age;
    public  Monkey(){}
    public   void  count(){
            int countNum ;          //声明一个局部变量 countNum
            if(this.age>2){         //猴子年龄大于 2 岁才可以数数
            System.out.println("我是一个聪明的猴子！我能数数！");
            //定义一个局部变量 i,只限于 for 语句内部,for 语句结束就不存在 i 这个局部变量了
            for(int i =1;i<10;i++){
                System.out.print(i+" ");
                    countNum = i;
                }
            System.out.println("能数到 10 呢！");
        }
    }
}
```

Monkey 这个类中的 count 方法当中有定义 countNum 变量，只有当这个方法被调用时才被创建和使用，方法执行完毕之后就被释放了。而方法中的 for 循环语句也定义了一个 i 变量用于循环，这变量也是局部变量，是 for 循环语句这个语句块的局部变量，当 for 循环语句结束之后，变量 i 也会被释放，for 循环语句之外还能定义和使用一个新的 i 变量。

【例 6.5】局部变量的使用。实例中的 age 是一个局部变量，它被定义在 pupAge()方法中，它的作用域就限制在这个方法中（源代码\ch06\6.5.txt）。

```
public class Test{
   public void pupAge(){
      int age=0;
      age = age +3;
      System.out.println("小狗的年龄是: " + age);
   }
   public static void main(String[] args){
      Test test = new Test();
```

```
        test.pupAge();
    }
}
```

运行结果如图 6-6 所示。

Console　Problems　Java
<terminated> Test [Java Application] C:
小狗的年龄是： 3

图 6-6　局部变量的使用

如果例 6.5 中的 age 变量没有初始化，那么在编译时会不会出错呢？下面就来运行以下代码：

```
package myPackage;
public class Test{
   public void pupAge(){
      int age;
      age = age +3;
      System.out.println("小狗的年龄是： " + age);
   }
   public static void main(String[] args){
      Test test = new Test();
      test.pupAge();
   }
}
```

运行结果如图 6-7 所示。从运行结果中可以看出出现错误的原因是变量 age 未被初始化。

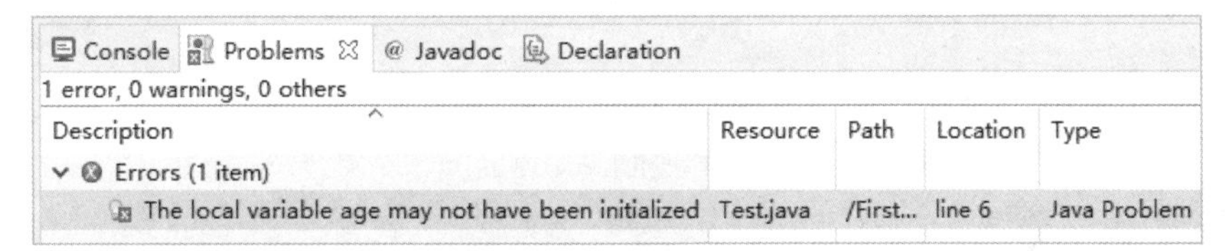

图 6-7　错误信息提示

☆**大牛提醒**☆

局部变量被定义和使用时必须被初始化或赋值，不能像类的成员变量那样不进行初始化，不然会出现编译错误。

6.2.8　this 关键字

如果局部变量和类的成员变量相同，在使用当中就会出现混乱，例如下面这段代码：

```
public class Student {                         //类声明
    public  String name="张欢";                //类成员变量声明
    public  void getName(String name) {        //类的成员方法返回名字
        System.out.println(name);
    }
    public static void main(String[] args) {
        Student stu = new Student();           //创建对象 stu
        stu.getName("张珊");
    }}
```

运行结果如图 6-8 所示。

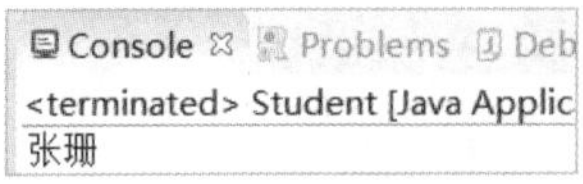

Console ☒ Problems Deb
<terminated> Student [Java Applic
张珊

图 6-8 学生类姓名输出

从结果可以看到程序运行时局部变量优先选择执行，所以此时为了区分局部变量和类的成员变量，Java 中使用 this 关键字调用类中的成员变量。具体使用如下：

```
public class Student {                          //类声明
public  String name="张珊";                      //类成员变量声明
public  Student(String name){
        this.name = name;
}
public  void getName(){                         //类的成员方法返回名字
        System.out.println(this.name);
    }
    public static void main(String[] args) {
        Student stu = new Student("张欢");      //创建对象 stu
        stu.getName();
    }}
```

运行结果如图 6-9 所示。输出的是实例化过程中赋的值，this 关键字将变量值进行更新了。

this 关键字只能用在同一类中，其实 this 关键字是本类内部的一个对象，所以可以用 this 关键字在类中调用类的成员变量和成员方法。当 this 关键字作为返回值时，它返回的就是该类的一个对象，所以 this 关键字还能调用类的构造方法。

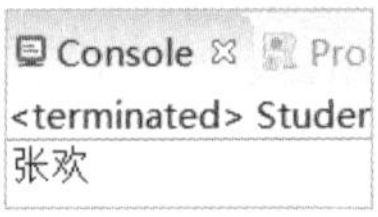

Console ☒ Pro
<terminated> Studer
张欢

图 6-9 学生类 this 运用

例如，下面这段代码，this 作为方法中的返回值，返回一个对象。

```
public class Student {
    //成员方法
    Student get Student (){
        return this;
    }
}
```

上述 get Student ()方法中返回值类型是本类，返回值的是 this，那么当 Book 类的对象调用该方法时得到的是一个对象，this 实现了构造方法的调用。

【例 6.6】查看家用电表保险预留值（源代码\ch06\6.6.txt）。

突然有一天家里停电，爸爸把电卡刷一下，还能照明好几天，这就是电表的安全预留值，提醒用户电费快用完了，要去充值。那么现在看看是怎么实现的。

```
public class ElectricityMeter {
    public int fees ;                                   //变量 电费
    public ElectricityMeter(int fees) {                 //构造方法  进行充电费
        this.fees = fees;
        System.out.println("现有电费: "+this.fees);}
    public ElectricityMeter() {                         //构造方法  默认电费
        this(5);        }
    public static void main(String[] args) {
        ElectricityMeter rechange  = new ElectricityMeter(100);     //充电费 100
        ElectricityMeter defaultfees  = new ElectricityMeter();     //默认电费显示
    }
}
```

运行结果如图 6-10 所示。

```
Console ☒ Problems
<terminated> ElectricityMe
现有电费：100
现有电费：5
```

图 6-10　查看家用电表保险预留值

6.3　static 关键字

static 关键字是一个修饰符，可以用来修饰变量、常量、方法和类，分别称作静态变量、静态常量、静态方法和静态内部类。static 关键字还能修饰代码，称为静态代码块。

static 关键字有如下几个特点：

（1）static 是一个修饰符，用于修饰成员。

（2）static 修饰的成员被所有的对象所共享。

（3）static 优先于对象存在，因为 static 的成员随着类的加载就已经存在了。

（4）static 修饰的成员多了一种调用方式，就可以直接被类名所调用（类名.静态成员）。

（5）static 修饰的数据是共享数据，对象中存储的是特有数据。

被 static 关键字修饰的类只能是内部类，内部类的内容会在后面的章节中讲述，本节从静态变量、静态方法和静态代码块来讲述 static 关键字。

6.3.1　静态变量

静态变量就是被 static 修饰的变量，静态变量和非静态变量的区别是：静态变量被所有的对象所共享，在内存中只有一个副本，它当且仅当在类初次加载时会被初始化。而非静态变量是对象所拥有的，在创建对象时被初始化，不同的对象赋有不同的值，且相互不影响。

静态变量定义格式如下：

```
权限修饰符  static  数据类型  变量名称 = 初值;
```

调用静态变量的语法格式如下：

```
类名.静态类成员;
```

静态变量可以解决共享资源问题。静态变量在第一次被访问时创建，在程序结束时销毁。

【例 6.7】通过定义静态变量，输出员工的平均工资（源代码\ch06\6.7.txt）。

```
public class Employee {
   //salary是静态的私有变量
    private static double salary;
    //DEPARTMENT 是一个常量
    public static final String DEPARTMENT = "员工的";
    public static void main(String[] args){
    salary = 6800;
        System.out.println(DEPARTMENT+"平均工资:"+salary);
    }
}
```

运行结果如图 6-11 所示。

```
Console ⌧  Problems  @ Javadoc
<terminated> Employee [Java Application]
员工的平均工资:6800.0
```

图 6-11 静态变量的使用

☆大牛提醒☆

静态变量被声明为 public、static 或 final 类型时，其名称一般建议使用大写字母。如果静态变量不是 public 和 final 类型，其命名方式与实例变量以及局部变量的命名方式一致。

6.3.2 静态方法

被 static 修饰的方法称作静态方法，由于静态方法不依赖于任何对象就可以进行访问，因此在静态方法中不能访问类的非静态成员变量和非静态成员方法，因为非静态成员方法和非静态成员变量都必须依赖具体的对象才能够被调用。但是非静态方法是可以调用静态方法和静态变量的。

静态方法定义格式如下：

```
权限修饰符  static  返回值数据类型  方法名称 (参数列表){
    方法体
    return 返回值;
}
```

静态方法的方法体中不能用 this 关键字。调用类的静态方法语法如下：

```
类名.静态方法();
```

【例 6.8】通过定义静态方法，显示垃圾回收是否完毕（源代码\ch06\6.8.txt）。

```
public class GarbageCollection {
        //成员变量 火车和垃圾
        public String train;
        public String garbage;
        //构造方法
    public GarbageCollection(String train) {
        this.train = train;
    }
    //垃圾处理方法
    public static void wasteDisposal(String garbage) {
        String result =garbage+"处理完毕! ";
        System.out.println(result);
    }
    public static void main(String[] args) {
        //创建一个对象,说明站台来了一辆列车
        GarbageCollection train1 =  new GarbageCollection("Z69");
        //列车整理垃圾
        train1.garbage = "厨余垃圾";
        //垃圾处理站处理 train1 的垃圾
        GarbageCollection.wasteDisposal(train1.garbage);
        //创建一个新对象,说明站台来了一辆新列车
        GarbageCollection train2 =  new GarbageCollection("Z70");
        //列车整理垃圾
        train1.garbage = "生活垃圾";
        //垃圾处理站处理 train2 的垃圾
        GarbageCollection.wasteDisposal(train2.garbage);
    }
}
```

运行结果如图 6-12 所示。垃圾处理站对每一列列车是共享的，每一列列车只需要将垃圾整理出来，垃圾处理站就会处理垃圾。

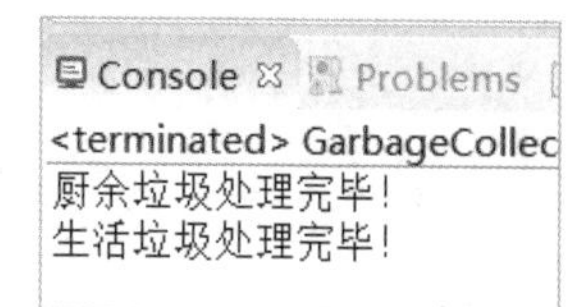

图 6-12 静态方法的使用

6.3.3 静态代码块

类中有一些代码块被 static 关键字修饰就是静态代码块。静态代码块可以优化程序性能，放在类中的任何位置，类中可以有多个 static 块。静态代码块的书写格式：

```
static {
   代码块;
}
```

静态代码块按照被定义的顺序来执行，并且一个静态代码块只会执行一次。

下面是查询年龄段系统中运用静态代码块来优化代码的方法。isAgeGroup 是用来判断这个人年龄是否是 18～30 岁的，如果将 startAge 和 endAge 初始化写在方法里，那么每次 isAgeGroup 被调用时，都会生成 startAge 和 endAge 两个对象，造成了空间浪费。如果写成静态代码块，类在加载时，只运行一次，也就只生成一次这样的空间，这就节省了空间。代码如下：

```
class Person1{
   private int age;
   private static int startAge, endAge;
   static{
      startAge = 18;
      endAge = 30;
   }
   public Person1(int  age) {
      this.age= age;
   }
   boolean isAgeGroup () {
      return age-startAge>=0 && endAge-age<0;
   }
}
```

6.4 对象值的传递

Java 中没有指针，所以也没有引用传递，仅仅有值传递。不过可以通过对象的方式来实现引用传递。

6.4.1 值传递

方法调用时，实际参数把它的值传递给对应的形式参数，方法执行中形式参数值的改变不影响实际参数的值。传递值的数据类型主要是基本数据类型，包括整型、浮点型等。

【例 6.9】值传递应用示例（源代码\ch06\6.9.txt）。

```
public class Test {
   public static void change(int i, int j) {
      int temp = i;
      i = j;
      j = temp;
   }

   public static void main(String[] args) {
```

```
        int a = 3;
        int b = 4;
        change(a, b);
        System.out.println("a=" + a);
        System.out.println("b=" + b);
    }
}
```

运行结果如图 6-13 所示。

```
Problems @ Javadoc Declaration Console
<terminated> Test [Java Application] C:\Program Files\Ja
a=3
b=4
```

图 6-13　值传递应用示例

在本示例中，首先定义了一个静态方法 change()，该方法有两个参数 i 和 j。方法内定义变量 temp，将参数 i 的值赋值给 temp，再将参数 j 的值赋值给 i，再将 temp 的值赋值给 j。初始化变量 a 和 b，将 a 和 b 的值作为 change 方法的参数，也就是说 a 相当于 i，b 相当于 j。输出的结果是 a 和 b 的值保持不变，由此可以确定，传递的值并不会改变原值。

6.4.2　引用传递

引用传递也称为传地址。方法调用时，实际参数的引用（地址，而不是参数的值）被传递给方法中相对应的形式参数，在方法执行中，对形式参数的操作实际上就是对实际参数的操作，方法执行中形式参数值的改变将会影响实际参数值。

传递地址值的数据类型为除 String 以外的所有复合数据类型，包括数组、类和接口等。

【例 6.10】引用传递（对象）应用示例（源代码\ch06\6.10.txt）。

```
class A { //定义一个类
    int i = 0;
}

public class Test {
    public static void add(A a) {
        //a = new A();
        a.i++;
    }

    public static void main(String args[]) {
        A a = new A();
        add(a);
        System.out.println(a.i);
    }
}
```

运行结果如图 6-14 所示。在本示例中，输出的结果是 1，这是因为没有添加 a= new A();语句：

```
Problems @ Javadoc Declaration Console
<terminated> Test [Java Application] C:\Program Files\Ja
1
```

图 6-14　输出 1

如果添加了 a= new A();语句，这就构造了新的 A 对象，就不是传递的那个对象了，而是新的对象，如图 6-15 所示。

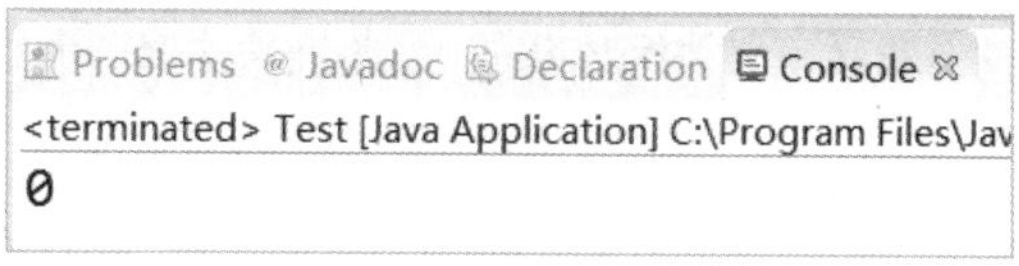

Problems @ Javadoc Declaration Console
<terminated> Test [Java Application] C:\Program Files\Jav
0

图 6-15　输出 0

6.4.3　可变参数传递

声明方式时，如果有若干个相同类型的参数，可以定义为不定长参数，来实现可变参数的传递，该类型的参数声明如下：

```
权限修饰符 返回值类型 方法名(参数类型…参数名)
```

☆**大牛提醒**☆

参数类型和参数名之间是三个点，而不是其他数量或省略号。

【例 6.11】可变参数传递应用示例（源代码\ch06\6.11.txt）。

```
public class VarargsDemo {
    public static void main(String args[]) {
        //调用可变参数的方法
        printMax(34, 3, 3, 2, 56.5);
    }
    public static void printMax( double… numbers) {
        if (numbers.length == 0) {
            System.out.println("数组中没有数值");
            return;
        }
        double result = numbers[0];
        for (int i = 1; i <  numbers.length; i++){
            if (numbers[i] >  result) {
                result = numbers[i];
            }
        }
        System.out.println("数组中的最大值为: " + result);
    }
}
```

运行结果如图 6-16 所示。

Console Problems @ Javadoc
<terminated> VarargsDemo [Java Applicatio
数组中的最大值为：56.5

图 6-16　输出数组中的最大值

6.5　新手疑难问题解答

问题 1：为什么 Java 文件中只能含有一个 public 类?

解答：Java 程序是从一个 public 类的 main 函数开始执行的，就像 C 程序是从 main()函数开始执行一样，只能有一个。public 类是为了给类装载器提供方便。一个 public 类只能定义在以它的类名为文件名的文件中。

每个编译单元都只有一个 public 类。因为每个编译单元都只能有一个公共接口，用 public 类来表现。该接口可以按照要求包含众多的支持包访问权限的类。如果有一个以上的 public 类，编译器就会报错，并且 public 类的名称必须与文件名相同（这里要严格区分大小写）。当然一个编译单元内也可以没有 public 类。

问题 2：类和对象有什么关系？

解答：类和对象是面向对象方法的核心概念，类是对某一类事物的描述，是抽象的、概念上的定义，对象是实际存在的该类事物的个体，例如，一个桌子类可以生产出多个桌子对象，可以把桌子类看成是一个模板或者图纸，按照这个图纸就可以生产出许多桌子对象。

对象和对象之间可以不同，改变其中一个对象的某些属性，不会影响到其他对象，例如按照桌子的图纸，可以生产出相同的桌子，也可以生产出不同高度的桌子。

6.6 实战训练

实战 1：简单的加法计算器。

编写程序，创建一个 Adder 类，有两个操作数，并实现加法运算，在方法中定义一个局部变量作为计算结果，并作为返回值返回，运行结果如图 6-17 所示。

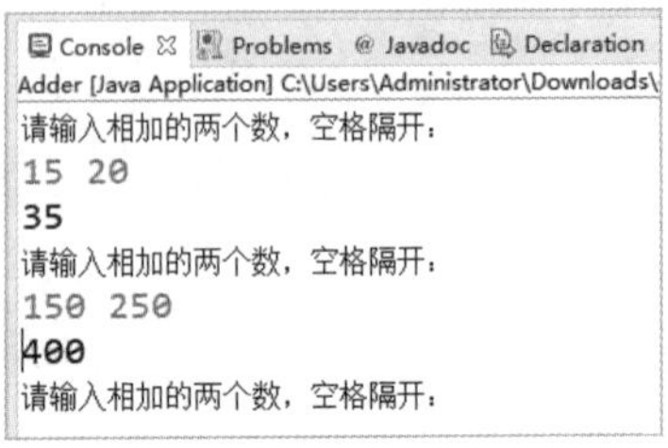

```
Console ⊠ Problems @ Javadoc Declaration
Adder [Java Application] C:\Users\Administrator\Downloads\
请输入相加的两个数，空格隔开：
15 20
35
请输入相加的两个数，空格隔开：
150 250
400
请输入相加的两个数，空格隔开：
```

图 6-17 简单的加法计算器

实战 2：输出饮水机的剩余水量。

编写程序，创建一个饮水机 WaterPlace 类，定义静态变量为饮水机，成员变量为人名和水杯，成员方法为喝水，输出饮水机的剩余水量，运行结果如图 6-18 所示。

实战 3：输出员工姓名与工资信息。

编写程序，创建一个 Employee 类，通过定义变量实现输出员工姓名与工资信息，运行结果如图 6-19 所示。

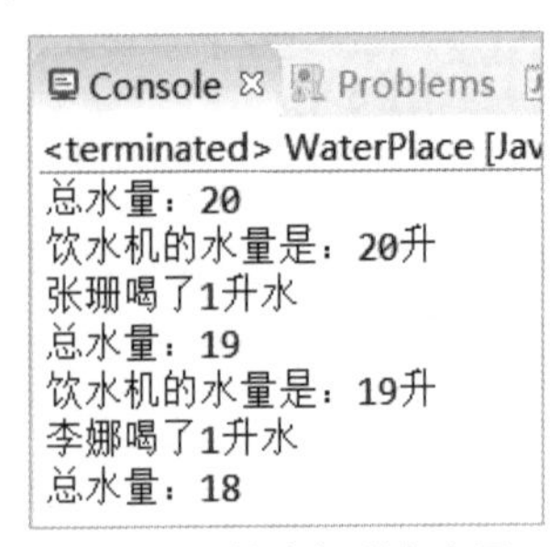

图 6-18 饮水机剩余水量

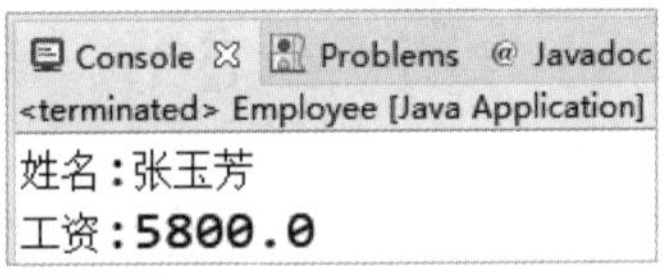

```
Console ⊠ Problems @ Javadoc
<terminated> Employee [Java Application]
姓名:张玉芳
工资:5800.0
```

图 6-19 员工姓名与工资

第7章

面向对象核心技术

面向对象编程有 3 大基础特性：封装、继承和多态，应用面向对象思想编写程序，整个程序的架构既可以变得非常有弹性，又可以减少代码冗余。本章介绍面向对象这 3 大特性的实现过程。

7.1 类的封装

封装是把过程和数据包围起来，对数据的访问只能通过已定义的界面。面向对象计算始于这个基本概念，即现实世界可以被描绘成一系列完全自治、封装的对象，这些对象通过一个受保护的接口访问其他对象。

7.1.1 认识封装

对于封装而言，一个对象它所封装的是自己的属性和方法，所以它是不需要依赖其他对象就可以完成自己的操作。封装的优点如下：

（1）良好的封装能够减少耦合。

（2）类内部的结构可以自由修改。

（3）可以对成员变量进行更精确的控制。

（4）隐藏信息，实现细节。

【例 7.1】使用类的封装，输出一个人的姓名、年龄和体重（源代码\ch07\7.1.txt）。

```
class Person {
   private String name;
   private int age;
   private float weight;

   public String getName() {
      return name;
   }

   public void setName(String name) {
      this.name = name;
   }

   public int getAge() {
      return age;
   }

   public void setAge(int age) {
```

```
        this.age = age;
    }

    public float getWeight() {
        return weight;
    }

    public void setWeight(float weight) {
        this.weight = weight;
    }
}

public class Test {
    public static void main(String[] args) {
        Person p1 = new Person();
        p1.setName("张三");                          //设置姓名
        p1.setAge(18);                                //设置年龄
        p1.setWeight(80);                             //设置体重

        System.out.println(p1.getName());      //获得姓名
        System.out.println(p1.getAge());       //获得年龄
        System.out.println(p1.getWeight());    //获得体重
    }
}
```

运行结果如图 7-1 所示。

```
Problems  Javadoc  Declaration  Console
<terminated> Test [Java Application] C:\Program Files\J
张三
18
80.0
```

图 7-1　使用类的封装

在本示例中，我们将 3 个属性 name、age、weight 设置为 private，这样其他类就不能访问这 3 个属性，之后又为每个属性写了两个方法 getXX()和 setXX()，将这两个方法设置为 public，其他类可以通过 setXX()方法来设置对应的属性，通过 getXX()来获得对应的属性。

7.1.2 实现封装

封装就是把一个对象的属性私有化，同时提供一些可以被外界访问的属性的方法，如果不想被外界访问，我们可以不提供方法给外界访问。但是如果一个类没有提供给外界访问的方法，那么这个类也没有什么意义了。例如我们将一个房子看作是一个对象，房子内部的装修装饰、家具、沙发等都是该房子的私有属性，但是如果没有墙壁来遮挡，别人就会对屋内的一切一览无余，没有一点隐私。正因为墙壁的存在，我们既能够有自己的隐私而且我们可以随意地更改里面的摆设而不会影响别人。但是如果没有门窗，一个黑盒子，又有什么存在的意义呢？所以通过门窗别人也能够看到里面的风景。所以说门窗就是房子对象留给外界访问的接口。

我们继续深入编写例 7.1 的代码，如果我们将 age 设置成 500 或者负数，也是不会报错的，将 weight 设置成 1000 或者负数也是不会报错的，但这是不符合实际情况的，谁会是 500 岁或者年龄是负数呢？谁会是 1000 千克或者体重是负数呢？这个问题我们使用封装就可以很好地解决。

【例 7.2】类的封装，添加验证属性，然后输出一个人的姓名、年龄和体重（源代码\ch07\ 7.2.txt）。

```
class Person {
    private String name;
```

```
    private int age;
    private float weight;

    public String getName() {
        return name;
    }
    public void setName(String name) {
        this.name = name;
    }

    public int getAge() {
        return age;
    }
    public void setAge(int age) {
        if (age <= 0 || age >150) {
            System.out.println("年龄不能为负值,设为默认 18 岁");
            this.age = 18;
        } else {
            this.age = age;
        }
    }

    public float getWeight() {
        return weight;
    }
    public void setWeight(float weight) {
        if (weight <= 0 || weight > 1000) {
            System.out.println("体重不能为负值,设为默认 50 千克");
            this.weight = 50;
        } else {
            this.weight = weight;
        }
    }

}
public class Test {
    public static void main(String[] args) {
        Person p1 = new Person();
        p1.setName("张三");                     //设置姓名
        p1.setAge(-5);                          //设置年龄
        p1.setWeight(0);                        //设置体重

        System.out.println(p1.getName());       //获得姓名
        System.out.println(p1.getAge());        //获得年龄
        System.out.println(p1.getWeight());     //获得体重
    }
}
```

运行结果如图 7-2 所示。

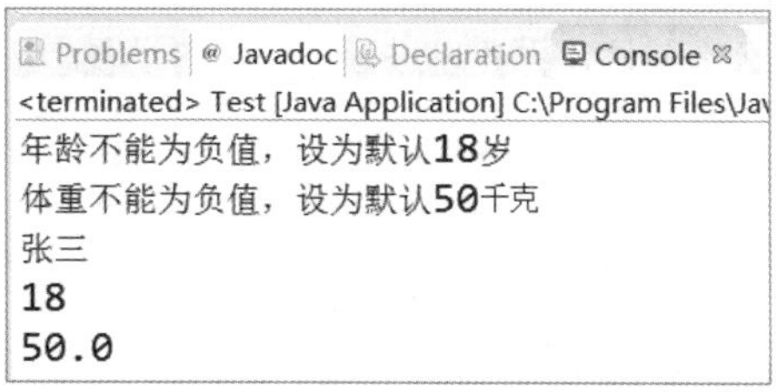

```
Problems | @ Javadoc | Declaration | Console
<terminated> Test [Java Application] C:\Program Files\Ja
年龄不能为负值，设为默认18岁
体重不能为负值，设为默认50千克
张三
18
50.0
```

图 7-2　添加验证属性

在本例中，我们在 age 和 weight 两个属性的 setter()内加入了判断，如果符合要求就按照参数进行设置，如果不符合要求就设置为一个默认值，这样就避免了不切合实际情况的发生。

☆**大牛提醒**☆

封装隐藏了类的内部实现机制，可以在不影响使用的情况下改变类的内部结构，同时也保护了数据。对外界而言它的内部细节是隐藏的，暴露给外界的只是它的访问方法。

7.2 类的继承

继承是 Java 面向对象的重要概念之一，继承能以既有的类为基础，派生出新的类，可以简化类的定义，扩展类的功能，类的继承会用到 extends、super 和 final 3 个关键字。

7.2.1 extends 关键字

一个类如果没有使用 extends 关键字，那么这个类直接继承自 Object 类。因此，在 Java 中，让一个类继承另一个类需要使用 extends 关键字，语法格式如下：

```
class 子类名 extends 父类名
```

例如，下面代码实现了继承。

```
class Animal {
    public String name;
    private int id;
    public void eat(){
        System.out.println(name+"正在吃");
    }
    public void sleep(){
        System.out.println(name+"正在睡");
    }
}

class Cat extends Animal {
    public void shout(){
        System.out.println(name+"正在叫");
    }
}
```

在上述代码中，父类 Animal 定义了一个公有属性 name，一个私有属性 id，两个公有方法 eat()和 sleep()；子类 Cat 继承 Animal，虽然只定义了一个方法 shout()，但会从父类继承一个公有属性 name 和两个公有方法 eat()与 sleep()，父类私有属性 id 不能被子类继承。

【例 7.3】使用 extends 关键字实现继承来输出多种四边形的特征（源代码\ch07\7.3.txt）。

四边形具有四条边和四个角，那么正方形、长方形、平行四边形都属于四边形，这样它们就可以将四边形作为父类，继承其公有属性，再各自进行相对应的设置。

```
class Quadrilateral {                                  //四边形类
    public String features = "有四个边,四个角";        //成员变量
    public void draw() {                               //成员方法
        System.out.println("画图成功! ");
    }
}
public class Square extends Quadrilateral {            //正方形类继承四边形类
    public String special = "四角四边是相等的! ";      //正方形自有的成员变量
    public static void main(String[] args) {
```

```
        Quadrilateral quad = new Quadrilateral();              //四边形对象
        System.out.println("四边形特征: " + quad.features);    //四边形属性输出
        quad.draw();                                           //四边形方法执行
        Square squ = new Square();                             //正方形对象
        System.out.println("正方形特征: " + squ.features);     //正方形继承属性输出
        System.out.println("正方形特殊点: " + squ.special);    //正方形特有属性输出
        squ.draw();                                            //正方形继承方法执行
    }
}
```

运行结果如图 7-3 所示。

```
Console ☒  Problems  Debug She
<terminated> Square [Java Application] E:
四边形特征：有四个边，四个角
画图成功！
正方形特征：有四个边，四个角
正方形特殊点：四角四边是相等的！
画图成功！
```

图 7-3　正方形继承四边形运行结果图

7.2.2　super 关键字

通过继承，父类中的所有可用内容都被继承到子类中，但是子类不一定都接受，那么就需要对父类的方法和属性进行重写，如果改写过程中需要用到父类对应的方法和属性，可以使用 super 关键字进行相应的调用，例如下面的代码：

```
class Shape {
    protected String name;
    public Shape(){
        name = "shape";
    }
    public Shape(String name) {
        this.name = name;
    }
}

class Circle extends Shape {
    private double radius;
    public Circle() {
        radius = 0;
    }
    public Circle(double radius) {
        this.radius = radius;
    }
    public Circle(double radius,String name) {
        this.radius = radius;
        this.name = name;
    }
}
```

上述代码是没有问题的，但如果把父类的无参构造方法去掉，则下面的代码必然会出错：

```
public class Shape {
    protected String name;
    /*
    public Shape(){
        name = "shape";
    }
```

```
    */
    public Shape(String name) {
        this.name = name;
    }
}

public class Circle extends Shape {
    private double radius;
    public Circle() {
        radius = 0;
    }
    public Circle(double radius) {
        this.radius = radius;
    }
    public Circle(double radius,String name) {
        this.radius = radius;
        this.name = name;
    }
}
```

这时可以改为如下代码：

```
public class Shape {
    protected String name;
    /*
    public Shape(){
        name = "shape";
    }
    */
    public Shape (String name) {
        this.name = name;
    }
}

public class Circle extends Shape {
    private double radius;
    public Circle () {
        super("Circle");
        radius = 0;
    }
    public Circle (double radius) {
        super("Circle");
        this.radius = radius;
    }
    public Circle (double radius, String name) {
        super(name);
        this.radius = radius;
        this.name = name;
    }
}
```

由于父类没有无参构造方法，所以子类的构造方法必须先使用 super 方法调用父类的有参构造方法，这样确实比较麻烦，因此父类在设计构造方法时，应该含有一个无参构造方法。

【例 7.4】使用 super 关键字实现继承来输出多种正方形自有特征（源代码\ch07\7.4.txt）。

四边形和正方形有共性，但正方形也有自己专属的特征，那么就进行相应的添加，然后输出特征。

```
class Quadrilateral{                                          //四边形类
    public String features  = "有四个边,四个角";                 //成员变量
    public void draw() {
```

```
        System.out.println("画图成功! ");                      //成员方法
    }}
public class Square extends Quadrilateral{                   //正方形类继承四边形类
//正方形将特征在原来的基础上进行添加
    public String features  = super.features +",且四角四边是相等的! ";
    public static void main(String[] args) {
        Quadrilateral quad = new Quadrilateral();           //四边形对象
        System.out.println("四边形特征: "+quad.features);    //四边形属性输出
        quad.draw();                                        //四边形方法执行
        Square squ = new Square();                          //正方形对象
        System.out.println("正方形特征: "+squ.features);     //正方形继承属性输出
        squ.draw();                                         //正方形继承方法执行
    }
}
```

运行结果如图 7-4 所示，这里正方形输出的 features 属性与父类有区别。

```
Console ⊠  Problems  Debug Shell
<terminated> Square [Java Application] E:\20200526\java\bi
四边形特征：有四个边，四个角
画图成功！
正方形特征：有四个边，四个角，且四角四边是相等的！
画图成功！
```

图 7-4　正方形添加自己的特征

7.2.3　访问修饰符

在 Java 语言中，可以使用访问修饰符来保护对类、变量、方法和构造方法的访问。Java 提供了 4 种不同的访问权限，以实现不同范围的访问能力，表 7-1 列出了这些访问修饰符的作用范围。

表 7-1　访问修饰符的作用范围

限　定　词	同　一　类　中	同　一　包　中	不同包中的子类	不同包中的非子类
private	√			
无限定词	√	√		
protected	√	√	√	
public	√	√	√	√

1. 私有的访问修饰符—private

private 访问修饰符是最严格的访问级别，所以被声明为 private 的方法、变量和构造方法只能被所属类访问，并且类和接口不能声明为 private。

声明为私有访问类型的变量只能通过类中的公共方法被外部类访问。private 访问修饰符主要用来隐藏类的实现细节和保护类的数据。

【例 7.5】使用 private 修饰符输出人员名称（源代码\ch07\7.5.txt）。

```
public class PrivateTest {
    private String name;                         //私有的成员变量
    public String getName() {                    //私有成员变量的 get 方法
        return name;
    }
    public void setName(String name) {           //私有成员变量的 set 方法
        this.name = name;
    }
    public static void main(String[] args){
```

```
        PrivateTest p = new PrivateTest();              //创建类的对象
        p.setName("张三");                               //调用对象的 set 方法,为成员变量赋值
        System.out.println("name = " + p.getName());    //打印成员变量 name 的值
    }
}
```

运行结果如图 7-5 所示。在本示例中，定义了一个私有的成员变量 name，通过它的 set 方法为成员变量 name 赋值，get 方法获取成员变量 name 的值。在 main()方法中，创建类的对象 p，通过 p.setName()方法设置 name 的值，再通过调用 p.getName()方法，打印输出 name 的值。

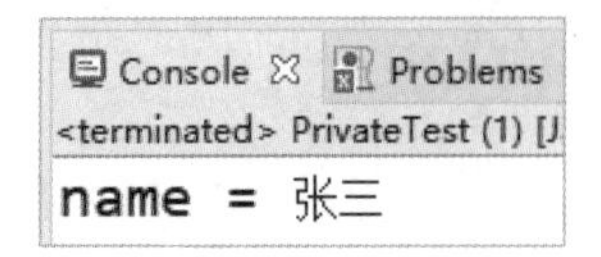

图 7-5　private 修饰符的应用

2. 默认的访问修饰符——不使用任何关键字

使用默认访问修饰符声明的变量和方法，可以被这个类本身或者与类在同一个包内的其他类访问。接口里的变量都隐式声明为 public static final，而接口里的方法默认情况下访问权限为 public。

【例 7.6】使用变量和方法的声明，在不使用任何修饰符的情况下输出人员名称（源代码\ch07\7.6.txt）。

```
public class DefaultTest {
    String name;                          //默认修饰符的成员变量
    String getName() {                    //默认修饰符成员变量的 get 方法
        return name;
    }
    void setName(String name) {           //默认修饰符成员变量的 set 方法
        this.name = name;
    }
    public static void main(String[] args){
        DefaultTest d = new DefaultTest();
        d.setName("张三");
        System.out.println(d.getName());
    }
}
```

运行结果如图 7-6 所示。在本示例中，使用默认的访问修饰符定义了成员变量 name、成员方法 getName()和 setName()。它们可以被当前类访问或者与当前类在同一个包中的其他类访问。

图 7-6　default 修饰符的应用

3. 受保护的访问修饰符——protected

protected 访问修饰符不能修饰类和接口，方法和成员变量能够声明为 protected，但是接口的成员变量和成员方法不能声明为 protected。

【例 7.7】在父类 Person 中，使用 protected 声明了方法；在子类 Women 中，访问父类中 protected 声明的方法，然后输出人员姓名与籍贯信息（源代码\ch07\7.7.txt）。

```
package create;
public class Person {                     //父类
    protected String name;
    protected void sing(){                //protected 修饰的方法
        System.out.println("姓名：张三");
```

```
    }
}
package child;                              //与父类不在一个包中
import create.Person;                       //引入父类
public class Women extends Person{          //继承父类的子类
    public static void main(String[] args){
        Women w = new Women();
        w.sing();                           //调用子类在父类继承的方法
        w.name = "籍贯: 上海市";
        System.out.println(w.name);
    }
}
```

运行结果如图 7-7 所示。

```
Console ⊠ Problems @ Javadoc
<terminated> Women [Java Application] C:\
姓名：张三
籍贯：上海市
```

图 7-7　protected 修饰符的应用

在本示例中，用 protected 声明了父类 Person 中的 sing()方法和成员变量 name，它可以被子类访问。在 main()方法中创建了子类对象 m，通过 m 访问了父类的 sing()方法，并为父类的 name 属性赋值，再在控制台打印它的值。

如果把 sing ()方法声明为 private，那么除了父类 Person 之外的类将不能访问该方法。如果把 sing()方法声明为 public，那么所有的类都能够访问该方法。如果不给 sing()方法添加访问修饰符，那么只有在同一个包中的类才可以访问它。

4. 公有的访问修饰符——public

被声明为 public 的类、方法、构造方法和接口能够被任何其他类访问。如果几个相互访问的 public 类分布在不同的包中，则需要用关键字 import，导入相应 public 类所在的包。由于类的继承性，类所有的公有方法和变量都能被其子类继承。

【例 7.8】在类中定义 public 的方法，在不同包中访问它（源代码\ch07\7.8.txt）。

```
package create;
public class Person {                       //父类
    public void test(){
        System.out.println("姓名: 张三");
    }
}
package child;                              //与父类不在一个包中
import create.Person;                       //引入类
public class PublicTest {
    public static void main(String[] args) {
        Person p = new Person();            //创建 Person 对象
        p.test();                           //调用 Person 类中 public 的方法
    }
}
```

运行结果如图 7-8 所示。

```
Console ⊠ Problems @ Javadoc
<terminated> PublicTest [Java Application]
姓名：张三
```

图 7-8　public 修饰符的应用

在本示例中，定义了两个不同包中的类，两个类之间没有继承关系。在访问 PublicTest 类的 main()方法中，访问 Person 类中的 public 修饰的 test()方法。

7.2.4 final 关键字

final 关键字之前在定义常量时使用过，被 final 修饰的变量是常量，只能被赋值一次且不能被修改。当用 final 关键字修饰类和方法时，被修改的类和方法也是不能被修改的。而类的继承和方法的重写都会对原来的内容进行修改，所以被 final 修饰的类不能被继承，被 final 修饰的方法不能被重写。

这里假使有一个类是口令类，如果口令类被继承了，那么就可以随意更改口令了，而且还可以从多个子类中访问口令内容，那么这个口令就是“公开的秘密”了，所以这种唯一性的类是不能被继承的。

如图 7-9 所示，被 final 修饰的类被继承时会报错，错误提示说类 InheritPassword 不能作为 final 类 password 的子类。

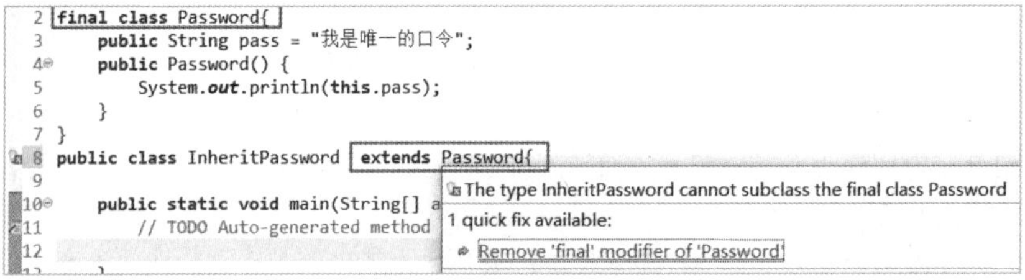

```
2 final class Password{
3     public String pass = "我是唯一的口令";
4     public Password() {
5         System.out.println(this.pass);
6     }
7 }
8 public class InheritPassword extends Password{
9
10    public static void main(String[] a
11        // TODO Auto-generated method
12
```

```
The type InheritPassword cannot subclass the final class Password
1 quick fix available:
Remove 'final' modifier of 'Password'
```

图 7-9　final 类不能被继承

同理，被 final 修饰的方法也是不可改变的，当继承的子类改写父类方法时是不能被覆盖的，会报错。如图 7-10 所示，被 final 修饰的方法在子类中是不允许被重写的。

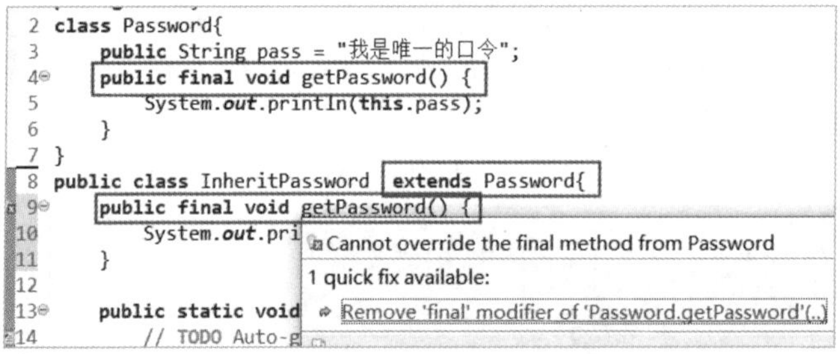

```
2 class Password{
3     public String pass = "我是唯一的口令";
4     public final void getPassword() {
5         System.out.println(this.pass);
6     }
7 }
8 public class InheritPassword extends Password{
9     public final void getPassword() {
10        System.out.pri
11    }
12
13    public static void
14        // TODO Auto-g
```

```
Cannot override the final method from Password
1 quick fix available:
Remove 'final' modifier of 'Password.getPassword'(..)
```

图 7-10　final 方法不能被重写

7.3 类的多态

Java 中的多态形式主要通过方法的重载与重写、子类对象的向上转型和向下转型 4 个方面来实现。

7.3.1 方法的重载

在 Java 中，同一个类中的多个方法可以有相同的名字，只要它们的参数列表不同即可，这被称为方法重载（method overloading）。参数列表又叫参数签名，包括参数的类型、参数的个数和参数的顺序，只要有一个不同就叫作参数列表不同。重载是面向对象的一个基本特性。

【例 7.9】通过方法的重载，输出变量的值（源代码\ch07\7.9.txt）。

```
public class Test {
    //一个普通的方法,不带参数
    void test() {
        System.out.println("不带参数");
    }

    //重载上面的方法,并且带了一个整型参数
    void test(int a) {
        System.out.println("a: " + a);
    }

    //重载上面的方法,并且带了两个参数
    void test(int a, int b) {
        System.out.println("a and b: " + a + " " + b);
    }

    //重载上面的方法,并且带了一个双精度参数
    double test(double a) {
        System.out.println("double a: " + a);
        return a * a;
    }

    public static void main(String args[]) {
        Test d1 = new Test();
        d1.test();
        d1.test(2);
        d1.test(2, 3);
        d1.test(2.0);
    }
}
```

运行结果如图 7-11 所示。

```
Console ☒  Problems  @ Javadoc
<terminated> Test (1) [Java Application] C:\
不带参数
a: 2
a and b: 2 3
double a: 2.0
```

图 7-11　方法的重载

通过上面的示例可以看出，重载就是在一个类中，有相同的函数名称，但形参不同的函数。重载的结果，可以让一个程序段尽量减少代码和方法的种类。

☆**大牛提醒**☆

方法的重载有以下几点要特别注意：

- 方法名称必须相同。
- 方法的参数列表（参数个数、参数类型、参数顺序）至少有一项不同，仅仅参数变量名称不同是不可以的。
- 方法的返回值类型和修饰符不做要求，可以相同，也可以不同。

7.3.2　多态的前提

多态是面向对象程序设计中实现代码重用的一种机制。在实际程序编写时，多态的存在要有三个前提：

（1）要有继承关系。

（2）子类要重写父类的方法。

（3）父类引用指向子类。

【例 7.10】举例说明多态的 3 个前提，分别输出不同的语句（源代码\ch07\7.10.txt）。

```
class Animal {                    //父类 Animal
    int age = 10;

    public void eat() {
        System.out.println("动物吃东西");
    }

    public void shout() {
        System.out.println("动物在叫");
    }

    public static void run() {
        System.out.println("动物在奔跑");
    }
}

class Dog extends Animal {        //子类 Dog 继承父类 Animal int age = 60;
    String name = "黑子";         //子类独有的属性 name

    public void eat() {
        System.out.println("狗在吃东西");
    }

    public static void run() {
        System.out.println("狗在奔跑");
    }

    public void watchDoor() {     //子类独有的方法 watchDoor()
        System.out.println("狗在看门");
    }
}

public class Test {
    public static void main(String[] args) {
        Animal a1 = new Dog();    //父类通过子类实例化,多态的表现
        a1.eat();
        a1.shout();
        a1.run();

        System.out.println(a1.age);
    }
}
```

运行结果如图 7-12 所示。

```
Problems  Javadoc  Declaration  Console
<terminated> Test [Java Application] C:\Program Files\Ja
狗在吃东西
动物在叫
动物在奔跑
10
```

图 7-12　多态的前提应用举例

以上的三段代码充分体现了多态的三个前提，分别如下：

（1）存在继承关系，Dog 类继承了 Animal 类。

（2）子类要重写父类的方法，子类重写（override）了父类的两个成员方法 eat()和 run()。其中 eat()是非静态的，run()是静态的（static）。

（3）父类数据类型的引用指向子类对象，即 Animal a1 = new Dog();。

7.3.3　向上转型

向上转型是指通过子类来实例化父类对象，语法格式如下：

```
父类类名 父类对象 = new 子类构造函数;
```

这里父类对象指向子类，它调用与子类同名的方法时运行的是子类的方法，但是父类对象不能调用子类中特有的方法。那么这样的向上转型有什么实际运用呢？下面通过实例来理解。

【例 7.11】通过向上转型，实现多品牌继承，输出不同品牌车辆信息（源代码\ch07\7.11.txt）。

```
class Car{                                          //汽车类
    public void run() {                             //run 方法
        System.out.println("汽车在跑！");
    }
    public void speed() {                           //speed 方法
        System.out.println("汽车的速度是不一样的.");
    }}
class Benz extends Car{                             //Benz 类继承 Car 类
    public void run() {                             //子类 run 方法
        System.out.println("奔驰在跑！");
    }
    public void speed() {                           //子类 speed 方法
        System.out.println("奔驰的速度是 100.");
    }}
class BMW extends Car{                              //BMW 类继承 Car 类
    public void run() {                             //子类 run 方法
        System.out.println("宝马在跑！");
    }
    public void speed() {                           //子类 speed 方法
        System.out.println("宝马的速度是 110.");
    }
    public void price() {                           //子类特有方法 price
        System.out.println("宝马的价格很高很高！.");
    }}
public class Cars {
public  void show(Car car) {                        //测试类中调用的 show 方法，参数是父类 Car
    car.run();
    car.speed();        }
    public static void main(String[] args) {
        Cars c = new Cars();
        c.show(new Benz());                         //调用 show 方法，参数传的是子类实例
        c.show(new BMW());
    }}
```

运行结果如图 7-13 所示。上述代码中，不同的子类覆盖了父类的方法，当调用时如果不能实现向上转型，就需要书写多个 show 方法才能将每个子类表现出来，而向上转型则实现了代码的简洁性。

☆**大牛提醒**☆

当指向子类的父类对象调用子类特有方法时，会报错，如图 7-14 所示，这是因为父类对象不能调用子类特有方法。

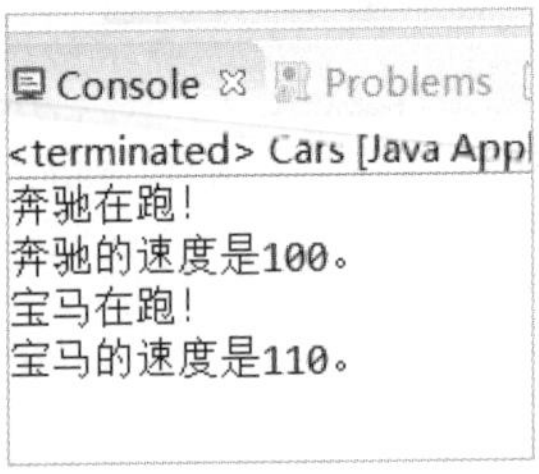

图 7-13　向上转型实例

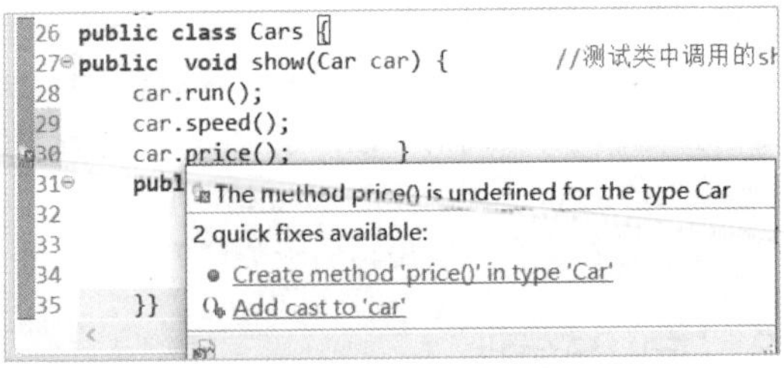

图 7-14　父类对象不能调用子类特有方法

7.3.4　向下转型

在向上转型中指向子类的父类对象是不能调用子类特有方法的，为此提出了向下转型的概念。向下转型是说指向子类实例的父类对象可以强制转换为子类，实现对子类特有方法的调用。

【例 7.12】 调用子类独有的属性和方法（源代码\ch07\7.12.txt）。

```
class Animal {                          //父类 Animal
    int age = 10;

    public void eat() {
        System.out.println("动物吃东西");
    }

    public void shout() {
        System.out.println("动物在叫");
    }

    public static void run() {
        System.out.println("动物在奔跑");
    }
}

class Dog extends Animal {          //子类 Dog 继承父类 Animal int age = 60;
    String name = "黑子";           //子类独有的属性 name

    public void eat() {
        System.out.println("狗在吃东西");
    }

    public static void run() {
        System.out.println("狗在奔跑");
    }

    public void watchDoor() {   //子类独有的方法 watchDoor()
        System.out.println("狗在看门");
    }
}
public class Test {
    public static void main(String[] args) {
        Animal a1 = new Dog();   //父类通过子类实例化，多态的表现，向上转型
        a1.watchDoor();
        System.out.println(a1.name);
    }
}
```

运行会报错！如图 7-15 所示。

```
Console ⌧  Problems  @ Javadoc  Declaration
<terminated> Test (1) [Java Application] C:\Users\Administrator\Downloads\eclipse-java-2020-12-R-win32-x86_64\eclipse\plugins\org.eclipse.justj.openjdk.h
Exception in thread "main" java.lang.Error: Unresolved compilation problems:
	The method watchDoor() is undefined for the type Animal
	name cannot be resolved or is not a field

	at ch05.Test.main(Test.java:36)
```

图 7-15　运行报错

通过上面两个例子的运行结果我们可以看到，多态有以下几个特点：

（1）指向子类的父类引用只能访问父类中拥有的方法和属性。

（2）对于子类中存在而父类中不存在的方法，该引用是不能使用的。

（3）若子类重写了父类中的某些方法，在调用这些方法时，必定是使用子类中定义的这些方法。

那如何使例 7.12 中的 a1 可以访问子类独有的方法和属性呢？可以通过向下转型来实现。

【例 7.13】 使用向下转型的方式调用子类独有的属性和方法（源代码\ch07\7.13.txt）。

```
class Animal {                    //父类 Animal
    int age = 10;

    public void eat() {
        System.out.println("动物吃东西");
    }

    public void shout() {
        System.out.println("动物在叫");
    }

    public static void run() {
        System.out.println("动物在奔跑");
    }
}

class Dog extends Animal {        //子类 Dog 继承父类 Animal int age = 60;
    String name = "黑子";         //子类独有的属性 name

    public void eat() {
        System.out.println("狗在吃东西");
    }

    public static void run() {
        System.out.println("狗在奔跑");
    }

    public void watchDoor() {    //子类独有的方法 watchDoor()
        System.out.println("狗在看门");
    }
}

public class Test {
    public static void main(String[] args) {
        Animal a1 = new Dog();   //向上转型
        Dog d1 = (Dog) a1;       //向下转型，必须强制类型转换
        d1.watchDoor();
        System.out.println(d1.name);
    }
}
```

运行结果如图 7-16 所示。

```
Problems  @ Javadoc  Declaration  Console
<terminated> Test [Java Application] C:\Program Files\Ja
狗在看门
黑子
```

图 7-16　向下转型实例

通过例子我们可以看出，父类对象 a1 通过向下转型，强制转换为子类 Dog，那么转型后就可以访问子类 Dog 独有的属性和方法了。

7.3.5　instanceof 关键字

向下转型是一种强制转换，转型的父类对象必须是子类实例，如果不是子类实例，在运行中会报错，抛出异常。所以 Java 中提供了一个关键字 instanceof。它能够判断某一对象是不是某一类的实例。instanceof 关键字返回的是布尔值，当返回的是 true，说明对象 q 是类 Q 的实例对象，否则就会报错。

【例 7.14】通过继承和向下转型的方法输出理科生也能写作（源代码\ch07\7.14.txt）。

```
class ArtStudent extends ScienceStudent {    //文科生类继承理科生类,是子类
    public void write() {                    //专有方法 write
        System.out.println("我能写作! ");
    }
}

public class ScienceStudent {                //理科生类是父类
    public void sing() {                     //父类的方法唱歌,子类没重写,直接继承了该方法
        System.out.println("我是理科生 .我会唱歌! ");
    }

    public static void main(String[] args) {
        ScienceStudent stu1 = new ArtStudent();    //父类对象被子类实例化了
        stu1.sing();                         //指向子类的父类对象调用唱歌方法
        if (stu1 instanceof ArtStudent) {    //判断对象 stu1 是不是类 ArtStudent 的实例化
            ArtStudent stu2 = (ArtStudent) stu1;   //父类对象进行子类的向下转型
            stu2.write();                    //向下转型得到的子类对象调用专有方法写作
        }
    }
}
```

运行结果如图 7-17 所示。

```
Console  Problems
<terminated> ArtStudent [Java
我是理科生 。我会唱歌!
我能写作!
```

图 7-17　理科生能写作

7.4　内部类

在一个类中再创建另一个类，这个特殊的类被称为内部类。一般内部类可分为四种：成员内部类、局部内部类、匿名内部类和静态内部类。

7.4.1　创建内部类

内部类就是在一个类的内部再定义一个类。内部类可以是静态 static，也可用 public、default、protected 和 private 修饰，而外部类只能使用 public 和 default 修饰。

内部类是一个编译时的概念，一旦编译成功，就会成为完全不同的两类。对于一个名为 OuterTest 的外部类和其内部定义的名为 Inner 的内部类，编译完成后出现 OuterTest.class 和 OuterTest$Inner.class 两类。所以内部类的成员变量、方法名可以和外部类的成员变量、方法名相同。

下面举例说明如何创建和实例化内部类。代码如下：

```
public class OuterC {
    public void showOuterC() {
        System.out.println("这是外部类");
    }
    public class InnerC {
        public void showInnerC() {
            System.out.println("这是内部类");
        }
    }
}
```

上述代码中，OuterC 类是一个外部类，在该类中定义了一个内部类 InnerC 和一个 showOuterC()方法，其中，InnerC 类有一个 showInnerC()方法。

7.4.2　链接到外部类

如果想通过外部类去访问内部类，则需要通过外部类对象去创建内部类对象，创建内部类对象的语法格式如下：

```
外部类名.内部类名 对象名 = new 外部类名().new 内部类名();
```

下面通过一个例子来具体说明。

【例 7.15】实例化内部类（每个类均为单独的文件）（源代码\ch07\7.15.txt）。

```
public class OuterC {
    public void showOuterC() {
        System.out.println("这是外部类");
    }
    public class InnerC {
        public void showInnerC() {
            System.out.println("这是内部类");
        }
    }
}

public class Test {
    public static void main(String[] args) {
        OuterC.InnerC ic = new OuterC().new InnerC();
        ic.showInnerC();
    }
}
```

程序运行结果如图 7-18 所示。

图 7-18　实例化内部类运行结果

本例中，通过 OuterC.InnerC ic = new OuterC().new InnerC();语句来创建内部类对象 ic，并调用内部类的 showInnerC()方法将内容显示在控制台。

7.4.3 成员内部类

在一个类中除了可以定义成员变量、成员方法，还可以定义类，这样的类就被称作成员内部类，成员内部类是最普通的内部类。在成员内部类中可以访问外部类的所有成员。

创建成员内部类的语法格式如下：

```
权限修饰符  class 外部类名{
    外部类内容
    权限修饰符 class  内部类名{
            内部类内容
    }
    外部类内容
}
```

成员内部类的使用可以从内部类使用外部类成员，外部类使用内部类成员，其他类使用内部类成员这 3 个方面来分析。下面通过计算机类作为外部类，CPU 作为内部类来讲解成员内部类的使用。

【例 7.16】使用成员内部类，输出计算机的 CPU 规格信息（源代码\ch07\7.16.txt）。

```
public class Computer {                                   //外部类
                                                          //外部类属性
    public String name = "华硕";
    public CPU cpu;                                       //外部类使用内部类对象
    public String RAM = "16GB";

    public Computer() {
        cpu = new CPU();                                  //实例化内部类对象
    }

    public void getInfo() {                               //外部类方法
        cpu.information();                                //调用内部类方法
    }

    class CPU {                                           //内部类声明
        public String name = "酷睿 i3";                   //内部类属性

        public void information() {                       //内部类方法
            System.out.println(Computer.this.name + "计算机的 CPU 是" + name + ",RAM 是" + RAM);
        };

        public void getOuter() {                          //内部类方法
            getInfo();                                    //调用外部类方法
        }
    }

    public static void main(String[] args) {
        Computer com = new Computer();
        com.getInfo();
        Computer.CPU cpu = com.new CPU();                 //其他类调用内部类格式
        cpu.name = "新的 CPU";                            //其他类调用内部类属性格式
        cpu.information();                                //其他类调用内部类方法格式
        cpu.getOuter();
    }
}
```

运行结果如图 7-19 所示。

```
Console ⌧  Problems  Debug Shell
<terminated> Computer [Java Application] E:\2
华硕电脑的CPU是酷睿i3, RAM是16GB
华硕电脑的CPU是新的CPU, RAM是16GB
华硕电脑的CPU是酷睿i3, RAM是16GB
```

图 7-19　内部类使用实例结果

1. 内部类使用外部类成员

外部类的所有成员对于内部类是公开的，内部类是可以任意使用的。本实例中，内部类的 information()方法所输出的 RAM 是外部类属性，getOuter()方法中的 getInfo()是外部类的方法。这些都是内部类直接使用的。

如果出现内部类和外部类相同名称的属性，正如本实例中，内部类的 information()方法所输出的外部类的 name 属性时，采用“外部类名.this.属性”的格式来区分内部类中的 name。

以上两个方面是内部类使用外部类成员的格式。

2. 外部类使用内部类

外部类使用内部类就不能那么随意了，本实例中，外部类定义的成员变量 CPU，以及在方法 getInfo()中调用内部类的方法 information()都是声明对象，并用对象来调用的。

在外部类使用内部类成员，就跟使用一个正常类一样，先声明对象，并实例化，再调用。

3. 其他类使用内部类

在其他类中使用内部类，那么当声明和实例化内部类对象时，需要借助外部类和外部类对象来实现。在本实例的主方法中声明和实例化一个内部类 CPU 的对象，并对内部类进行属性的赋值和方法的调用。

成员内部类最直观的作用就是能够解决类不能多重继承的问题。

【例 7.17】孩子能同时继承爸爸和妈妈的优点（源代码\ch07\7.17.txt）。

```
class Father {
    public Father() {
        System.out.println("爸爸是高个子！");
    }
}
class Mother {
    public Mother() {
        System.out.println("妈妈是双眼皮！");
    }
}
public class Children extends Father {
    class GetMother extends Mother {
        public GetMother() {
            super();
        }
    }
    public GetMother mother;
    public Children() {
        super();
        mother = new GetMother();
        System.out.println("所以我个子高,还双眼皮！！");
    }
    public static void main(String[] args) {
        Children child = new Children();
    }
}
```

运行结果如图 7-20 所示，孩子类要同时继承爸爸类和妈妈类，其中一个通过内部类得到继承就可以了。

```
Console ⅹ Problems De
<terminated> Children [Java Appli
爸爸是高个子!
妈妈是双眼皮!
所以我个子高，还双眼皮！！
```

图 7-20　孩子类同时继承多类结果

☆**大牛提醒**☆

Java 中用关键字 extends 继承父类只能继承一个，不支持多个，如果使用内部类就可以解决这个问题了。

7.4.4　局部内部类

局部内部类是定义在一个方法或者一个作用域里面的类，它和成员内部类的区别在于局部内部类的访问仅限于方法内或者该作用域内。局部内部类就像是方法中的一个局部变量一样，是不能有 public、protected、private 以及 static 修饰符的。

局部内部类的语法格式如下：

```
权限修饰符  class 外部类名{
    外部类内容
    外部类成员方法{
        class  内部类名 1{
            内部类内容
        }

        While(参数){
            class  内部类名 2{
                内部类内容
            }
        }
    }
    外部类内容
}
```

如上所示，局部内部类定义在方法中，或者像 while 这样的语句块中。

局部内部类定义在方法中，而方法在执行完之后会被回收，所以局部内部类有一些需要注意的地方。

（1）局部内部类不能有 public、protected、private 以及 static 修饰符。

（2）局部内部类只能在被定义的方法中使用。

（3）局部内部类使用方法中的变量，该变量必须是 final 型。

（4）局部内部类可以任意使用外部内部类数据。

【例 7.18】吹气球游戏。设计一个体能游戏类，类中有一个吹气球的方法，方法中的气球是根据需要生成的（源代码\ch07\7.18.txt）。

```
public class PhysicalGames {                        //外部类
    public void blowBalloon(int count) {            //外部类成员方法
        class Balloon{                              //外部类方法中的局部内部类
            public String getBalloon(int i) {       //局部内部类的成员方法
                return "气球"+i;
            }}
```

```
        Balloon ball = new Balloon();                    //局部内部类在方法中的对象实例化
        for(int i =1;i<=count;i++) {
            System.out.println("给"+ball.getBalloon(i)+"吹气！"); //使用局部内部类的数据
        }   }
    public static void main(String[] args) {
        PhysicalGames play = new PhysicalGames(); //外部类对象实例化
        System.out.println("开始吹气球游戏：");
        play.blowBalloon(5);                             //外部类方法的使用
    }   }                                                //局部内部类对于外界是不存在的
```

运行结果如图 7-21 所示。

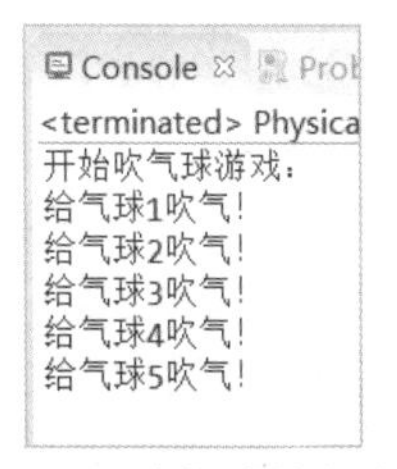

图 7-21　吹气球游戏结果

7.4.5　匿名内部类

匿名内部类就是没有名字的内部类，它和局部内部类相似，可以出现在方法中或者一个作用域中。匿名内部类其实是对已有的抽象类或者接口的对象实例化。

匿名内部类的语法格式如下所示：

```
new A(){
    //匿名内部类的类体内容
};
```

这里的 A 就是抽象类或接口的名称。匿名内部类的创建可以理解成：某类的构造方法的方法体或者类里面成员方法只在需要时根据需要编写，是一次性产品。

匿名内部类的创建还要注意的是最后一定是;结束。下面通过实例理解匿名内部类。

【例 7.19】火柴是一次性用品，下面通过内部类模拟火柴的使用（源代码\ch07\7.19.txt）。

```
abstract class Match{              //抽象类火柴
    abstract void light();         //抽象方法 点燃
}
public class UseMatch {            //使用火柴的类
    public static void main(String[] args) {
        new Match() {              //内部类 点燃火柴
            @Override
            void light() {         //重写点燃方法
                System.out.println("火柴被点燃了！");
            }
        }.light();                 //调用重写的点燃方法
    }
}
```

运行结果如图 7-22 所示。内部类正如这根火柴一样用一次就没用了，这就方便了这种方法的实现。

Console　Probler
<terminated> UseMatch
火柴被点燃了!

图 7-22　火柴点燃实例

☆大牛提醒☆

匿名内部类为什么不能设置静态属性与方法呢？这是因为匿名内部类是一次性代码，只是根据需要编写的一段代码块，而静态变量与一次性概念是相对的，具有共享性、长久性的特点，所以匿名内部类只为了完成一项任务而存在，而不是留下什么，或者共享什么，故不需要也不能有这样的属性与方法。

7.4.6　静态内部类

静态内部类也是定义在另一个类里中的类，只不过在类的前面多了一个关键字 static。静态内部类是不需要依赖于外部类的，这点和类的静态成员属性有点类似，并且它不能使用外部类的非 static 成员变量或者方法，因为在没有外部类的对象情况下，可以创建静态内部类的对象，如果允许访问外部类的非 static 成员就会产生矛盾，因为外部类的非 static 成员必须依附于具体的对象。

静态内部类是 static 修饰的内部类，这种内部类的特点是：

（1）静态内部类不能直接访问外部类的非静态成员，但可以通过 new 外部类().成员的方式访问。

（2）如果外部类的静态成员与内部类的成员名称相同，可通过“类名.静态名”访问外部类的静态成员；如果外部类的静态成员与内部类的成员名称不相同，则可通过“成员名”直接调用外部类的静态成员。

（3）创建静态内部类中的对象时，不需要外部类的对象，可以直接创建：内部类名 对象名 =new 内部类名();。

（4）在其他类中创建内部类的对象，不需要用外部类对象创建，外部类名.内部类名 对象名 =new 外部类名.内部类名();。

【例 7.20】 通过静态内部类输出变量的值（源代码\ch07\7.20.txt）。

```
public class Outer {
    private int a = 100;
    static int b = 5;

    public static class Inner {
        int b = 3;

        public void test() {
            System.out.println("外部类的 b:" + Outer.b);
            System.out.println("内部类的 b:" + b);
            System.out.println("外部类的非静态变量 a:" + new Outer().a);
        }
    }

    public static void main(String[] args) {

        Inner inner = new Inner();
        inner.test();
    }
}
```

运行结果如图 7-23 所示。

```
Problems  Javadoc  Declaration  Console
<terminated> Outer [Java Application] C:\Program Files\J
外部类的b:5
内部类的b:3
外部类的非静态变量a:100
```

图 7-23　静态内部类运行结果

本例中，内部类访问外部类的静态成员变量 b，可以通过 Outer.b 实现，内部类访问外部类的非静态成员变量 a，必须通过 new Outer().a 来实现。在 Java 中需要使用内部类的原因主要有以下四点：

（1）每个内部类都能独立继承一个接口的实现，所以无论外部类是否已经继承了某个实现，对于内部类都没有影响。内部类使得多继承的解决方案变得更加完善。

（2）方便将存在一定逻辑关系的类组织在一起，又可以对外界隐藏。

（3）方便编写事件驱动程序。

（4）方便编写线程代码。

7.5　新手疑难问题解答

问题 1：在编译包括父类与子类的程序时，为什么显示不能编译？

解答：如果父类没有无参构造函数，创建子类时，不能编译，除非在构造函数代码体中的第一行显式调用父类有参构造函数。

问题 2：静态内部类为什么只能使用外部类的静态方法和属性？

解答：静态内部类的创建不依赖于外部类的对象，而外部类的非静态属性与方法是依赖于对象的，如果静态内部类调用外部类的非静态变量或方法，那么就要依赖于不同的对象实例，这有悖于静态内部类的本质，所以，只能使用静态属性与方法来与不同对象分离。

7.6　实战训练

实战 1：网上购物实现商品数量的选择。

编写程序，通过封装商品的数量、单价等属性，实现网上购物的可行性，程序运行结果如图 7-24 所示。

实战 2：求各种图形面积。

编写程序，设计一个求图形面积的类，能计算圆的面积、长方形的面积、三角形的面积等，程序运行结果如图 7-25 所示。

```
Console ⊠ Problems @ Javadoc D
Shopping [Java Application] C:\Users\Administrat
欢迎您的到来！请输入您的姓名：
张三
现在库存是100 请输入购买商品个数！
15
您购买成功！
```

图 7-24　提示购买成功

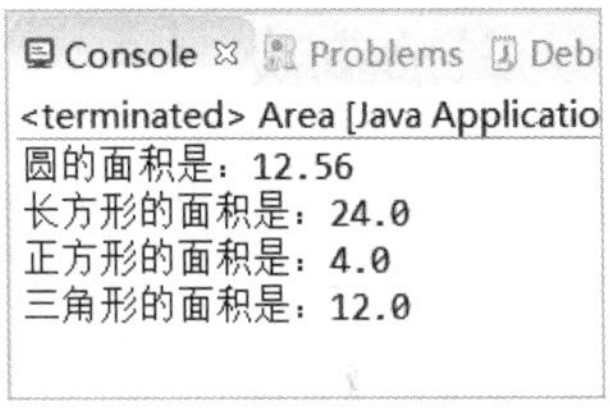

```
Console ⊠ Problems Deb
<terminated> Area [Java Applicatio
圆的面积是：12.56
长方形的面积是：24.0
正方形的面积是：4.0
三角形的面积是：12.0
```

图 7-25　求面积方法的重载实例

实战 3：计时器的实现。

编写程序，定义外部类有一个 static 变量，是计时器的时间终点，静态内部类实现时间的升序计时和倒序计时功能，程序运行结果如图 7-26 所示。

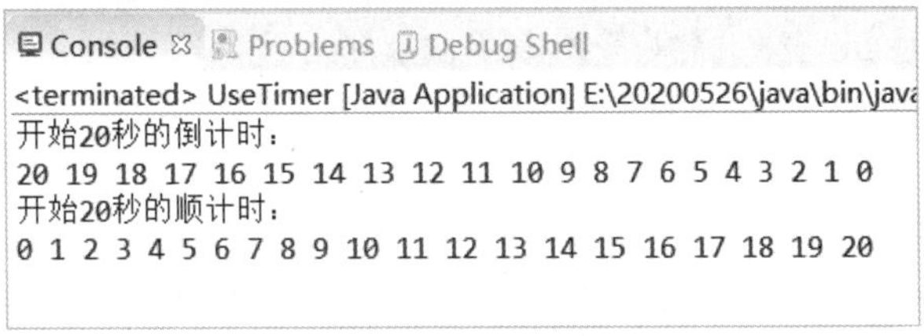

```
Console ⊠ Problems Debug Shell
<terminated> UseTimer [Java Application] E:\20200526\java\bin\java
开始20秒的倒计时：
20 19 18 17 16 15 14 13 12 11 10 9 8 7 6 5 4 3 2 1 0
开始20秒的顺计时：
0 1 2 3 4 5 6 7 8 9 10 11 12 13 14 15 16 17 18 19 20
```

图 7-26　实现计时器功能

第 8 章 抽象类与接口

面向对象编程的过程是一个逐步抽象的过程，接口是比抽象类更高层的抽象，它是对行为的抽象；而抽象类是对一种事物的抽象，即对类的抽象。本章介绍 Java 抽象类与接口的相关知识。

8.1 抽象类和抽象方法

在面向对象的概念中，所有的对象都是通过类来描绘的，但是反过来，并不是所有的类都是用来描绘对象的，若一个类中没有包含足够的信息来描绘一个具体的对象，这样的类就是抽象类。抽象方法指一些只有方法声明，而没有具体方法体的方法。抽象方法一般存在于抽象类或接口中。

8.1.1 认识抽象类

Java 程序用抽象类（abstract class）来实现自然界的抽象概念。抽象类的作用在于将许多有关的类组织在一起，提供一个公共的类，即抽象类。而那些被它组织在一起的具体的类将作为它的子类由它派生出来。抽象类刻画了公有行为的特征，并通过继承机制传送给它的派生类。

抽象类是它的所有子类的公共属性的集合，是包含一个或多个抽象方法的类。使用抽象类的一大优点就是可以充分利用这些公共属性来提高开发和维护程序的效率。

定义抽象类和抽象方法的语法格式如下：

```
//抽象类定义
权限修饰符 abstract class 抽象类名{
    //抽象方法定义
    权限修饰符 abstract 返回值类型 抽象方法名(参数列表);
}
```

抽象类和抽象方法的特性：

（1）抽象类不能被实例化。

（2）抽象类中可以有非抽象方法，并实现该方法。

（3）抽象类中的抽象方法是没有方法体的，是直接用封号结束的。在抽象类被继承子类中实现抽象方法。

8.1.2 定义抽象类

与普通类相比，抽象类要使用 abstract 关键字声明。普通类是一个完善的功能类，可以直接产生实例化对象，并且在普通类中可以包含有构造方法、普通方法、static 方法、常量和变量等内容。而抽象类是指在普通类的结构中增加抽象方法的组成部分。

例如，下面的代码，用于定义一个抽象类。

```
public abstract class Animal {  //定义一个抽象类
   //抽象方法,没有方法体,有 abstract 关键字做修饰
   public abstract void shout();
}
```

上述代码中，定义了一个抽象类 Animal，有一个抽象方法 shout()，注意 shout()方法没有方法体，直接以分号结束。抽象类的使用原则如下：

（1）抽象方法必须为 public 或者 protected（因为如果为 private，则不能被子类继承，子类便无法实现该方法），缺省情况下默认为 public；

（2）抽象类不能直接实例化，需要依靠子类采用向上转型的方式处理；

（3）抽象类必须有子类，使用 extends 继承，一个子类只能继承一个抽象类；

（4）子类（如果不是抽象类）则必须重写抽象类之中的全部抽象方法（如果子类没有实现父类的抽象方法，则必须将子类也定义为抽象类）；

（5）抽象类不能使用 final 关键字声明，因为抽象类必须有子类，而 final 定义的类不能有子类。

例如，下面的代码，其子类继承了抽象类。

```
public abstract class Animal { //定义一个抽象类
   //抽象方法,没有方法体,有 abstract 关键字做修饰
   public abstract void shout();
}

public class Dog extends Animal {
    //实现抽象方法 shout()
   public void shout() {
      System.out.println("汪汪……");
   }
}
```

上述代码中，定义了一个子类 Dog 继承抽象类 Animal，并实现了抽象方法 shout()，定义了 shout()显示狗的叫声。

【例 8.1】抽象类通过子类向上转型实例化（源代码\ch08\8.1.txt）。

```
public abstract class Animal {//定义一个抽象类
   //抽象方法,没有方法体,有 abstract 关键字做修饰
   public abstract void shout();
}

public class Dog extends Animal {
    //实现抽象方法 shout()
   public void shout() {
      System.out.println("汪汪……");
   }
}

public class Test {
   public static void main(String args[]) {
      Animal a1 = new Dog();
      a1.shout();
   }
}
```

运行结果如图 8-1 所示。

Problems @ Javadoc Declaration Console
<terminated> Test [Java Application] C:\Program Files\Jav
汪汪......

图 8-1 抽象类实例化运行结果

抽象类是不能直接实例化的，因此 Animal a1 = new Animal()编译会报错，那么如何实例化抽象类呢？答案是需要依靠子类采用向上转型的方式来实例化。本例中通过 Animal 的子类 Dog 向上转型来实例化，Animal a1 = new Dog();，a1 拥有了 Dog 类重写的 shout()方法。总结如下：

（1）抽象类继承子类里面有明确的方法重写要求，而普通类可以有选择性的来决定是否需要重写；

（2）抽象类实际上就比普通类多了一些抽象方法而已，其他组成部分和普通类完全一样；

（3）普通类对象可以直接实例化，但抽象类的对象必须经过向上转型之后才可以得到。

虽然一个类的子类可以去继承任意的一个普通类，可是从开发的实际要求来讲，普通类尽量不要继承另外一个普通类，而应该继承抽象类。

【例 8.2】 使用抽象类，计算圆形与正方形的面积和周长（源代码\ch08\8.2.txt）。

```
public abstract class Shapes {
    /**
     * 定义抽象类 Shapes 图形类，包含抽象方法 getArea();getPerimeter();
     **/
    public abstract double getArea();

    //获取面积
    public abstract double getPerimeter();
    //获取周长
}

public class Circle extends Shapes {
    double r;

    public Circle(double r) {
        this.r = r;
    }

    public double getArea() {
        return r * r * Math.PI;
    }

    public double getPerimeter() {
        return 2 * Math.PI * r;
    }
}
public class Square extends Shapes {
    int width;
    int height;

    public Square(int width, int height) {
        this.width = width;
        this.height = height;
    }

    public double getArea() {
        return width * height;
    }
```

```
    public double getPerimeter() {
        return 2 * (width + height);
    }
}

public class Test {
    public static void main(String args[]) {
        Circle c1=new Circle(1.0);
        System.out.println("圆形面积为"+c1.getArea());
        System.out.println("圆形周长为"+c1.getPerimeter());
        Square s1=new Square(1,1);
        System.out.println("正方形面积为"+s1.getArea());
        System.out.println("正方形周长为"+s1.getPerimeter());
    }
}
```

运行结果如图 8-2 所示。

```
Problems  @ Javadoc  Declaration  Console
<terminated> Test [Java Application] C:\Program Files\Jav
圆形面积为3.141592653589793
圆形周长为6.283185307179586
正方形面积为1.0
正方形周长为4.0
```

图 8-2　抽象类的应用示例

抽象类在应用的过程中，需要注意以下几点：

（1）抽象类不能被实例化，如果被实例化，就会报错，编译无法通过。只有抽象类的非抽象子类可以创建对象。

（2）抽象类中不一定包含抽象方法，但是有抽象方法的类必定是抽象类。

（3）抽象类中的抽象方法只是声明，不包含方法体，就是不给出方法的具体实现也就是方法的具体功能。

（4）构造方法，类方法（用 static 修饰的方法）不能声明为抽象方法。

（5）抽象类的子类必须给出抽象类中抽象方法的具体实现，除非该子类也是抽象类。

8.1.3　抽象方法

Java 语言中的抽象方法是用关键字 abstract 修饰的方法，这种方法只声明返回的数据类型、方法名称和所需的参数，没有方法体，即抽象方法只需要声明而不需要实现。

1. 声明抽象方法

如果一个类包含抽象方法，那么该类必须是抽象类。任何子类必须重写父类的抽象方法，否则声明自身必须声明为抽象类。声明一个抽象类的语法格式如下：

```
abstract 返回类型 方法名([参数表]);
```

注意：抽象方法没有定义方法体，方法名后面直接跟一个分号，而不是花括号。

2. 抽象方法实现

继承抽象类的子类必须重写父类的抽象方法，否则，该子类也必须声明为抽象类。最终，必须有子类实现父类的抽象方法，否则，从最初的父类到最终的子类都不能用来实例化对象。下面通过一个示例介绍子类重写父类的抽象方法。

【例 8.3】定义课程类是一个抽象类，然后子类重写父类的抽象方法（源代码\ch08\8.3.txt）。

学校开设的课程有很多种，具体的课程有具体的课程时间和课程节数，以及对应的代课老师等，所以将课程类定义成抽象类，将通过开设的具体课程来实现对应的内容。

```
abstract class Course {                              //抽象类课程
    public abstract void courseName();               //抽象方法课程名称
    public abstract void courseLength();
}                                                    //抽象方法课时长度
class English extends Course {                       //子类继承抽象类
    @Override                                        //子类重写抽象方法
    public void courseName() {
        System.out.println("这是英语课！");
    }
    @Override                                        //子类重写抽象方法
    public void courseLength() {
        System.out.println("英语课课时长度是 52 节！");
    }
}
class Mathematics extends Course {                   //子类继承抽象类
    @Override                                        //子类重写抽象方法
    public void courseName() {
        System.out.println("这是数学课！");
    }
    @Override                                        //子类重写抽象方法
    public void courseLength() {
        System.out.println("数学课课时长度是 64 节！");
    }
}
public class Courses {
    public static void main(String[] args) {
        English eng = new English();                 //实体类的对象实例化
        eng.courseName();                            //实体类对象调用对应的抽象方法
        eng.courseLength();
        Mathematics math = new Mathematics();        //实体类的对象实例化
        math.courseName();                           //实体类对象调用对应的抽象方法
        math.courseLength();
    }
}
```

运行结果如图 8-3 所示。

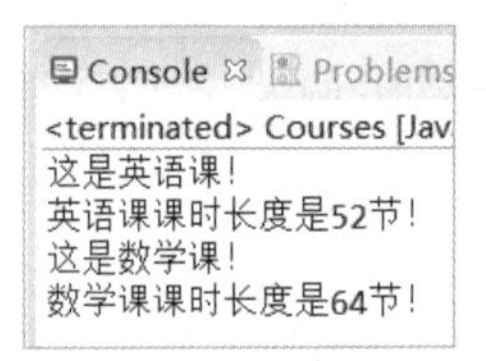

图 8-3　课程抽象类的运用

当子类继承抽象类时，系统会在子类名上提示错误，点击子类名会出现如图 8-4 所示内容，点击 Add unimpemented methods 来添加抽象父类的抽象方法。

图 8-4　子类添加抽象父类的抽象方法

8.2　接口概述

接口（interface）是 Java 所提供的另一种重要的技术，接口是一种特殊的类，它的结构和抽象类非常相似，可以认为是抽象类的一种变体。

8.2.1　接口声明

接口是比抽象类更高的抽象，它是一个完全抽象的类，即抽象方法的集合。接口使用 interface 关键字来声明，接口的声明语法格式如下：

```
[public] interface 接口名称 [extends 其他的类名]{
    [public][static][final] 数据类型 成员名称=常量值;
    [public][static][abstract] 返回值 抽象方法名(参数列表);
}
```

接口中的方法是不能在接口中实现的，只能由实现接口的类来实现接口中的方法。一个类可以通过 implements 关键字来实现。如果实现类，没有实现接口中的所有抽象方法，那么该类必须声明为抽象类。

例如，下面是接口声明的一个简单例子。代码如下：

```
public interface Shape {
    public double area();              //计算面积
    public double perimeter();         //计算周长
}
```

使用 interface 关键字声明了一个接口 Shape，并在接口内定义了两个抽象方法 area()和 perimeter()。接口有以下特性：

（1）接口中也有变量，但是接口会隐式地指定为 public static final 变量，并且只能是 public，用 private 修饰会报编译错误。

（2）接口中的抽象方法具有 public 和 abstract 修饰符，也只能是这些修饰符，其他修饰符都会报错。

（3）接口是通过类来实现的。

（4）一个类可以实现多个接口，多个接口之间使用逗号隔开。

（5）接口可以被继承，被继承的接口也必须是另一个接口。

8.2.2　实现接口

接口如果没有被类实现，那么没有任何作用，接口就是一个框架而已。当类实现接口时，类要实现接口中所有的方法。否则，类必须声明为抽象的类。类使用 implements 关键字实现接口。在类声明中，implements 关键字放在 class 声明后面。实现一个接口的语法格式如下：

```
class 类名称 implements 接口名称[,其他接口]{
    …
}
```

【例 8.4】学校对于来访人员吃住安排（源代码\ch08\8.4.txt）。

现在学校对于来访人员严格管理，对于学生和老师、家长都有不同的安排，通过来访者作为接口，并通过学生类、老师类和家长类实现接口方法。

```
interface Visitor {                        //访问者接口
    void eatting();                        //接口对应的方法吃饭
```

```
    void sleeping();                        //接口对应的方法睡觉
}

class Student implements Visitor {          //学生实体类实现来访者接口
    @Override
    public void eatting() {                 //学生类实现接口方法吃饭
        System.out.println("学生在学生 1 号食堂吃饭！");
    }

    @Override
    public void sleeping() {                //学生类实现接口方法睡觉
        System.out.println("学生在学生宿舍楼入住！");
    }
}

class Teacher implements Visitor {          //老师实体类实现来访者接口
    @Override
    public void eatting() {                 //老师类实现接口方法吃饭
        System.out.println("老师在教工餐厅就餐！");
    }

    @Override
    public void sleeping() {                //老师类实现接口方法睡觉
        System.out.println("老师在教工公寓入住！");
    }
}

class Parents implements Visitor {          //家长实体类实现来访者接口
    @Override
    public void eatting() {                 //家长类实现接口方法吃饭
        System.out.println("家长在招待所餐馆就餐！");
    }

    @Override
    public void sleeping() {                //老师类实现接口方法睡觉
        System.out.println("家长在招待所入住");
    }
}

public class SchoolVisitor {
    public static void main(String[] args) {
        Student stu = new Student();        //实体类对象实例化
        Teacher tea = new Teacher();
        Parents parent = new Parents();
        stu.eatting();                      //实体类对象调用对应方法
        stu.sleeping();
        tea.eatting();
        tea.sleeping();
        parent.eatting();
        parent.sleeping();
    }
}
```

运行结果如图 8-5 所示。

```
Console ⊠ Problems
<terminated> SchoolVisitor [
学生在学生1号食堂吃饭!
学生在学生宿舍楼入住!
老师在教工餐厅就餐!
老师在教工公寓入住!
家长在招待所餐馆就餐!
家长在招待所入住
```

图 8-5　不同人员安排结果

在实现接口时，也要注意一些规则：

（1）一个类可以同时实现多个接口。

（2）一个类只能继承一个类，但是能实现多个接口。

（3）一个接口能继承另一个接口，这和类之间的继承比较相似。

重写接口中声明的方法时，需要注意以下规则：

（1）类在实现接口的方法时，不能抛出强制性异常，只能在接口中，或者继承接口的抽象类中抛出该强制性异常。

（2）类在重写方法时要保持一致的方法名，并且应该保持相同或者相兼容的返回值类型。

（3）如果实现接口的类是抽象类，那么就没必要实现该接口的方法。

8.2.3　接口默认方法

Java 提供了接口默认方法，即允许接口中可以有实现方法，使用 default 关键字在接口修饰一个非抽象的方法，这个特征又叫扩展方法。例如：

```
public interface InterfaceNew {
    public double method(int a);
    public default void test() {
        System.out.println("java8 接口新特性");
    }
}
```

在上述代码中，定义了接口 InterfaceNew，除了声明抽象方法 method()外，还定义了使用 default 关键字修饰的实现方法 test()，实现 InterfaceNew 接口的子类只需实现一个 calculate 方法即可，test()方法在子类中可以直接使用。

8.2.4　接口与抽象类

接口的结构和抽象类非常相似，也具有数据成员与抽象方法，但它又与抽象类不同。下面详细介绍接口与抽象类的异同。

1. 接口与抽象类的相同点

接口与抽象类存在一些相同的特性，具体如下：

（1）都可以被继承。

（2）都不能被直接实例化。

（3）都可以包含抽象方法。

（4）派生类必须实现未实现的方法。

2. 接口与抽象类的不同点

接口与抽象类除了存在一些相同的特性外，还有一些不同之处，具体如下：

（1）接口支持多继承，抽象类不能实现多继承。

（2）一个类只能继承一个抽象类，而一个类却可以实现多个接口。

（3）接口中的成员变量只能是 public static final 类型，抽象类中的成员变量可以是各种类型。

（4）接口只能定义抽象方法；抽象类既可以定义抽象方法，也可以定义实现的方法。

（5）接口中不能含有静态代码块以及静态方法（用 static 修饰的方法）；抽象类中可以含有静态代码块和静态方法。

8.3 接口的高级应用

接口的高级应用包括接口的多态、适配接口、嵌套接口、接口回调等，下面分别进行介绍。

8.3.1 接口的多态

Java 中没有多继承，一个类只能有一个父类。而继承的表现就是多态，一个父类可以有多个子类，而在子类中可以重写父类的方法，这样每个子类中重写的代码不一样，自然表现形式就不一样。

用父类的变量去引用不同的子类，在调用这个相同的方法时得到的结果和表现形式就不一样了，这就是多态，调用相同的方法会有不同的结果。下面给出一个示例。

【例 8.5】接口的多态，基于实现接口的示例，输出图形的面积和周长（源代码\ch08\8.5.txt）。

```
public class ShapeTest {
    public static void main(String[] args) {
        Shape s1 = new Circle(10.0);                    //体现多态的地方
        System.out.println("圆形的面积是: "+s1.area());
        System.out.println("圆形的周长是: "+s1.perimeter());

        Shape s2 = new Rectangle(5.0, 10.0);            //体现多态的地方
        System.out.println("矩形的面积是: "+s2.area());
        System.out.println("矩形的周长是: "+s2.perimeter());
    }
}
```

运行结果如图 8-6 所示。

```
Problems @ Javadoc Declaration Console
<terminated> ShapeTest [Java Application] C:\Program Fi
圆形的面积是：314.1592653589793
圆形的周长是：62.83185307179586
矩形的面积是：50.0
矩形的周长是：30.0
```

图 8-6 接口的多态应用示例

在本示例中，Shape 是一个接口没有办法实例化对象，但可以用 Circle 类和 Rectangle 类来实例化对象，也就实现了接口的多态。实例化出来的对象 s1 和 s2 拥有同名的方法，但各自实现的功能却不一样。根据实现接口的类中重写的方法，实现了同一个方法计算不同图形的面积和周长。

8.3.2 适配接口

当我们实现一个接口时，必须实现该接口的所有方法，这样有时比较浪费，因为并不是所有的方法都是我们需要的，有时只需要使用其中的一些方法。为了解决这个问题，我们引入了接口的适

配器模式，借助于一个抽象类，该抽象类实现了该接口，实现了所有的方法，而我们不和原始的接口打交道，只和该抽象类取得联系。我们写一个类，继承该抽象类，重写我们需要的方法即可。

【例 8.6】适配接口（每个类均为单独的文件）（源代码\ch08\8.6.txt）。

```
public interface InterfaceAdpter { //定义接口
    public void email();
    public void sms();
}
public abstract class Wrapper implements InterfaceAdpter {
    //写个抽象类管理我们的接口
    public void email() {
    }

    public void sms() {
    }
    //方法体不需要具体实现,可以为空,具体类需要时可以重写该方法
}
public class S1 extends Wrapper {
    //继承抽象类,重写所需的方法,这里重写了 email()方法,没有重写 sms()方法
    public void email() {
        System.out.println("发电子邮件");
    }
}
public class Test {
    public static void main(String[] args) {
        S1 ss = new S1();
        ss.email();
    }
}
```

运行结果如图 8-7 所示。

```
Problems @ Javadoc Declaration Console
<terminated> Test [Java Application] C:\Program Files\Ja
发电子邮件
```

图 8-7　适配接口应用示例

在本示例中，首先定义了一个接口 InterfaceAdpter，并定义了两个抽象方法 email()和 sms()。然后定义了一个抽象类 Wrapper，并实现了两个抽象方法，但方法体内为空。定义了一个类 S1，重写了 email()方法。这样写的好处是，定义类时不需要直接实现接口 InterfaceAdpter，并实现定义的两个方法，而只需要实现并重写 email()方法即可。

8.3.3　嵌套接口

在 Java 语言中，接口可以嵌套在类或其他接口中。由于 Java 中 interface 内是不可以嵌套 class 的，所以接口的嵌套有两种方式：class 内嵌套 interface 和 interface 内嵌套 interface。

1. class 内嵌套 interface

这时接口可以是 public，private 和 package。重点在 private 上，被定义为私有的接口只能在接口所在的类被实现。可以被实现为 public 的类也可以被实现为 private 的类。当被实现为 public 时，只能被自身所在的类内部使用，只能够实现接口中的方法，在外部不能像正常类那样上传为接口类型。

2. interface 内嵌套 interface

由于接口的元素必须是public，所以被嵌套的接口自动就是public，而不能定义成private。在实现这种嵌套时，不必实现被嵌套的接口。

【例8.7】嵌套接口举例（每个类均为单独的文件）（源代码\ch08\8.7.txt）。

```
class A {
    private interface D {
        void f();
    }

    private class DImp implements D {
        public void f() {
        }
    }

    public class DImp2 implements D {
        public void f() {
        }
    }

    public D getD() {
        return new DImp2();
    }

    private D dRef;

    public void receiveD(D d) {
        dRef = d;
        dRef.f();
    }
}

public class NestingInterfaces {
    public static void main(String[] args) {
        A a = new A();
        //The type A.D is not visible
        //D是A的私有接口,不能在外部被访问
        //! A.D ad = a.getD();
        //Cannot convert from A.D to A.DImp2
        //不能从A.D转型成A.DImpl2
        //! A.DImp2 di2 = a.getD();
        //The type A.D is not visible
        //D是A的私有接口,不能在外部被访问,更不能调用其方法
        //! a.getD().f();
        A a2 = new A();
        a2.receiveD(a.getD());
    }
}
```

本示例中，其中语句A.D ad = a.getD()和a.getD().f()的编译错误是因为D是A的私有接口，不能在外部被访问。语句A.DImp2 di2 = a.getD()的错误是因为getD()方法的返回类型为D，不能自动向下转型为DImp2类型。

8.3.4 接口回调

接口回调是指，可以把使用某一接口的类创建的对象的引用赋给该接口声明的接口变量，那么该接口变量就可以调用被类实现的接口的方法。实际上，当接口变量调用被类实现的接口中的方法时，就是

通知相应的对象调用接口的方法，这一过程称为对象功能的接口回调。看下面示例：

【例 8.8】接口回调，基于实现接口的例子，输出图形的面积与周长（每个类均为单独的文件）（源代码\ch08\8.8.txt）。

```
public interface Shape {
    public double area();                            //计算面积
    public double perimeter();                       //计算周长
}
public class Circle implements Shape {               //Circle 类实现 Shape 接口
    double radius;                                   //半径
    public Circle(double radius) {                   //定义 Circle 类的构造方法
        this.radius = radius;
    }
    public double area() {                           //重写实现接口定义的抽象方法
        return Math.PI*radius*radius;
    }
    public double perimeter() {
        return 2*Math.PI*radius;
    }
}
public class Rectangle implements Shape {            //Rectangle 类实现 Shape 接口

    double a;                                        //长或宽
    double b;                                        //长或宽
    public Rectangle(double a, double b) {           //定义 Circle 类的构造方法
        this.a = a;
        this.b = b;
    }
    public double area() {                           //重写实现接口定义的抽象方法
        return a*b;
    }
    public double perimeter() {
        return 2*(a+b);
    }
}

public class Show {                                  //定义一个类用于实现显示功能
    public void print(Shape s)                       //定义一个方法,参数为接口类型
    {
        System.out.println("周长: "+s.perimeter());
        System.out.println("面积: "+s.area());
    }
}

public class Test {                                  //测试类
    public static void main(String[] args) {
        Show s1 = new Show();
        s1.print(new Rectangle(5.0,10.0));
        //接口回调,将 Shape e 替换成 new Rechtangle(5.0,10.0)
        s1.print(new Circle(10.0));
        //接口回调,将 Shape e 替换成 new Circle(10.0)
        //使用接口回调的最大好处是,
        //可以灵活地将接口类型参数替换为需要的具体类,
    }
}
```

运行结果如图 8-8 所示。

```
Problems  Javadoc  Declaration  Console
<terminated> ShapeTest [Java Application] C:\Program Fi
圆形的面积是：314.1592653589793
圆形的周长是：62.83185307179586
矩形的面积是：50.0
矩形的周长是：30.0
```

图 8-8　接口回调应用示例

本示例中定义一个类 Show，其中定义一个方法 print()，将 Shape 类型的变量作为参数，在测试时，实例化 Show，并调用 print()方法，并将 new Rectangle()和 new Circle()作为实际参数，因此会调用不同的方法，结果显示不同图形的面积和周长。

8.4　新手疑难问题解答

问题 1：抽象类（abstract class）和接口（interface）有什么异同？

解答：抽象类和接口都不能够实例化，但可以定义抽象类和接口类型的引用。一个类如果继承了某个抽象类或者实现了某个接口，都需要对其中的抽象方法全部进行实现，否则该类仍然需要被声明为抽象类。接口比抽象类更加抽象，因为抽象类中可以定义构造器，可以有抽象方法和具体方法，而接口中不能定义构造方法而且其中的方法全部都是抽象方法。

问题 2：Comparable 接口有什么作用？

解答：当需要排序的集合或数组不是单纯的数字类型时，通常使用 Comparable 接口以简单的方式实现对象排序或自定义排序。这是因为 Comparable 接口内部有一个要重写的关键的方法即 compareTo()，用于比较两个对象的大小，这个方法返回一个整型数值。

8.5　实战训练

实战 1：输出学生与老师之间的问候语。

编写程序，首先定义一个抽象类 Person 和一个抽象方法 call()，然后定义两个类 Teacher 和 Student，分别继承抽象类 Person，并分别实现了方法 call()；定义类 Lesson 和方法 lessonBegin()，使用 Person 类型的变量作为参数，在测试时，实例化 Lesson，并使用 new Teacher()和 new Student()作为实际参数。最后老师会说同学们好，学生说老师好。运行结果如图 8-9 所示。

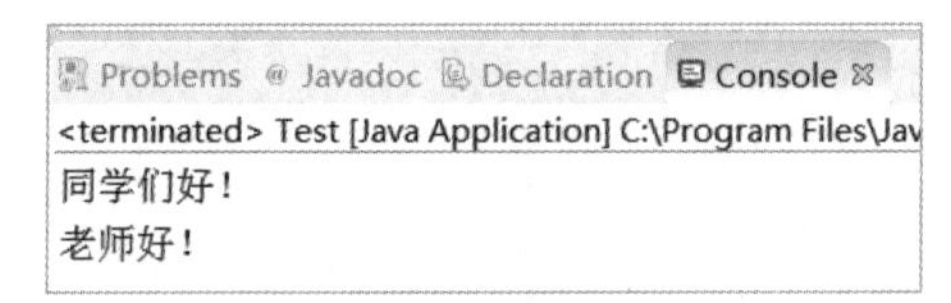

图 8-9　抽象类的实际应用

实战 2：USB 接口模拟。

编写程序，首先定义 USB 接口和两个抽象方法 start()和 stop()，然后定义两个类 Mouse 和 Keyboard，分别实现模拟 USB 接口。运行结果如图 8-10 所示。

实战 3：厨房那么多刀各有各的用法。

编写程序，实现接口的多态性。例如厨房有菜刀、肉刀、水果刀、切瓜刀等，各有各的作用，也由不同材质做成，选择一种刀类实现总刀接口和材质接口的使用方法和材质说明方法，运行结果如图 8-11 所示，这里 FruitKnife 类同时实现了两个接口的方法。

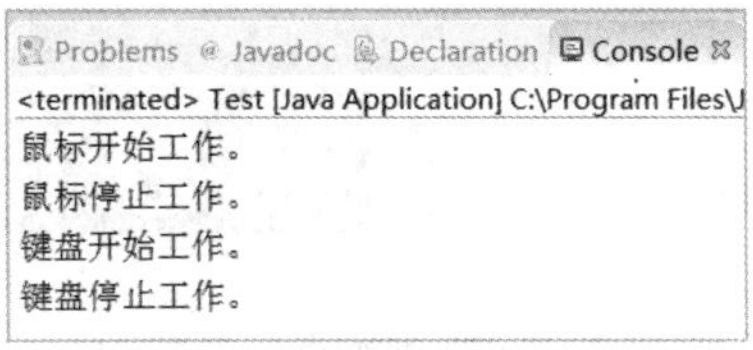

```
Problems  @ Javadoc  Declaration  Console
<terminated> Test [Java Application] C:\Program Files\J
鼠标开始工作。
鼠标停止工作。
键盘开始工作。
键盘停止工作。
```

图 8-10　接口的实际应用

```
Console  Problems  Debug Shell
<terminated> UseKnife [Java Application] E:\2020C
水果刀材质可以是陶瓷的也可以是不锈钢的
水果刀是用来切小型水果的！
```

图 8-11　水果刀类实现多个接口实例结果

第 9 章

程序的异常处理

在编程的过程中，经常会出现各种问题，Java 语言作为一种非常热门的面向对象语言，提供了强大的异常处理机制，Java 把所有的异常都封装到一个类中，在程序出现错误时，及时抛出异常。本章介绍 Java 程序的异常处理。

9.1 认识异常

在程序开发过程中，程序员会尽量避免错误的发生，但是总会发生一些不可预期的事情。例如，除法运算时被除数为 0、内存不足、栈溢出等。Java 语言提供了异常处理机制，处理这些不可预期的事情，这就是 Java 的异常。

9.1.1 异常的概念

异常也称为例外，是在程序运行过程中发生的、会打断程序正常执行的事件。下面是几种常见的异常：

（1）算术异常（ArithmeticException）。

（2）没有给对象开辟内存空间时会出现空指针异常（NullPointerException）。

（3）找不到文件异常（FileNotFoundException）。

所以在程序设计时，必须考虑到可能发生的异常事件，并做出相应的处理，这样才能保证程序可以正常运行。

Java 的异常处理机制也秉承着面向对象的基本思想，在 Java 中，所有的异常都是以类的类型存在。除了内置的异常类之外，Java 也可以自定义异常类。此外，Java 的异常处理机制也允许自定义抛出异常。

9.1.2 异常的分类

在 Java 中，所有的异常均当作对象来处理，即当发生异常时产生了异常对象。java.lang. Throwable 类是 Java 中所有错误类或异常类的根类，两个重要子类是 Error 类和 Exception 类。

1. Error 类

java.lang.Error 类是程序无法处理的错误，表示应用程序运行时出现的重大错误。例如 jvm 运行时出现的 OutOfMemoryError 以及 Socket 编程时出现的端口占用等程序无法处理的错误，这些错误都需交由系统进行处理。

2. Exception 类

java.lang.Exception 类是程序本身可以处理的异常，可分为运行时异常与编译异常。

运行时异常：是指 RuntimeException 及其之类的异常。这类异常在代码编写时不会被编译器所检测出来，是可以不需要被捕获，但是程序员也可以根据需要进行捕获抛出。常见的 RuntimeException 有 NullPointerException（空指针异常）、ClassCastException（类型转换异常）和 IndexOutOfBoundsException（数组越界异常）等。

编译异常：是指 RuntimeException 以外的异常。这类异常在编译时编译器会提示需要捕获，如果不进行捕获则编译错误。常见编译异常有 IOException（流传输异常）和 SQLException（数据库操作异常）等。

如图 9-1 所示，可以看出所有的异常与错误都继承于 Throwable 类，也就是说所有的异常都是一个对象。

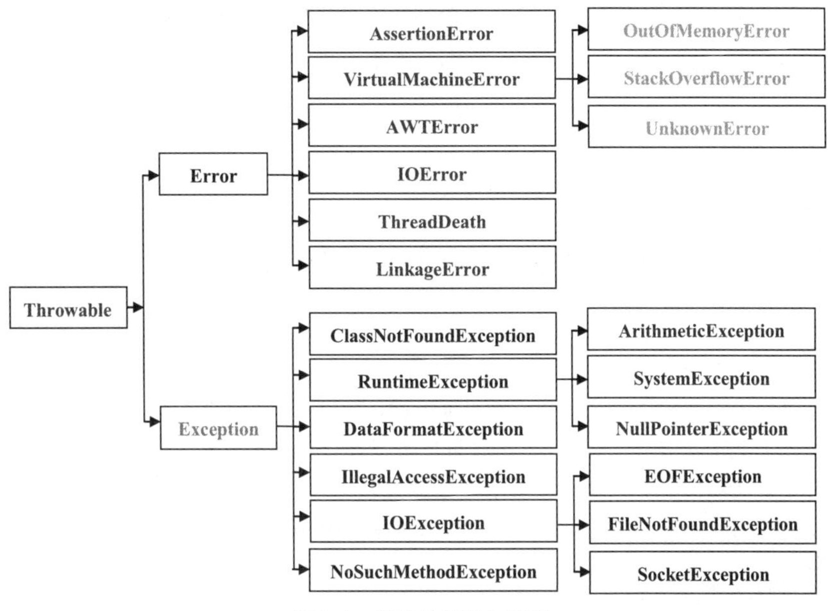

图 9-1　所有的异常与错误

9.1.3　常见的异常

Java 在编译的过程中，会出现多种多样的异常，下面介绍几种常见的异常。

（1）ArithmeticExecption 异常

数学运算异常。例如程序中出现了除数为 0 的运算，就会抛出该异常。

（2）NullPointerException 异常

空指针异常。例如当应用试图在要求使用对象的位置使用了 null 时，就会抛出该异常。

（3）NegativeArraySizeException 异常

数组大小为负值异常。例如当使用负数大小值创建数组时，就会抛出该异常。

（4）ArrayIndexOutOfBoundsException 异常

数组下标越界异常。例如当访问某个序列的索引值小于 0、大于或等于序列大小，就会抛出该异常。

（5）NumberFormatException 异常

数字格式异常。当试图将一个 String 转换为指定的数字类型，而该字符串却不满足数字类型要求的格式时，就会抛出该异常。

（6）InputMismatchException 异常

输入类型不匹配异常。它由 Scanner 抛出，当读取的数据类型与期望类型不匹配，就会抛出该异常。

9.2 异常的处理

异常是程序中的一些错误，但并不是所有的错误都是异常，并且错误有时是可以避免的。例如，你的代码少了一个分号，那么运行结果提示是错误 java.lang.Error。本节介绍异常的处理。

9.2.1 异常处理流程

Java 中异常处理的流程如下：

（1）如果在程序之中发生了异常，那么此时会由 JVM 根据出现的异常类型自动实例化一个指定的异常类型实例化对象；

（2）此时的程序会判断是否存在异常处理操作，如果不存在则采用 JVM 默认的异常处理方式，打印异常信息，同时结束程序的执行；

（3）如果此时程序中存在了异常处理操作，则会由 try 语句捕获此异常类的对象；

（4）当捕获完异常类对象之后，会与指定的 catch 语句中的异常类型进行匹配，如果匹配成功则使用指定的 catch 进行异常的处理，如果匹配不成功则继续交给 JVM 采用默认的处理方式，但是在此时交给 JVM 处理之前，会首先判断是否存在 finally 代码。如果存在此代码则执行完 finally 之后再交给 JVM 进行处理；如果此时已经处理了，则继续向后执行 finally 代码；

（5）执行完 finally 程序之后，如果后续还有其他程序代码，则继续向后执行。

9.2.2 异常处理机制

为了保证程序出现异常之后仍然可以正确完结，那么用户可以在开发之中使用如下的结构来进行异常的处理。

```
try {
    有可能出现异常的程序块;
} [catch (异常类 对象) {
    异常处理操作;
} catch (异常类 对象) {
    异常处理操作;
} … ] [finally {
    不管是否出现异常,此程序块都要被执行;
}]
```

在以上的异常处理格式之中可以分为三类：try…catch、try…catch…finally 和 try…finally。

【例 9.1】在程序中加入异常处理操作，保证程序正常运行（源代码\ch09\9.1.txt）。

```
public class Test {
    public static void main(String args[]) {
        System.out.println("** A、计算开始之前.") ;
        try {
```

```
            int result = 10 / 0 ;    //除法计算,有异常  → 此代码之后的部分不执行
            System.out.println("** B、除法计算结果: " + result) ;
        } catch (ArithmeticException e) {
            System.out.println(e) ;
        }
        System.out.println("** C、计算结束之后.") ;
    }
}
```

运行结果如图 9-2 所示。

```
Console ⊠  Problems  @ Javadoc  Declaration
<terminated> Test [Java Application] C:\Users\Administrator\Downloads\eclipse-java-
** A、计算开始之前。
java.lang.ArithmeticException: / by zero
** C、计算结束之后。
```

图 9-2　加入异常处理操作

此时的程序依然会发生异常，但是至少从操作结果来看，程序的确是正常结束了。而且可以发现，在 try 语句中出现了异常之后，异常语句之后的代码将不再执行，而是跳到了 catch 上执行处理，从而保证程序即使出现了异常之后也可以正常执行完毕。

但是在此处还有一个小的问题，观察现在的异常处理结果（catch 语句），在本程序之中 catch 语句中直接输出的是一个异常类对象，对象的信息是 java.lang.ArithmeticException: / by zero。这时所输出的异常信息并不完整，所以为了得到完整的异常信息，往往会调用异常类中所提供的一个方法 printStackTrace()。

【例 9.2】使用 printStackTrace()方法得到完整的错误信息（源代码\ch09\9.2.txt）。

```
public class Test {
    public static void main(String args[]) {
        System.out.println("** A、计算开始之前.") ;
        try {
            int result = 10 / 0 ;    //除法计算,有异常
            System.out.println("** B、除法计算结果: " + result) ;
        } catch (ArithmeticException e) {
            e.printStackTrace() ;
        }
        System.out.println("** C、计算结束之后.") ;
    }
}
```

运行结果如图 9-3 所示。

除了使用 try…catch 处理异常外，还可以使用 try…catch…finally 处理异常。

【例 9.3】使用 try…catch…finally 进行异常处理（源代码\ch09\9.3.txt）。

```
public class Test {
    public static void main(String args[]) {
        System.out.println("** A、计算开始之前.") ;
        try {
            int result = 10 / 2 ;    //除法计算,有异常
            System.out.println("** B、除法计算结果: " + result) ;
        } catch (ArithmeticException e) {
            e.printStackTrace() ;
        } finally {
            System.out.println("*** 不管是否出错,都执行! ! ! ") ;
        }
        System.out.println("** C、计算结束之后.") ;
    }
}
```

运行结果如图 9-4 所示。这里就完成了程序的异常处理。

```
Console ⊠ Problems @ Javadoc Declaration
<terminated> Test [Java Application] C:\Users\Administrator\Downloads\eclipse-java-2020
** A、计算开始之前。
java.lang.ArithmeticException: / by zero
        at myPackage.Test.main(Test.java:6)
** C、计算结束之后。
```

图 9-3 得到完整错误信息

```
Console ⊠ Problems @ Javadoc Declaration
<terminated> Test [Java Application] C:\Users\Administrator\
** A、计算开始之前。
** B、除法计算结果：5
*** 不管是否出错，都执行！！！
** C、计算结束之后。
```

图 9-4 使用 try…catch…finally 处理异常

另外，在一个 try 语句之后还可以跟上多个异常处理语句，这里由用户通过初始化参数传递两个计算的数字，而后进行除法计算。如果要想通过初始化参数传递，而所有的参数类型都是 String，这时就需要将其变为基本数据类型 int，这里可以利用包装类 Integer 下的 parseInt()方法来完成。

【例 9.4】通过初始化参数传递来操作数字（源代码\ch09\9.4.txt）。

```
public class Test {
    public static void main(String args[]) {
        System.out.println("** A、计算开始之前.") ;
        try {
            int x = Integer.parseInt(args[0]) ;
            int y = Integer.parseInt(args[1]) ;
            int result = x / y ;    //除法计算,有异常
            System.out.println("** B、除法计算结果: " + result) ;
        } catch (ArithmeticException e) {
            e.printStackTrace() ;
        } finally {
            System.out.println("*** 不管是否出错,都执行！！！") ;
        }
        System.out.println("** C、计算结束之后.") ;
    }
}
```

运行结果如图 9-5 所示。

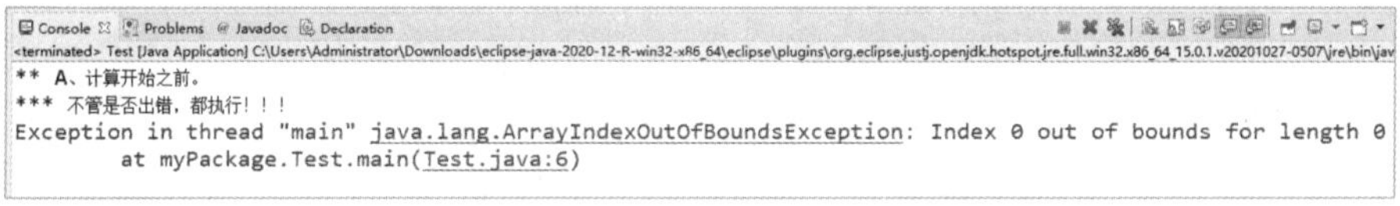

```
Console ⊠ Problems @ Javadoc Declaration
<terminated> Test [Java Application] C:\Users\Administrator\Downloads\eclipse-java-2020-12-R-win32-x86_64\eclipse\plugins\org.eclipse.justj.openjdk.hotspot.jre.full.win32.x86_64_15.0.1.v20201027-0507\jre\bin\jav
** A、计算开始之前。
*** 不管是否出错，都执行！！！
Exception in thread "main" java.lang.ArrayIndexOutOfBoundsException: Index 0 out of bounds for length 0
        at myPackage.Test.main(Test.java:6)
```

图 9-5 异常提示信息

针对本程序有可能会出现以下几种问题：

（1）执行程序时没有输入参数（java Test）：ArrayIndexOutOfBoundsException，未处理；

（2）输入的参数类型不是数字（java Test a b）：NumberFormatException，未处理；

（3）输入参数的被除数是 0（java Test 10 0）：ArithmeticException，已处理。

从例 9.4 的运行结果可以看到，catch 只能够捕获一种类型的异常，如果有多种异常，并且有的异常没有被捕获，程序依然会中断执行，这里就需要使用多个 catch 捕获异常。

【例 9.5】使用多个 catch 捕获异常（源代码\ch09\9.5.txt）。

```
public class Test {
    public static void main(String args[]) {
        System.out.println("** A、计算开始之前.") ;
        try {
            int x = Integer.parseInt(args[0]) ;
            int y = Integer.parseInt(args[1]) ;
            int result = x / y ;    //除法计算,有异常
            System.out.println("** B、除法计算结果: " + result) ;
        } catch (ArithmeticException e) {
```

```
            e.printStackTrace() ;
        } catch (ArrayIndexOutOfBoundsException e) {
            e.printStackTrace() ;
        } catch (NumberFormatException e) {
            e.printStackTrace() ;
        } finally {
            System.out.println("*** 不管是否出错,都执行！！！") ;
        }
        System.out.println("** C、计算结束之后.") ;
    }
}
```

此时的程序使用了多个 catch，所以可以捕获多种异常，运行结果如图 9-6 所示。

```
Console ⨯  Problems  Javadoc  Declaration
<terminated> Test [Java Application] C:\Users\Administrator\Downloads\eclipse-java-2020-12-R-win32-x86_64\eclipse\plugins\org.eclipse.justj.openjdk.hotspo
** A、计算开始之前。
java.lang.ArrayIndexOutOfBoundsException: Index 0 out of bounds for length 0
	at myPackage.Test.main(Test.java:6)
*** 不管是否出错，都执行！！！
** C、计算结束之后。
```

图 9-6　捕获多种异常

9.2.3　捕获处理异常

如果要想解释 Java 中的异常处理机制到底有什么好处，必须首先清楚异常类的继承结构，以及异常的处理流程，那么下面观察两个类的继承关系，如表 9-1 所示。

表 9-1　两个类的继承关系

ArithmeticException：	ArrayIndexOutOfBoundsException：
java.lang.Object |- java.lang.Throwable |- java.lang.Exception |- java.lang.RuntimeException |- java.lang.ArithmeticException	java.lang.Object |- java.lang.Throwable |- java.lang.Exception |- java.lang.RuntimeException |- java.lang.IndexOutOfBoundsException |- java.lang.ArrayIndexOutOfBoundsException

现在发现两个异常类实际上都有一个公共的父类：Throwable，那么打开 Throwable 类之后发现在这个类中有两个子类：Error 和 Exception，那么这两个子类的区别如下：

- Error：指的是 JVM 出错，此时的程序无法运行，用户无法处理；
- Exception：程序中所有出现异常的位置全都是 Exception 的子类，程序出现的错误用户可以进行处理。

在日后进行异常处理的操作中，肯定都要针对 Exception 进行处理，而 Error 根本就不需要用户去关心。所以通过以上的继承关系，所有程序中出现的异常类型全都是 Exception 的子类，那么如果按照对象的向上转型关系来理解，就表示所有的异常都可以通过 Exception 处理。

【例 9.6】使用 Exception 类处理异常（源代码\ch09\9.6.txt）。

```
public class Test {
    public static void main(String args[]) {
        System.out.println("** A、计算开始之前.") ;
        try {
            int x = Integer.parseInt(args[0]) ;
            int y = Integer.parseInt(args[1]) ;
            int result = x / y ;    //除法计算,有异常
            System.out.println("** B、除法计算结果: " + result) ;
```

```
        } catch (Exception e) {
            e.printStackTrace() ;
        } finally {
            System.out.println("*** 不管是否出错,都执行！！！") ;
        }
        System.out.println("** C、计算结束之后.") ;
    }
}
```

此时程序产生的所有异常都可以通过 Exception 类进行处理，尤其是如果不能确定会发生什么异常时，更加适合使用这种方式来处理，运行结果如图 9-7 所示。

```
Console ⊠  Problems  @ Javadoc  Declaration
<terminated> Test [Java Application] C:\Users\Administrator\Downloads\eclipse-java-2020-12-R-win32-x86_64\eclipse\plugins\org.eclipse.justj.openjdk.hotsp
** A、计算开始之前。
java.lang.ArrayIndexOutOfBoundsException: Index 0 out of bounds for length 0
	at myPackage.Test.main(Test.java:6)
*** 不管是否出错，都执行！！！
** C、计算结束之后。
```

图 9-7 使用 Exception 类处理异常

9.2.4 使用 throws 抛出异常

所谓的 throws 关键字指的是在方法声明时使用，表示此方法中不处理异常，一旦产生异常之后将交给方法的调用处进行处理，语法格式如下：

```
访问权限修饰符 返回值类型 方法名(参数列表) throws 异常类型名列表{
    方法体
    return 返回值;
}
```

这样该方法中的异常传给调用者，为此调用者必须用 try-catch 机制进行捕获，或者通过 throws 来传给更上一层的调用者。

【例 9.7】使用 throws 关键字处理异常（源代码\ch09\9.7.txt）。

```
class MyMath {    //定义一个简单的数学类
    public static int div(int x,int y) throws Exception {
        return x / y ;
    }
}
public class Test {
    public static void main(String args[]) {
        try {
            System.out.println(MyMath.div(10,0)) ;
        } catch (Exception e) {
            e.printStackTrace() ;
        }
    }
}
```

运行结果如图 9-8 所示。

```
Console ⊠  Problems  @ Javadoc  Declaration
<terminated> Test [Java Application] C:\Users\Administrator\Downloads\eclipse-java-2020-
java.lang.ArithmeticException: / by zero
	at myPackage.MyMath.div(Test.java:4)
	at myPackage.Test.main(Test.java:10)
```

图 9-8 使用 throws 关键字处理异常

☆大牛提醒☆

当使用 throws 关键字定义一个方法后，调用此方法时，不管是否会产生异常，都应该采用异常处理格式进行处理，以保证程序的稳定性。

另外，main()方法本身也是一个方法，因此，可以在 main()方法上使用 throws 关键字。如果在 main()方法上继续使用 throws，则表示将异常交给 JVM 进行处理了。

【例 9.8】在 main()方法上使用 throws 关键字（源代码\ch09\9.8.txt）。

```
class MyMath {    //定义一个简单的数学类
    public static int div(int x,int y) throws Exception {
        return x / y ;
    }
}
public class Test {
    public static void main(String args[]) throws Exception {
        System.out.println(MyMath.div(10,0)) ;
    }
}
```

运行结果如图 9-9 所示。

```
Console ☒  Problems  @ Javadoc  Declaration
<terminated> Test [Java Application] C:\Users\Administrator\Downloads\eclipse-java-2020-12-R-win32-x86_64\eclipse\plugins\org.eclipse.ju
Exception in thread "main" java.lang.ArithmeticException: / by zero
        at myPackage.MyMath.div(Test.java:4)
        at myPackage.Test.main(Test.java:9)
```

图 9-9　在 main()方法上使用 throws 关键字

目前所有异常类对象全都是由 JVM 自动实例化的，但是很多时候，用户希望自己手工进行异常类对象的实例化操作，自己手工抛出异常，此时就必须依靠 throw 关键字。

【例 9.9】使用 throw 关键字抛出异常（源代码\ch09\9.9.txt）。

```
public class Test {
    public static void main(String args[]) {
        try {
            throw new Exception("自己抛着玩的异常.");
        } catch (Exception e) {
            e.printStackTrace() ;
        }
    }
}
```

运行结果如图 9-10 所示。

```
Console ☒  Problems  @ Javadoc  Declaration
<terminated> Test [Java Application] C:\Users\Administrator\Downloads\eclipse-java-2020
java.lang.Exception: 自己抛着玩的异常。
        at myPackage.Test.main(Test.java:5)
```

图 9-10　使用 throw 关键字抛出异常

9.2.5　Finally 和 return

在程序开发中应该尽可能避免出现异常，如果想要更好地理解 throws 关键字，必须要结合之前的 finally 关键字一起使用。finally 有什么作用？throws 又在异常处理过程中起到什么作用？为了更清楚这两个概念的使用，下面通过一个简单的例子来展示这两者的使用。

开发要求：定义一个除法计算的操作方法，那么在此方法之中有如下的要求：

- 在执行计算操作之前首先输出一行提示信息，告诉用户计算开始；
- 在执行计算操作完成之后输出一行结束信息，告诉用户计算操作完成；
- 计算的结果要返回给客户端输出，如果出现了异常也应该交给被调用处处理。

【例 9.10】正确编写程序，考虑没有异常的情况（源代码\ch09\9.10.txt）。

```
class MyMath{                                                          //定义一个简单的数学类
    public static int div(int x,int y) throws Exception {              //交给被调用处处理
        System.out.println("*** A、除法计算开始.") ;
        int temp = 0 ;                                                 //保存计算结果
        temp = x / y ;
        System.out.println("*** B、除法计算结束.") ;
        return temp ;
    }
}
public class Test {
    public static void main(String args[]) {
        try {
            System.out.println("计算结果: " + MyMath.div(10,2)) ;
        } catch (Exception e) {
            e.printStackTrace() ;
        }
    }
}
```

运行结果如图 9-11 所示，此时的程序没有任何的异常，所以所有的提示信息都非常完整。

```
Console ✕  Problems  @ Javadoc
<terminated> Test [Java Application] C:\User
*** A、除法计算开始。
*** B、除法计算结束。
计算结果：5
```

图 9-11 没有异常产生

【例 9.11】编写程序，要求程序中有异常产生（源代码\ch09\9.11.txt）。

```
class MyMath {                  //定义一个简单的数学类
    public static int div(int x,int y) throws Exception {    //交给被调用处处理
        System.out.println("*** A、除法计算开始.") ;
        int temp = 0 ;          //保存计算结果
        temp = x / y ;          // 此处产生异常之后以下的代码将不再执行,操作返回给被调用处
        System.out.println("*** B、除法计算结束.") ;
        return temp ;
    }
}
public class Test {
    public static void main(String args[]) {
        try {
            System.out.println("计算结果: " + MyMath.div(10,0)) ;
        } catch (Exception e) {
            e.printStackTrace() ;
        }
    }
}
```

运行结果如图 9-12 所示。

```
Console ⊠  Problems  @ Javadoc  Declaration
<terminated> Test [Java Application] C:\Users\Administrator\Downloads\eclipse-java-2020-
*** A、除法计算开始。
java.lang.ArithmeticException: / by zero
	at myPackage.MyMath.div(Test.java:6)
	at myPackage.Test.main(Test.java:14)
```

图 9-12　有异常产生

【例 9.12】继续修改代码，使用 throws 关键字抛出异常（源代码\ch09\9.12.txt）。

```
class MyMath {                //定义一个简单的数学类
    public static int div(int x,int y) throws Exception {    //交给被调用处处理
        System.out.println("*** A、除法计算开始.") ;
        int temp = 0 ;        //保存计算结果
        try {
            temp = x / y ;
        } catch (Exception e) {
            throw e ;         //抛出一个异常对象,顺着 throws 就出去
        } finally {           //不管是否有异常,都执行此代码
            System.out.println("*** B、除法计算结束.") ;
        }
        return temp ;
    }
}
public class Test {
    public static void main(String args[]) {
        try {
            System.out.println("计算结果: " + MyMath.div(10,0)) ;
        } catch (Exception e) {
            e.printStackTrace() ;
        }
    }
}
```

运行结果如图 9-13 所示。在本程序的 div()方法之中，使用 try 捕获的异常交给 catch 处理时使用了一个 throws 关键字继续抛出，但是由于存在 finally 程序，所以最终的提示信息一定会进行输出。

```
Console ⊠  Problems  @ Javadoc  Declaration
<terminated> Test [Java Application] C:\Users\Administrator\Downloads\eclipse-java-2020-
*** A、除法计算开始。
*** B、除法计算结束。
java.lang.ArithmeticException: / by zero
	at myPackage.MyMath.div(Test.java:7)
	at myPackage.Test.main(Test.java:19)
```

图 9-13　使用 throws 关键字抛出异常

当然，对于以上的代码结构也可以更换另外一种方式实现：try…finally 完成。

【例 9.13】使用 try…finally 实现异常处理（源代码\ch09\9.13.txt）。

```
class MyMath {                //定义一个简单的数学类
    public static int div(int x,int y) throws Exception {    //交给被调用处处理
        System.out.println("*** A、除法计算开始.") ;
        int temp = 0 ;        //保存计算结果
        try {
            temp = x / y ;
        } finally {           //不管是否有异常,都执行此代码
            System.out.println("*** B、除法计算结束.") ;
        }
        return temp ;
    }
```

```
}
public class Test {
    public static void main(String args[]) {
        try {
            System.out.println("计算结果: " + MyMath.div(10,0)) ;
        } catch (Exception e) {
            e.printStackTrace() ;
        }
    }
}
```

运行结果如图 9-14 所示。

```
Console ☒  Problems  @ Javadoc  Declaration
<terminated> Test [Java Application] C:\Users\Administrator\Downloads\eclipse-java-2020-12
*** A、除法计算开始。
*** B、除法计算结束。
java.lang.ArithmeticException: / by zero
        at myPackage.MyMath.div(Test.java:7)
        at myPackage.Test.main(Test.java:17)
```

图 9-14　使用 try…finally 实现异常处理

9.3　自定义异常

为了处理各种异常，Java 可通过继承的方式编写自己的异常类。因为所有可处理的异常类均继承自 Exception 类，所以自定义异常类也必须继承这个类。自定义异常类的语法格式如下：

```
class 异常名称 extends Exception
{
    …
}
```

读者可以在自定义异常类里编写方法来处理相关的事件，甚至不编写任何语句也可以正常地工作，这是因为父类 Exception 已提供相当丰富的方法，通过继承，子类均可使用它们。

下面用一个示例来说明如何自定义异常类，以及如何使用它们。

【例 9.14】 自定义异常类（源代码\ch09\9.14.txt）。

```
class DefaultException extends Exception
{
    public DefaultException(String msg)
    {
        //调用 Exception 类的构造方法,存入异常信息
        super(msg) ;
    }
}
public class TestException_6
{
   public static void main(String[] args)
   {
      try
      {
         //在这里用 throw 直接抛出一个 DefaultException 类的实例对象
         throw new DefaultException("自定义异常! ") ;
      }
      catch(Exception e)
      {
```

```
            System.out.println(e) ;
        }
    }
}
```

运行结果如图 9-15 所示。

```
Console ☒  Problems  @ Javadoc  Declaration
<terminated> TestException_6 [Java Application] C:\Users\Administrator\
myPackage.DefaultException: 自定义异常!
```

图 9-15　自定义异常类

第 1～8 行声明了一个 DefaultException 类，此类继承自 Exception 类，所以此类为自定义异常类。

第 6 行调用 super 关键字，调用父类（Exception）的有一个参数的构造方法，传入的为异常信息。Exception 构造方法如下。

```
public Exception(String message)
```

第 16 行用 throw 抛出一个 DefaultException 异常类的实例化对象。在 JDK 中提供的大量 API 方法中含有大量的异常类，但这些类在实际开发中往往并不能完全满足设计者对程序异常处理的需要，在这时就需要用户自己去定义所需的异常类，用一个类清楚地写出所需要处理的异常。

9.4　新手疑难问题解答

问题 1：throw 关键字和 throws 关键字的区别？

解答：throw 指的是人为抛出一个异常类对象；throws 在方法声明上使用，表示此方法产生的异常将交给被调用处处理。throws 出现在方法函数头；而 throw 出现在函数体。throws 表示出现异常的一种可能性，并不一定会发生这些异常；throw 则是抛出了异常，执行 throw 则一定抛出了某种异常。两者都是消极处理异常的方式（这里的消极并不是说这种方式不好），只是抛出或者可能抛出异常，但是不会由函数去处理异常，而是由函数的上层调用处理异常。

问题 2：catch 代码块中的代码可以省略吗？

解答：有时为了编程简单会忽略 catch 代码块中的代码，这样 try…catch 语句就成了一种摆设，一旦程序在运行过程中出现了异常，将很难被找到。因此，要养成良好的编程习惯，即在 catch 代码块中写入处理异常的代码。

9.5　实战训练

实例 1：访问数组非法空间。

编写程序，对数组进行循环赋值和读数据操作，一般情况下，我们会将变量控制在数组长度范围内，现在试一下，访问比数组长度更大的索引范围时，会出现什么异常，程序运行结果如图 9-16 所示。

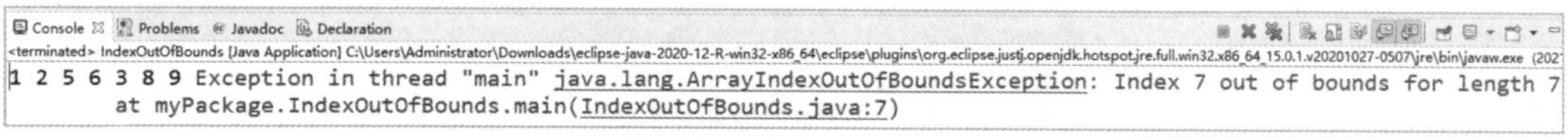

```
Console ☒  Problems  @ Javadoc  Declaration
<terminated> IndexOutOfBounds [Java Application] C:\Users\Administrator\Downloads\eclipse-java-2020-12-R-win32-x86_64\eclipse\plugins\org.eclipse.justj.openjdk.hotspot.jre.full.win32.x86_64_15.0.1.v20201027-0507\jre\bin\javaw.exe (202
1 2 5 6 3 8 9 Exception in thread "main" java.lang.ArrayIndexOutOfBoundsException: Index 7 out of bounds for length 7
        at myPackage.IndexOutOfBounds.main(IndexOutOfBounds.java:7)
```

图 9-16　异常提示信息

实例 2：限购 5 件商品。

编写程序，设计一个方法通过商品个数计算返回商品总价。当商品个数超过 5 件时，自定义抛出异常，运行结果如图 9-17 所示。

```
Console ☒ Problems @ Javadoc Declaration
<terminated> TotalPrice [Java Application] C:\Users\Administrator\Downloads\eclipse-java-2020-12-R-win32-x86_64\eclipse\plugins\org
3件商品总价是150.0元
myPackage.NumLimit: 限购5件商品！6件商品超限了
	at myPackage.TotalPrice.getTotalPrice(TotalPrice.java:20)
	at myPackage.TotalPrice.main(TotalPrice.java:33)
```

图 9-17　自定义异常抛出

实例 3：显示花名册。

编写程序，在控制台输入显示的名字个数，通过显示花名册方法显示名字，当要显示的名字超过花名册总人数时，将异常抛出，程序运行结果如图 9-18 所示。

```
Console ☒ Problems @ Javadoc Declaration
OutputName [Java Application] C:\Users\Administrator\Downloads\eclipse-java-2020-12-R-win32-x86_64\eclipse\plugins\org.eclipse.justj.openjdk.hotspot.jre.full.
请输入输出的名字个数：
10
张珊
张欢
李明
王明
赵文
李凯
马强
花名册里没有这么多人！请输入更小的人数！
java.lang.ArrayIndexOutOfBoundsException: Index 7 out of bounds for length 7
请输入输出的名字个数：
	at myPackage.OutputName.getName(OutputName.java:12)
	at myPackage.OutputName.main(OutputName.java:23)
2
张珊
张欢
请输入输出的名字个数：
```

图 9-18　throws 抛出方法异常

第 10 章 常用类和枚举类

在 Java 中定义了一些常用的类，我们称为 Java 类库，就是 Java API，它们是系统提供的已实现的标准类集合，使用 Java 类库可以快速高效地完成涉及字符串处理、网络等多方面的操作。本章介绍 Java 常用类与枚举类的应用。

10.1 Math 类

Java 的 Math 类包含了用于执行基本数学运算的属性和方法，如初等指数、对数、平方根和三角函数。Math 类的方法都被定义为静态形式，通过 Math 类可以在主函数中直接调用。Math 类的常用方法如表 10-1 所示。

表 10-1 Math 类的常用方法

方法	功能
exp(double a);	计算 e 的 a 次方
log(double a);	取自然对数值
log10(double a);	取底数为 10 的对数值
sqrt(double a);	a 的平方根，a 不能是负数
cbrt(double a);	a 的立方根
pow(double a, double b);	a 的 b 次方
max(a,b);	返回 a 和 b 中的最大的一个。参数可为 double、float、int、long 等类型
min(a,b);	返回 a 和 b 中的最小的一个。参数可为 double、float、int、long 等类型
abs(a);	取绝对值。参数可为 double、float、int、long 等类型
ceil(double a);	返回大于或等于 a 的最小整数
floor(double a);	返回小于或等于 a 的最大整数
rint(double a);	返回最接近 a 的整数，当出现两个最接近的整数时去偶数
round(a);	a 加上 0.5 后取小于或者等于 a 的 float 返回 int，double 返回 long
Math.PI	圆周率 π 的值
Math.E	自然对数 e 的值

下面通过实例理解和学习 Math 类的应用。

【例 10.1】Math 类的基本应用，求数值的正弦、余弦值以及数值的角度值（源代码\ch10\10.1.txt）。

```
public class Test {
    public static void main(String[] args) {
        System.out.println(Math.PI);
        System.out.println("90 度的正弦值: " + Math.sin(Math.PI/2));
        System.out.println("0 度的余弦值: " + Math.cos(0));
        System.out.println("π/2 的角度值: " + Math.toDegrees(Math.PI/2));
    }
}
```

运行结果如图 10-1 所示。

```
Console ☒ Problems @ Javadoc
<terminated> Test (2) [Java Application] C:\
3.141592653589793
90度的正弦值：1.0
0度的余弦值：1.0
π/2的角度值：90.0
```

图 10-1 Math 类的基本应用

【例 10.2】使用 Math 类计算圆形面积（源代码\ch10\10.2.txt）。

```
public class Test {
    public static void main(String[] args) {
        int r = 10;
        double area = Math.PI * Math.pow(r, 2);
        System.out.println("半径为 10 的圆形面积是: " + area);
    }
}
```

运行结果如图 10-2 所示。

```
Console ☒ Problems @ Javadoc Declaration
<terminated> Test (2) [Java Application] C:\Users\Administrator\Do
半径为10的圆形面积是：314.1592653589793
```

图 10-2 计算圆形面积

10.2 Random 类

Random 类是一个随机数生成器，它可以在指定的取值范围内随机生成数字。Random 类提供了如下两种构造方法：

- Random()：用于创建一个伪随机数生成器。
- Random(long seed)：使用一个 long 类型的 seed 种子创建伪随机数生成器。

第一种无参数的构造方法创建的 Random 实例对象每次以当前时间戳作为种子，因此每个对象所产生的随机数是不同的。

第二种有参数的构造方法，相同种子数的 Random 实例对象，相同次数生成的随机数字是完全相同的。也就是说，两个种子数相同的 Random 实例对象，第一次生成的随机数字完全相同，第二次生成的随机数字也完全相同。

☆**大牛提醒**☆

生成特定区域（a，b）内的随机数的实现格式如下：

```
int num = random.nextInt(a) % (a - b + 1) + b;
```

【例 10.3】Random 类，使用无参构造方法产生随机数（源代码\ch10\10.3.txt）。

```
import java.util.Random;
public class Test {
    public static void main(String[] args) {

        Random r = new Random(); //不传入种子
        //随机产生 10 个 0 到 100 之间的整数
        for (int x = 0; x < 10; x++) {
            System.out.println(r.nextInt(100));
        }
    }
}
```

第一次运行结果如图 10-3 所示，第二次运行结果如图 10-4 所示。

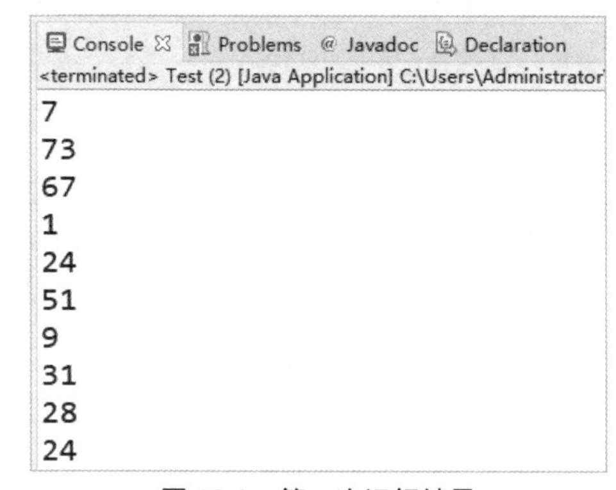

图 10-3　第一次运行结果

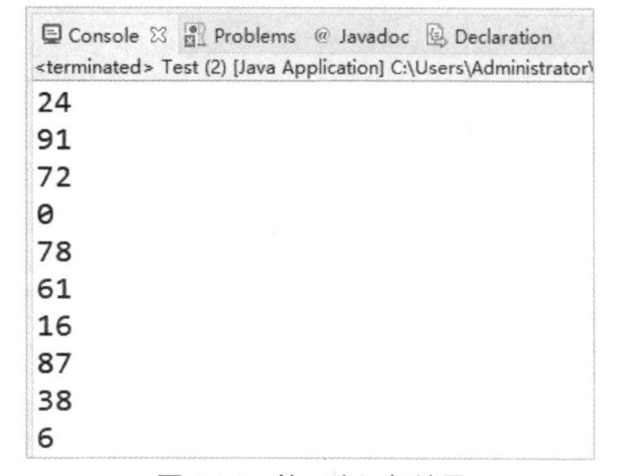

图 10-4　第二次运行结果

从运行结果可以看出，两次运行的结果是不同的，因为在创建 Random 实例时没有指定种子，系统会以当前时间戳作为种子，产生随机数，因为运行时间不同，所以产生的随机数也就不同。

【例 10.4】Random 类，使用有参构造方法产生随机数（源代码\ch10\10.4.txt）。

```
import java.util.Random;
public class Test {
    public static void main(String[] args) {
        Random r = new Random(10); //不传入种子
        //随机产生 10 个 0 到 100 之间的整数
        for (int x = 0; x < 10; x++) {
            System.out.println(r.nextInt(100));
        }
    }
}
```

第一次运行结果如图 10-5 所示，第二次运行结果如图 10-6 所示。

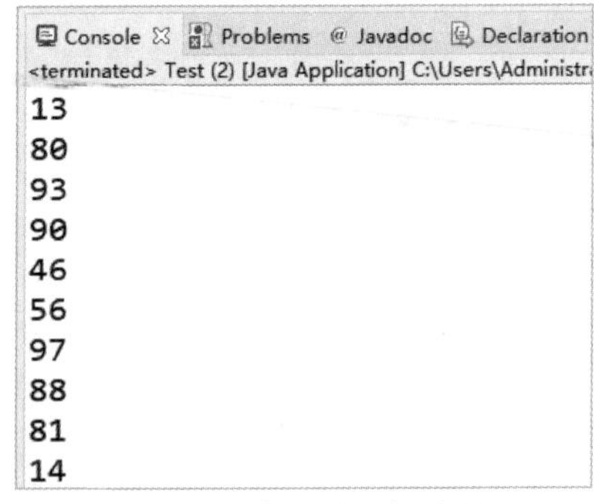

图 10-5　第一次运行结果

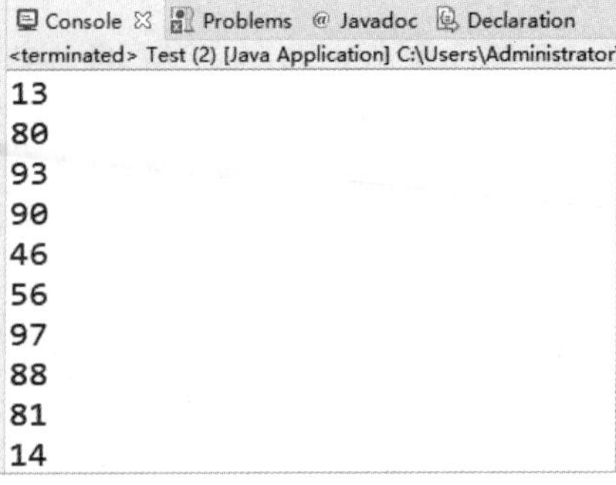

图 10-6　第二次运行结果

从运行结果可以看出，当创建 Random 的实例对象时指定了种子，则每次运行的结果都相同。

Random 类中的方法比较简单，每个方法的功能也很容易理解。如表 10-2 所示的是 Random 类的常用方法。

表 10-2　Random 类的常用方法

方　法	功　能
nextBoolean()	生成一个随机的 boolean 值
nextDouble()	生成一个随机的 double 值，数值介于[0,1.0)
nextInt()	生成一个随机的 int 值，该值介于 int 的取值区间
nextInt(int n)	生成一个随机的 int 值，该值介于[0,n)的区间
NextGaussian();	生成高斯概率分布的一个 double 值
setSeed(long seed);	设置 Random 实例对象中的种子数

【例 10.5】Random 类的方法，产生不同类型的随机数（源代码\ch10\10.5.txt）。

```
import java.util.Random;
public class Test {
    public static void main(String[] args) {
        Random r1 = new Random(); //创建 Random 实例对象
        System.out.println("产生 float 类型随机数: "+ r1.nextFloat());
        System.out.println("产生 0~100int 类型的随机数:"+r1.nextInt(100));
        System.out.println("产生 double 类型的随机数:"+r1.nextDouble());
    }
}
```

程序运行结果如图 10-7 所示。

```
Console  Problems  Javadoc  Declaration
<terminated> Test (2) [Java Application] C:\Users\Administrator\Downloads\
产生float类型随机数: 0.9278625
产生0~100 int类型的随机数:53
产生double类型的随机数:0.7517661511140242
```

图 10-7　产生不同类型的随机数

本示例中，使用了 Random 类的不同方法产生了不同类型的随机数。

10.3　日期 Date 类

Java 在 java.util 包中提供了 Date 类，这个类封装了创建和操作当前的日期和时间方法。本节中学习创建和使用 Date 类，还学习 Java.text 包中提供的 DateFormat 类来格式化 Date 类，灵活方便使用日期类。

10.3.1　使用 Date 类

Date 类支持两种构造函数。第一个构造函数是初始化对象的当前日期和时间，语法格式如下：

```
Date( )
```

第二个构造函数是创建一个指定日期的 Date 对象，具体格式如下：

```
Date(int year,int month,int day)
```

下面对 Date 类的常用方法进行介绍，具体方法名称与功能介绍如表 10-3 所示。

表 10-3　Date 类的常用方法

方　法	功　能
boolean after(Date date)	如果调用 Date 对象包含或晚于指定的日期返回 true，否则，返回 false
boolean before(Date date)	如果调用 Date 对象包含或早于指定的日期返回 true，否则，返回 false
Object clone( )	重复调用 Date 对象
int compareTo(Date date)	比较当调用此方法的 Date 对象和指定日期。两者相等返回 0，调用对象在指定日期之前返回负数；调用对象在指定日期之后则返回正数
int compareTo(Object obj)	若 obj 是 Date 类型则操作等同于 compare To（Date）。否则，它会抛出一个 ClassCastException
boolean equals(Object date)	如果调用 Date 对象包含相同的时间及指定的日期则返回 true，否则，返回 false
long getTime( )	返回自 1970 年 1 月 1 日起已经过的毫秒数
int hashCode( )	返回调用对象的哈希代码
void setTime(long time)	设置所指定的时间，这表示经过时间以毫秒为单位，1970 年 1 月 1 日 00:00:00GMT 以后 time 毫秒数设置时间和日期
String toString( )	调用 Date 对象转换为字符串，并返回结果

【例 10.6】使用 Date 类获取当前日期和时间（源代码\ch10\10.6.txt）。

```
import java.util.Date;
public class Test {
    public static void main(String args[]) {
        Date date = new Date();
        System.out.println(date.toString());
    }
}
```

运行结果如图 10-8 所示。

```
Console ⌧  Problems  @ Javadoc  Declaration
<terminated> Test (2) [Java Application] C:\Users\Administrator\
Thu Feb 18 12:00:03 CST 2021
```

图 10-8　获取当前日期和时间

10.3.2　格式化 Date 类

在上面的学习中可发现 Date 类输出的格式与我们常见的格式不大相符，为了方便格式化显示和使用 Date 类对象，在 Java.text 包中提供了 DateFormat 类来制定格式化日期。

给 Date 类对象设置格式，先创建 DateFormat 对象，并用该对象以 Date 对象作为参数调用 format 方法来实现，具体如下：

```
DateFormat dFormat = new SimpleDateFormat ("指定格式字符串");   //获得指定格式对象
String dFStr = dFormat.format(new Date());  //将格式化的日期转化成字符串返回
```

指定格式字符串中有如下专用字符表示不同的时间段：yyyy 表示年份；mm 表示月份；dd 表示天；HH 表示 24 制的小时，hh 表示 12 制的小时；MM 表示分钟，ss 表示秒数；EE 表示星期。如表 10-4 所示为 DateFormat 常见方法的功能。

表 10-4　DateFormat 常见方法

方　法	功　能
format(date);	得到指定格式的 date 字符串
getInstance()系列	有 Date/TimeInstance()等方法直接用 DateFormat 调用获得系统默认格式
parse(Sting str);	将字符串解析成日期，得到 Date 对象

【例 10.7】通过指定格式来输出日期（源代码\ch10\10.7.txt）。

```
import java.text.DateFormat;
import java.text.SimpleDateFormat;
import java.util.Locale;
import java.util.Date;
public class FormatTime {
    public static void main(String[] args) {
        Date date = new Date();
        //指定中国时间格式
        DateFormat df1 = new SimpleDateFormat("yyyy年mm月dd日  EE  HH:MM:ss ", Locale.CHINA);
        //指定美国时间格式
        DateFormat df2 = new SimpleDateFormat("yyyy-mm-dd   EE   HH: MM:ss ", Locale.US);
        //系统环境默认格式
        DateFormat df3 = DateFormat.getTimeInstance();
        System.out.println("指定中国时间格式:\t" + df1.format(date));
        System.out.println("指定美国时间格式:\t" + df2.format(date));
        System.out.println("系统环境默认时间格式:\t" + df3.format(date));
    }
}
```

运行结果如图 10-9 所示。

```
Console ⊠ Problems @ Javadoc Declaration
<terminated> FormatTime [Java Application] C:\Users\Administrator\Downloads\eclipse-java
指定中国时间格式:  2021年06月18日    周四   12: 02:53
指定美国时间格式:  2021-06-18    Thu   12: 02:53
系统环境默认时间格式:  下午12:06:53
```

图 10-9　格式输出时间

10.4　Calendar 类

Calendar 类的功能要比 Date 类强大很多，而且在实现方式上也比 Date 类要复杂一些。Calendar 类是一个抽象类，在实际使用时实现特定的子类对象，创建对象的过程对程序员来说是透明的，只需要使用 getInstance 方法创建即可。

创建一个代表系统当前日期的 Calendar 对象，具体代码如下：

```
Calendar c = Calendar.getInstance();//默认是当前日期
```

创建一个指定日期的 Calendar 对象，使用 Calendar 类代表特定的时间，需要首先创建一个 Calendar 对象，然后再设定该对象中的年月日参数来完成。例如创建一个代表 2008 年 7 月 10 日的 Calendar 对象，具体代码如下：

```
Calendar c1 = Calendar.getInstance();
c1.set(2008, 7 - 1, 10);
```

Calendar 类中的具体常量名称与描述信息如表 10-5 所示。

表 10-5 Calendar 类中的常量

常　量	描　述
Calendar.YEAR	年份
Calendar.MONTH	月份
Calendar.DATE	日期
Calendar.DAY_OF_MONTH	日期，月份
Calendar.HOUR	12 小时制的小时
Calendar.HOUR_OF_DAY	24 小时制的小时
Calendar.MINUTE	分钟
Calendar.SECOND	秒
Calendar.DAY_OF_WEEK	星期几

【例 10.8】使用 Calendar 类获取日期信息（源代码\ch10\10.8.txt）。

```
import java.util.Calendar;
import java.util.Date;

public class Test {
    public static void main(String args[]) {
        Calendar c1 = Calendar.getInstance();
        //获得年份
        int year = c1.get(Calendar.YEAR);
        //获得月份
        int month = c1.get(Calendar.MONTH) + 1;
        //获得日期
        int date = c1.get(Calendar.DATE);
        //获得小时
        int hour = c1.get(Calendar.HOUR_OF_DAY);
        //获得分钟
        int minute = c1.get(Calendar.MINUTE);
        //获得秒
        int second = c1.get(Calendar.SECOND);
        //获得星期几(注意这个与Date类是不同的：1代表星期日、2代表星期一、3代表星期二,以此类推)
        int day = c1.get(Calendar.DAY_OF_WEEK);

        System.out.print(year + "年");
        System.out.print(month + "月");
```

```
        System.out.println(date + "日");
        System.out.print(hour + ": ");
        System.out.print(minute + ": ");
        System.out.println(second);
        System.out.print("星期" + day);
    }
}
```

运行结果如图 10-10 所示。

```
Console ✕  Problems  @ Javadoc
<terminated> Test [Java Application] C:\User
2021年2月18日
11: 45: 10
星期5
```

图 10-10 使用 Calendar 类获取日期信息

10.5 Scanner 类

通过 Scanner 类可以获取用户的输入。创建 Scanner 对象的基本语法格式如下：

```
Scanner s = new Scanner(System.in);
```

【例 10.9】Scanner 类，使用 next 方法获得用户输入的字符串（源代码\ch10\10.9.txt）。

```
import java.util.Scanner;
public class Test {
    public static void main(String[] args) {
        Scanner scan = new Scanner(System.in);
        //用 next 方式接收字符串
        System.out.println("next 方式接收: ");
        //判断是否还有输入
        if (scan.hasNext()) {
            String str1 = scan.next();
            System.out.println("输入的数据为: " + str1);
        }
    }
}
```

运行结果如图 10-11 所示。

【例 10.10】Scanner 类，使用 nextLine 方法获得用户输入的字符串（源代码\ch10\10.10.txt）。

```
import java.util.Scanner;
public class Test {
    public static void main(String[] args) {
        Scanner scan = new Scanner(System.in);
        //nextLine 方式接收字符串
        System.out.println("nextLine 方式接收: ");
        //判断是否还有输入
        if (scan.hasNextLine()) {
            String str2 = scan.nextLine();
            System.out.println("输入的数据为: " + str2);
        }
    }
}
```

运行结果如图 10-12 所示。

```
Console ⌧ Problems @ Javadoc
<terminated> Test (2) [Java Application] C:\
next方式接收：
Hello World
输入的数据为：Hello
```

图 10-11　使用 next 方法获得用户输入的字符串

```
Console ⌧ Problems @ Javadoc
<terminated> Test (2) [Java Application] C:\
nextLine方式接收：
Hello World
输入的数据为：Hello World
```

图 10-12　使用 nextLine 方法获得用户输入的字符串

提示：next()与 nextLine()的区别。

next()应用注意事项如下：

- 一定要读取到有效字符后才可以结束输入。
- 对输入有效字符之前遇到的空白，next()方法会自动将其去掉。
- 只有输入有效字符后才将其后面输入的空白作为分隔符或者结束符。
- next()不能得到带有空格的字符串。

nextLine()应用注意事项如下：

- 以 Enter 为结束符，也就是说 nextLine()方法返回的是输入回车之前的所有字符。
- 可以获得空白。

10.6　数字格式化类

我们经常要将数字进行格式化，例如取 3 位小数。Java 提供 DecimalFormat 类，使我们可以快速将数字格式化。下面通过一个示例来说明数字格式化类的应用。

【例 10.11】使用 DecimalFormat 类以不同的方法输出数字（源代码\ch10\10.11.txt）。

```
import java.text.DecimalFormat;
public class Test {
    public static void main(String[] args) {
        double pi = 3.1415927; //圆周率
        //取一位整数
        System.out.println(new DecimalFormat("0").format(pi)); //3
        //取一位整数和两位小数
        System.out.println(new DecimalFormat("0.00").format(pi)); //3.14
        //取两位整数和三位小数,整数不足部分以 0 填补
        System.out.println(new DecimalFormat("00.000").format(pi));//03.142
        //取所有整数部分
        System.out.println(new DecimalFormat("#").format(pi)); //3
        //以百分比方式计数,并取两位小数
        System.out.println(new DecimalFormat("#.##%").format(pi)); //314.16%
        long c = 299792458; //光速
        //显示为科学计数法,并取五位小数
        System.out.println(new DecimalFormat("#.#####E0").format(c)); //2.99792E8
        //显示为两位整数的科学计数法,并取四位小数
        System.out.println(new DecimalFormat("00.####E0").format(c)); //29.9792E7
        //每三位以逗号进行分隔
        System.out.println(new DecimalFormat(",###").format(c)); //299,792,458
        //将格式嵌入文本
        System.out.println(new DecimalFormat("光速大小为每秒,###米.").format(c));
    }
}
```

运行结果如图 10-13 所示。

```
Console ⌘ Problems @ Javadoc Declaration
<terminated> Test (2) [Java Application] C:\Users\Administrator\
3
3.14
03.142
3
314.16%
2.99792E8
29.9792E7
299,792,458
光速大小为每秒299,792,458米。
```

图 10-13 DecimalFormat 类的应用示例

10.7 枚举类

Java 枚举是一个特殊的类，一般表示一组常量，例如一年的 4 个季节，一年的 12 个月份，一星期的 7 天，方向有东南西北等。Java 枚举类使用 enum 关键字来定义，各个常量使用逗号隔开，最后常量不加逗号，具体语法如下：

```
enum 枚举名称{
    枚举常量名 1,枚举常量名 2,…
    枚举常量名 n
}
```

调用枚举常量语法格式：

```
枚举名称．枚举常量名 1
```

例如，下面创建枚举 EnumTest 类，代码如下：

```
enum EnumTest {
    MON, TUE, WED, THU, FRI, SAT, SUN;
}
```

这段代码实际上调用了 7 次 Enum(String name, int ordinal)，具体代码如下：

```
new Enum<EnumTest>("MON",0);
new Enum<EnumTest>("TUE",1);
new Enum<EnumTest>("WED",2);
……
```

枚举类的常用方法如表 10-6 所示。

表 10-6 枚举类的常用方法

方 法	功 能
int compareTo(E o)	比较此枚举与指定对象的顺序
String name()	返回此枚举常量的名称
int ordinal()	返回枚举常量的序数，其中序数是以 0 开始的
Enum[] values();	返回带指定枚举类型的枚举常量数组
int compareTo(枚举常量)	比较两个枚举常量的前后位置

【例 10.12】对 EnumTest 类进行遍历和 switch 操作（源代码\ch10\10.12.txt）。

```
import java.util.Enumeration;
enum EnumTest {
    MON, TUE, WED, THU, FRI, SAT, SUN;
}
public class Test {
    public static void main(String[] args) {
```

```
        for (EnumTest e : EnumTest.values()) {
            System.out.println(e.toString());
        }
        System.out.println("----------------------");
        EnumTest test = EnumTest.TUE;
        switch (test) {
        case MON:
            System.out.println("今天是星期一");
            break;
        case TUE:
            System.out.println("今天是星期二");
            break;
        //… …
        default:
            System.out.println(test);
            break;
        }
    }
}
```

运行结果如图 10-14 所示。

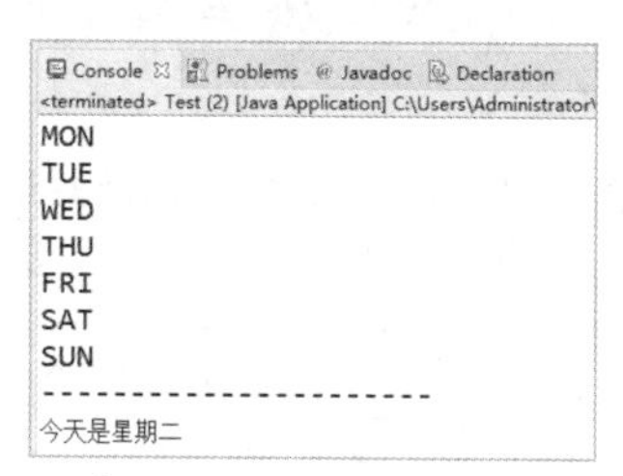

图 10-14　对 EnumTest 进行遍历和 switch 操作

10.8　包装类

Java 语言是一个面向对象的语言，但是 Java 中的基本数据类型却是不面向对象的，这在实际使用时存在很多的不便。为了解决这个不足，在设计类时为每个基本数据类型设计了一个对应的类，这八个和基本数据类型对应的类统称为包装类（Wrapper Class）。

包装类均位于 java.lang 包，包装类和基本数据类型的对应关系如表 10-7 所示。

表 10-7　包装类和基本数据类型的对应关系

基本数据类型	包　装　类
byte	Byte
short	Short
int	Integer
long	Long
float	Float
double	Double
boolean	Boolean
char	Character

在这 8 个类名中，除了 Integer 和 Character，其他 6 个类的类名和基本数据类型一致，只是类名的第一个字母大写即可。所有的包装类（Integer、Long、Byte、Double、Float、Short）都是抽象类 Number 的子类。对于包装类说，这些类的用途主要包含两种：

（1）包装类相对于基本数据来说，更方便对象的操作。

（2）包含每种基本数据类型的相关属性如最大值、最小值等，以及相关的操作方法。

10.8.1 Integer 类

创建 Integer 类有两种方式：

（1）Integer(int number)：通过 int 型基本数据作为参数。

（2）Integer(String strNumber)：通过 String 类对象作为参数，得到等值数值。

☆**大牛提醒**☆

当字符串创建 Integer 类时，字符串必须是数值型的字符串，否则会抛出 NumberFormatException 异常。

Integer 类的操作主要是类型转换以及基本数值类型的获取，Integer 类的常用方法如表 10-8 所示。

表 10-8 Integer 类的常用方法

方　法	描　述
valueOf(String str);	将 String 类型数值返回成 Integer 对象
parseInt(String str);	将 String 类型数值返回成 int 型值
toString();	将 Integer 类型数值返回成 String 对象
equals(Object obj);	与 obj 对象比较是否相等，相等则返回 true，否则返回 false
compareTo(Integer n);	与 n 比较大小。返回 0 则相等，返回负值则 n 大，返回正值则 n 小

Integer 类还提供 4 个常量值，其中 MAX_VALUE 表示 int 可取最大值；MIN_VALUE 表示 int 可取最小值；SIZE 表示 int 型数值的二进制补码形式的位数；TYPE 表示 int 型的 Class 实例。

【例 10.13】将身份证号码生日段进行进制转换（源代码\ch10\10.13.txt）。

编写程序，将身份证号码生日段进行进制转换，已知身份证号中第 1、2 号码表示省，第 3、4 号码表示市，第 5、6 号码表示县，第 7～14 号码表示出生年月日，第 15、16 号码表示所在派出所，第 17 号码是性别，奇数为男，偶数为女，第 18 号码是校验码，当校验码是 10 时用 X 表示，将生日段号码进行 16 进制编码。

```
import java.util.Scanner;
public class IDNum {
    public static void main(String[] args) {
        Scanner scan = new Scanner(System.in);
        while (true) {
            System.out.println("请输入您的身份证号：");
            String num = scan.next();
            String sub = "", newNum = "";
            int year, month, day;
            if (num.length() == 18) {
                newNum = num.substring(0, 6);  //将不编码的部分放入新的字符串中
                year = Integer.parseInt(num.substring(6, 10));
                    //将年份转化成 int 型 newNum+= Integer.toHexString(year);
```

```
                //将 int 型年份取其 16 进制形式追加到新的字符串
            month = Integer.parseInt(num.substring(10, 12));//将月份转化成 int 型
            newNum += Integer.toHexString(month);
                //将 int 型月份取其 16 进制形式追加到新的字符串
            day = Integer.parseInt(num.substring(12, 14));  //将天数转化成 int 型
            newNum += Integer.toHexString(day);
                //将 int 型天数取其 16 进制形式追加到新的字符串
            newNum += num.substring(14, 18);    //将不编码的部分放入新的字符串中
            System.out.println("编码之后的身份证号是: " + newNum);
        } else {
            System.out.println("身份证号输入有误! ");
        }
    }
  }
}
```

运行结果如图 10-15 所示。

```
Console ☒  Problems  @ Javadoc  Declaration
IDNum (1) [Java Application] C:\Users\Administrator\Downlo
请输入您的身份证号：
658212201010110000
编码之后的身份证号是：658212ab0000
请输入您的身份证号：
123456789101112121
编码之后的身份证号是：1234561b2121
请输入您的身份证号：
```

图 10-15　生日段号码编码

10.8.2　Byte 类

Byte 类将基本类型为 byte 的值包装在一个对象中。一个 Byte 类型的对象包含一个单一的字段，它的类型是字节。

表 10-9　Byte 类的构造方法

构 造 函 数	说　明
Byte(byte value)	构造一个新分配的字节对象，表示指定的字节值
Byte(String str)	构造一个新分配的字节，表示该字节的值的字符串参数表示的对象

表 10-10　Byte 类的常用方法

方　法	说　明
byteValue()	此方法返回的值为一个 byte 值
compareTo(Byte anotherByte)	此方法比较两个 Byte 对象的数字
static Byte decode(String nm)	此方法将字符串解码转换为字节
doubleValue()	此方法返回的值为一个 double 值
boolean equals(Object obj)	此种方法比较此对象与指定的对象
floatValue()	此方法返回的值为一个 float 值
hashCode()	该方法返回一个字节的哈希代码
intValue()	此方法返回的值为一个 int 值

续表

方　法	说　明
longValue()	此方法返回的值为一个 long 值
static byte parseByte(String s)	此方法分析有符号十进制字节的字符串参数
static byte parseByte(String s, int radix)	此方法分析字符串参数作为符号的字节的第二个参数指定的基数
shortValue()	此方法返回的值为一个 short 值
String toString()	此方法返回一个 String 对象，表示字节的值
static String toString(byte b)	此方法返回一个新的 String 对象，表示指定的字节
static Byte valueOf(byte b)	此方法返回一个字节，表示指定的字节值
static Byte valueOf(String s)	此方法返回一个字节对象持有指定的字符串中给定的值
static Byte valueOf(String s, int radix)	此方法返回一个字节的对象保持从指定的 String 中提取的值时，由第二个参数给出的基数进行解析

【例 10.14】Byte 类中的方法举例（源代码\ch10\10.14.txt）。

```
public class Test {
    public static void main(String[] args) {
        byte b = 50;
        Byte b1 = Byte.valueOf(b);
        Byte b2 = Byte.valueOf("50");
        Byte b3 = Byte.valueOf("10");
        int x1 = b1.intValue();
        int x2 = b2.intValue();
        int x3 = b3.intValue();
        System.out.println("b1:" + x1 + ", b2:" + x2 + ", b3:" + x3);
        String str1 = Byte.toString(b);
        String str2 = Byte.toString(b2);
        String str3 = b3.toString();
        System.out.println("str1:" + str1 + ", str2:" + str2 + ", str3:" + str3);
        byte bb = Byte.parseByte("50");
        System.out.println("Byte.parseByte(\"50\"): " + bb);
        int x4 = b1.compareTo(b2);
        int x5 = b1.compareTo(b3);
        boolean bool1 = b1.equals(b2);
        boolean bool2 = b1.equals(b3);
        System.out.println("b1.compareTo(b2):" + x4 + ", b1.compareTo(b3):" + x5);
        System.out.println("b1.equals(b2):" + bool1 + ", b1.equals(b3):" + bool2);
    }
}
```

运行结果如图 10-16 所示。本例使用了 Byte 类的几个方法，通过示例代码，读者可以体会每个方法的具体用法。

```
Console ⊠ Problems @ Javadoc Declaration
<terminated> Test (2) [Java Application] C:\Users\Administrator\Downloads\eclips
b1:50, b2:50, b3:10
str1:50, str2:50, str3:10
Byte.parseByte("50"): 50
b1.compareTo(b2):0, b1.compareTo(b3):40
b1.equals(b2):true, b1.equals(b3):false
```

图 10-16　Byte 方法举例

Java 为每个基本数据类型都提供了一个包装类，与数字有关的包装类都大体相同，因此仅以 Byte 类为例，其他的如 Short 类、Integer 类、Long 类、Float 类和 Double 类不再一一讲解，读者可以自行查看 Java API 文档，里面有相关的信息。

10.8.3　Character 类

Character 类用于对单个字符进行操作。Character 类在对象中包装一个基本类型 char 的值。Character 类提供了一系列方法来操纵字符。使用 Character 的构造方法创建一个 Character 类对象，例如：

```
Character c1 = new Character('c');
```

Character 类的常用方法如表 10-11 所示。

表 10-11　Character 类的常用方法

方　法	功　能
isLetter()	是否是一个字母
isDigit()	是否是一个数字字符
isWhitespace()	是否是一个空格
isUpperCase()	是否是大写字母
isLowerCase()	是否是小写字母
toUpperCase()	指定字母的大写形式
toLowerCase()	指定字母的小写形式
toString()	返回字符的字符串形式，字符串的长度仅为 1

【例 10.15】Character 类中的方法举例（源代码\ch10\10.15.txt）。

```
public class Test{
    public static void main (String []args)
    {
        Character ch1 = Character.valueOf('A');
        Character ch2 = new Character('A');
        Character ch3 = Character.valueOf('C');
        char c1 = ch1.charValue();
        char c2 = ch2.charValue();
        char c3 = ch3.charValue();
        System.out.println("ch1:" + c1 + ", ch2:" + c2 + ", ch3:" + c3);
        int a1 = ch1.compareTo(ch2);
        int a2 = ch1.compareTo(ch3);
        System.out.println("ch1.compareTo(ch2):" + a1 + ", ch1.compareTo(ch3):" + a2);
        boolean bool1 = ch1.equals(ch2);
        boolean bool2 = ch1.equals(ch3);
        System.out.println("ch1.equals(ch2): " + bool1 + ", ch1.equals(ch3): " + bool2);
        boolean bool3 = Character.isUpperCase(ch1);
        boolean bool4 = Character.isUpperCase('s');
        System.out.println("bool3:" + bool3 + ", bool4:" + bool4);
        char c4 = Character.toUpperCase('s');
        Character c5 = Character.toLowerCase(ch1);
        System.out.println("c4:" + c4 + ", c5:" + c5);
    }
}
```

运行结果如图 10-17 所示。本例使用了 Character 类的几个方法，通过示例代码，读者可以体会每个方法的具体用法。

```
Console ⛝ Problems @ Javadoc Declaration
<terminated> Test (2) [Java Application] C:\Users\Administrator\Downloads\eclipse-Java-2020-
ch1:A, ch2:A, ch3:C
ch1.compareTo(ch2):0, ch1.compareTo(ch3):-2
ch1.equals(ch2): true, ch1.equals(ch3): false
bool3:true, bool4:false
c4:S, c5:a
```

图 10-17　Character 方法举例

10.8.4　Number 类

一般我们使用数字时，会使用内置的数据类型，例如 int、float、double。但在实际的开发中，有时会遇到需要使用数字对象，而不是数据类型的时候。为解决这个问题，Java 为每一种数据类型，提供了相对应的类，即包装类。

八种基本类型的类分别为 Integer、Double、Float、Short、Long、Boolean、Byte 和 Character。除了 Boolean 和 Character，其他六种类都是继承 Number 类。

表 10-12　Number 类的构造函数

构造函数	描　述
Number()	这是一个构造函数

表 10-13　Number 类的常用方法

方　法	描　述
byteValue()	此方法返回的值指定的数量为一个字节
abstract double doubleValue()	此方法返回的值指定数字为 double
abstract float floatValue()	此方法返回的值指定数字为 float
abstract int intValue()	此方法返回的值指定数字为 int
abstract long longValue()	此方法返回的值指定数字为 long
short shortValue()	此方法返回的值指定数字为 short

10.9　新手疑难问题解答

问题 1：Scanner 类的使用需要注意哪些事项？

解答：输入时字符都是可见的，所以 Scanner 类不适合从控制台读取密码。从 Java SE 6 开始特别引入了 Console 类来实现这个目的。若要读取一个密码，可以采用下面这段代码：

```
Console cons = System.console();
String username = cons.readline("User name: ");
char[] passwd = cons.readPassword("Password: ");
```

问题 2：int 和 Integer 有什么区别？

解答：Java 提供两种不同的类型：引用类型和原始类型（或内置类型）。int 是 Java 的原始数据类型，Integer 是 Java 为 int 提供的封装类，Java 为每个原始数据类型提供了封装类。

10.10　实战训练

实战 1：随机生成的中奖号码。

编写程序，通过 Random 类的对象生成中奖号码，用户猜测中奖号码，进行对比，并显示在控制台上。运行结果如图 10-18 所示。

图 10-18　猜中奖号码

实战 2：随机产生一个 50～100 的整数，判断是否为质数。

编写程序，随机产生一个 50～100 的整数并判断是否为质数。质数又称素数，是指在一个大于 1 的自然数中，除了 1 和此整数自身外，不能被其他自然数整除的数，运行结果如图 10-19 所示。

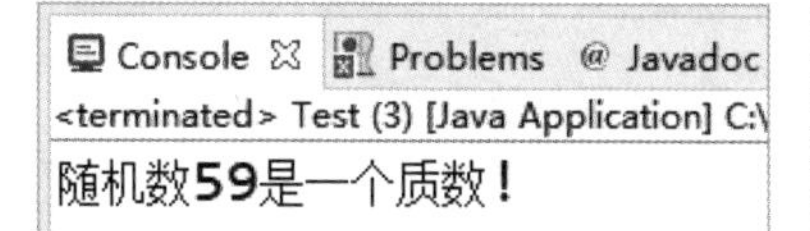

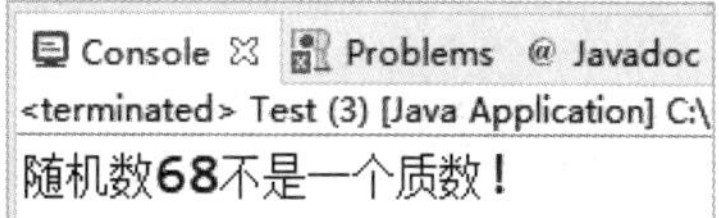

图 10-19　判断随机数是否为质数

实战 3：根据输入的年份和月份，输出天数。

编写程序，根据输入的年份和月份，判断该年份是否为闰年，如果是，2 月份的天数为 29 天，否则是 28 天，运行结果如图 10-20 所示。

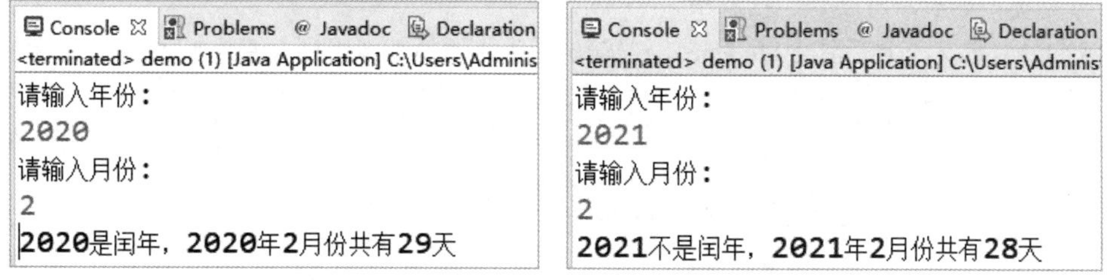

图 10-20　判断年份是否为闰年并输出月份天数

第 11 章

泛型与集合类

泛型是对 Java 语言类型系统的一种扩展，以支持创建可以按类型进行参数化的类。Java 中的集合就像一个容器，用来存放 Java 类的对象。通过定义泛型和使用集合类，可以提高程序的编写效率。本章介绍泛型和集合类的应用。

11.1 泛型

不同类型的数据，如果封装方法相同，则不必为每一种类型单独定义一个类，只需要定义一个泛型即可。在 Java 中，泛型的本质是参数化类型，也就是说所操作的数据类型被指定为一个参数，即“类型的变量”。

11.1.1 定义泛型类

Java 泛型的本质是参数化类型，也就是所操作的数据类型被指定为一个参数。定义泛型的语法格式如下：

```
class 类名<T>{
    类体
}
```

其中 T 就是类型参数，用“<>”括起来。

【例 11.1】定义一个泛型类 Student<T>，输出学生张珊的基本信息（源代码\ch11\11.1.txt）。

```
public class Student<T> {          //泛型类 Student<T>
    private T info;                //类型形参

    public Student(T info) {       //类型形参的构造方法
        this.info = info;          //形参赋值
    }

    public T getInfo() {           //获取形参值
        return this.info;
    }

    public static void main(String[] args) {
        Student<String> name = new Student<String>("张珊");//String 类型的 name 对象
        Student<Integer> age = new Student<Integer>(20);   //Integer 类型的 age 对象
        Student<String> gender = new Student<String>("女"); //String 类型的 gender 对象
        System.out.println("姓名: " + name.getInfo());
        System.out.println("年龄: " + age.getInfo());
        System.out.println("性别: " + gender.getInfo());
```

```
    }
}
```

运行结果如图 11-1 所示。

```
Console ⌧  Problems  @ Java
<terminated> Student [Java Application
姓名：张珊
年龄：20
性别：女
```

图 11-1　定义泛型类实例

11.1.2　泛型方法

类可以定义为泛型类，方法同样可以定义为泛型方法，也就是定义方法时声明了类型参数，这样的类型参数只限于在该方法中使用。泛型方法可以定义在泛型类中，也可以定义在非泛型类中。

定义泛型方法的语法格式如下：

```
[访问限定词]    [static]<类型参数表列>    方法类型    方法名([参数表列])
{
    //…
}
```

【例 11.2】定义泛型方法，然后使用该方法输出字符串、数值与日期信息（源代码\ch11\11.2.txt）。

```
import java.util.Date;
public class Test {
    public static <T> void print(T t) //泛型方法
    {
        System.out.println(t);
    }
    public static void main(String args[]) {
        //调用泛型方法
        print("Apple");
        print(123);
        print(-487.76);
        print(new Date());
    }
}
```

运行结果如图 11-2 所示。

```
Console ⌧  Problems  @ Javadoc  Declaration
<terminated> Test [Java Application] C:\Users\Administrator\
Apple
123
-487.76
Thu Jan 28 18:40:33 CST 2021
```

图 11-2　定义泛型方法实例

利用泛型方法，还可以定义具有可变参数的方法，如 printf 方法，语法格式如下：

```
System.out.printf("%d,%f\n",i,f);
System.out.printf("x=%d,y=%d,z=%d",x,y,z);
Printf 是具有可变参数的方法.具有可变参数的方法的定义形式是:
[访问限定词]    <类型参数列表>    方法类型    方法名(类型参数名… 参数名)
{
    //…
}
```

定义时“类型参数名”后面一定要加上…，表示是可变参数。“参数名”实际上是一个数组，当具有可变参数的方法被调用时，是将实际参数放到各个数组元素中。

【例 11.3】定义具有可变参数的泛型方法，然后使用该方法输出不同类型的实际参数值（源代码\ch11\11.3.txt）。

```
public class Test {
    static <T> void print(T… ts)                     //泛型方法,形参是可变参数
    {
        for (int i = 0; i < ts.length; i++)          //访问形参数组中每一个元素
            System.out.print(ts[i] + " ");
        System.out.println();
    }
    public static void main(String args[]) {
        print("北京市", "长安街", "故宫博物院");          //3个实际参数,类型一样
        print("这台电脑", "价格", 3000.00, "元");      //4个实际参数,类型不一样
        String fruit[] = { "apple", "banana", "orange", "peach", "pear" };
                                                     //String 对象数组
        print(fruit);                                //1个参数
    }
}
```

运行结果如图 11-3 所示。

```
Console  Problems  Javadoc  Declaration
<terminated> Test [Java Application] C:\Users\Administrator\Downloads
北京市 长安街 故宫博物院
这台电脑 价格 3000.0 元
apple banana orange peach pear
```

图 11-3 定义可变参数方法实例

11.1.3 泛型接口

除了可以定义泛型类外，还可以定义泛型接口。定义泛型接口的语法格式如下：

```
interface    接口名<类型参数列表>
{
    //接口体
}
```

在实现接口时，可以声明与接口相同的类型参数。实现形式如下：

```
class    类名<类型参数列表>    implements 接口名<类型参数列表>
{
    //接口方法实现,如果方法是泛型,那么与泛型方法一样
}
```

也可以声明确定的类型参数，实现形式如下：

```
class    类名 implements 接口名<具体的类型参数>
{
    //接口方法实现,如果方法是泛型,类型参数与上面的具体类型参数一样
}
```

【例 11.4】定义泛型接口，然后使用该接口输出不同类型的实际参数值（源代码\ch11\11.4.txt）。

```
interface Generics<T>        //泛型接口
{
    public T next();         //有一个泛型方法
}

class SomethingGenerics<T> implements Generics<T>//泛型类,实现泛型接口
```

```
{
    private T something[];                          //泛型域
    int cursor;                                     //游标,标示 something 中的当前元素

    public SomethingGenerics(T something[])         //构造方法
    {
        this.something = something;
    }

    public T next()                                 //获取游标处的元素,实现接口中的方法
    {
        if (cursor < something.length)
            return (T) something[cursor++];
        return null;                                //超出范围则返回空
    }
}

public class Test {
    public static void main(String args[]) {
        String str[] = { "北京", "上海", "天津" };  //String 对象数组,直接实例化
        Generics<String> cityName = new SomethingGenerics<String>(str);//创建泛型对象
        while (true)                                //遍历,将泛型对象表示的元素显示出来
        {
            String s = cityName.next();
            if (s != null)
                System.out.print(s + " ");
            else
                break;
        }
        System.out.println();
        Integer num[] = { 123, 456, 789 };          //Integer 对象数组,直接实例化
        Generics<Integer> numGen = new SomethingGenerics<Integer>(num);//创建泛型对象
        while (true)                                //遍历,将泛型对象表示的元素显示出来
        {
            Integer i = numGen.next();
            if (i != null)
                System.out.print(i + " ");
            else
                break;
        }
        System.out.println();
    }
}
```

运行结果如图 11-4 所示。

Console ✕　Problems　@ Javadoc
<terminated> Test [Java Application] C:\User
北京 上海 天津
123 456 789

图 11-4　定义泛型接口实例

11.1.4　泛型参数

泛型数组类可以接收任意类型的类。但是如果只希望接收指定范围内的类类型，过多的类型就可能会产生错误，这时可以对泛型的参数进行限定。参数限定的语法形式是：

```
类型形式参数    extends    父类
```

其中，“类型形式参数”是指声明泛型类时所声明的类型，“父类”表示只有这个类下面的子类才可以做实际类型。

【例 11.5】定义一个泛型类，找出多个数据中的最大数和最小数（源代码\ch11\11.5.txt）。

```
class LtdGenerics<T extends Number>
//泛型类,实际类型只能是 Number 的子类,Ltd=Limited
{
   private T arr[];                      //域,数组

   public LtdGenerics(T arr[])           //构造方法
   {
      this.arr = arr;
   }

   public T max()                        //找最大数
   {
      T m = arr[0];                      //假设第 0 个元素是最大值

      for (int i = 1; i < arr.length; i++)//逐个判断
         if (m.doubleValue() < arr[i].doubleValue())
            m = arr[i];                  //Byte、Double、Float、Integer、Long、Short
                                         //的对象都可以调用 doubleValue 方法得到对应的双精度数

      return m;
   }

   public T min()                        //找最小数
   {
      T m = arr[0];                      //假设第 0 个元素是最小值

      for (int i = 1; i < arr.length; i++)//逐个判断
         if (m.doubleValue() > arr[i].doubleValue())
            m = arr[i];

      return m;
   }
}

public class Test {
   public static void main(String args[]) {
      //定义整型数的对象数组,自动装箱
      Integer integer[] = { 34, 72, 340, 93, 852, 37, 827, 940, 923, 48, 287, 48, 27 };
      //定义泛型类的对象,实际类型 Integer
      LtdGenerics<Integer> ltdInt = new LtdGenerics<Integer>(integer);
      System.out.println("整型数最大值: " + ltdInt.max());
      System.out.println("整型数最小值: " + ltdInt.min());

      //定义双精度型的对象数组,自动装箱
      Double db[] = { 34.98, 23.7, 4.89, 78.723, 894.7, 29.8, 34.79, 82., 37.48,
92.374 };
      //创建泛型类的对象,实际类型 Double
      LtdGenerics<Double> ltdDou = new LtdGenerics<Double>(db);
      System.out.println("双精度型数最大值: " + ltdDou.max());
      System.out.println("双精度型数最小值: " + ltdDou.min());

      String str[] = { "apple", "banana", "pear", "peach", "orange", "watermelon" };
      //下面的语句创建泛型类的对象不允许,因为 String 不是 Number 类的子类,
      //如果加上本条语句,程序不能编译通过
      //LtdGenerics<String> ltdStr=new LtdGenerics<String>(str);
```

```
        }
    }
```

程序运行结果如图 11-5 所示。

```
Console ☒  Problems  @ Javadoc  Declaration
<terminated> Test [Java Application] C:\Users\Administrator\
整型数最大值：940
整型数最小值：27
双精度型数最大值：894.7
双精度型数最小值：4.89
```

图 11-5　找出数据中的最大值和最小值

数值型数对应的数据类型类有 Byte、Double、Float、Integer、Long、Short，它们都是 Number 类的子类，所以可以把类型参数限定为 Number，也就是只有 Number 的子类才能作为泛型类的实际类型参数。这些数据类型类中都重写了 Number 类中的方法 doubleValue，所以在找最大数和最小数时可以通过调用 doubleValue 方法获得对象表示的数值，从而进行比较。

11.2　认识集合类

集合类是能处理一组相同类型的数据的类。类似于之前学的可定义多种数据类型的数组，与数组不同的是集合长度元素个数可变，而且只存放类对象，存放基本数据类型要用其对应的包装类。

11.2.1　集合类概述

Java 语言中的集合框架就是一个类库的集合，包含了实现集合的接口。集合就像一个容器，用来存储 Java 类的对象。Java 的集合类包括 List 集合、Set 集合和 Map 集合，其中 list 和 Set 继承了 Collection 接口，且 List 接口、Set 接口和 Map 接口还提供了不同的实现类。List 集合、Set 集合和 Map 集合的继承关系如图 11-6 所示。

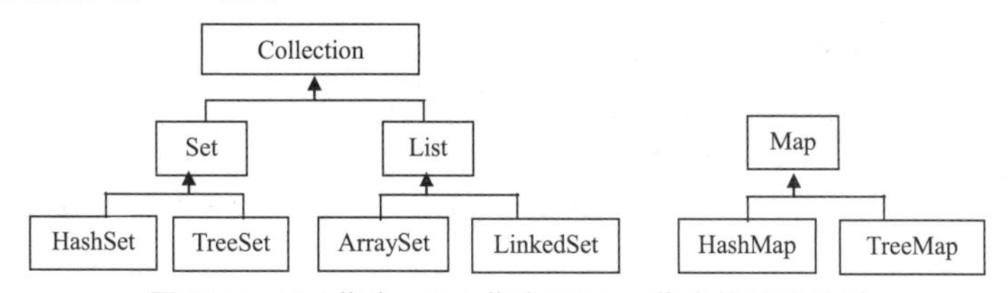

图 11-6　List 集合、Set 集合和 Map 集合的继承关系

11.2.2　Collection 接口的方法

由 List 集合、Set 集合和 Map 集合的继承关系可知，List 接口和 Set 接口都继承于 Collection 接口。Collection 接口虽然不能直接被使用，但提供了操作集合以及集合中元素的方法，且 Set 接口和 List 接口都可以调用 Collection 接口中的方法。Collection 接口的常用方法如表 11-1 所示。

表 11-1　Collection 接口的常用方法

返回类型	方法名	说明
boolean	add(E e)	向此集合中添加一个元素，元素数据类型是 E
boolean	addAll(Collection c)	将指定此集合 c 中所有元素，添加到集合

续表

返回类型	方法名	说明
void	clear()	删除此集合中的所有元素
boolean	contains(Object o)	判断此集合中是否包含元素 o，包含则返回 true
boolean	containsAll(Collection c)	判断此集合是否包含指定集合 c 中所有元素，包含则返回 true
boolean	isEmpty()	判断此集合是否为空，是返回 true
Iterator	iterator()	返回一个 Iterator 对象，用于遍历此集合中的所有元素
boolean	remove(Object o)	删除此集合中指定的元素 o，若元素 o 存在时
boolean	removeAll(Collection c)	删除此集合中所有在集合 c 中的元素
int	size()	返回此集合中元素的个数
boolean	retainAll(Collection c)	保留此集合和指定集合 c 中都出现的元素
Object[]	toArray()	返回此集合中所有元素的数组

在所有实现 Collection 接口的集合类中，都有一个 iterator 方法，此方法返回一个实现了 Iterator 接口的对象。Iterator 对象称作迭代器，方便实现对容器内元素的遍历操作。

由于 Collection 是一个接口，不能直接实例化，下面的例子是通过 ArrayList 实现类来调用 Collection 接口的方法。

【例 11.6】使用 Collection 接口方法，对集合中的元素进行添加、遍历和判断等操作（源代码\ch11\11.6.txt）。

```
import java.util.ArrayList;                           //import 关键字引入类
import java.util.Collection;
import java.util.Iterator;
public class CollectionTest {
    public static void main(String[] args) {
        Collection<String> c = new ArrayList<>();     //创建集合 c
        //向集合中添加元素
        c.add("Apple");
        c.add("Banana");
        c.add("Pear");
        c.add("Orange");
        ArrayList<String> array = new ArrayList<>();  //创建集合 array
        //向集合中添加元素
        array.add("Cat");
        array.add("Dog");
        System.out.println("集合 c 的元素个数: " + c.size());
        if (!array.isEmpty()) {                       //如果 array 集合不为空
            c.addAll(array);                          //将集合array 中元素,添加到集合c 中
        }
        System.out.println("集合 c 中元素个数: " + c.size());
        Iterator<String> iterator = c.iterator();     //返回迭代器 iterator.
        System.out.println("集合 c 中元素: ");
        while (iterator.hasNext()) {                  //判断迭代器中是否存在下一元素
            System.out.print(iterator.next() + " ");  //使用迭代器循环输出集合中的元素
        }
        System.out.println();
        if (c.contains("Cat")) {                      //判断集合 c 中是否包含元素 Cat
            System.out.println("---集合 c 中包含元素 Cat---");
        }
        c.removeAll(array);                           //c 集合删除集合 array 中所有元素
```

```
        iterator = c.iterator();                          //返回迭代器对象
        System.out.println("集合 c 中元素: ");
        while (iterator.hasNext()) {
            System.out.print(iterator.next() + " ");
        }
        System.out.println();
        //将集合中元素存放到字符串数组中
        Object[] str = c.toArray();
        String s = "";
        System.out.println("数组中元素: ");
        for (int i = 0; i < str.length; i++) {
            s = (String) str[i];                          //将对象强制转换为字符串类型
            System.out.print(s + " ");                    //输出数组元素
        }
    }
}
```

运行结果如图 11-7 所示。

```
Console ✕  Problems  @ Javadoc  Declaration
<terminated> CollectionTest [Java Application] C:\Users\Administrator\
集合c的元素个数：4
集合c中元素个数：6
集合c中元素：
Apple Banana Pear Orange Cat Dog
---集合c中包含元素Cat---
集合c中元素：
Apple Banana Pear Orange
数组中元素：
Apple Banana Pear Orange
```

图 11-7　Collection 接口的方法使用

☆**大牛提醒**☆

任何对象加入集合类后，自动转变为 Object 类型，所以在取出时，需要进行强制类型转换。

11.3　List 集合

List 集合为列表类型，以线性方式存储对象。List 集合包括 List 接口以及 List 接口的所有实现类。List 集合中的元素允许重复，各元素的顺序就是对象插入的顺序。与 Java 数组类型类似，可通过使用索引来访问集合中的元素。

11.3.1　List 接口

List 接口继承了 Collection 接口并定义一个允许重复项的有序集合。除了由 Collection 定义的方法之外，List 还自定义了一些方法，如表 11-2 所示。

表 11-2　List 接口自定义常用方法

方 法 名	描　述
add(int index,Object a)	将 a 插入调用列表，插入位置的下标由 index 传递。任何已存在的，在插入点以及插入点之后的元素将前移。因此，没有元素被覆写
get(int index)	返回 list 集合中指定索引位置的元素
indexOf(Object a)	返回调用列表中 obj 的第一个实例的下标。如果 obj 不是列表中的元素，则返回-1
set(int index,Object a)	用 a 对调用列表中由 index 指定的位置进行赋值

11.3.2 List 接口的实现类

常用的 List 实现类有 2 个，分别是 ArrayList 类和 LinkedList 类，使用 ArrayList 类随机访问元素比较方便，插入删除元素比较耗时；使用 LinkedList 类插入删除元素比较方便，随机访问元素比较耗时。

1. ArrayList 类

ArrayList 类以数组的形式保存集合中的元素，能够根据索引位置随机且快速地访问集合中的元素。ArrayList 类常用的构造方法有 3 种重载形式，具体如下。

（1）构造一个初始容量为 10 的空列表。

```
public ArrayList()
```

（2）构造一个指定初始容量的空列表。

```
public ArrayList(int initialCapacity)
```

（3）构造一个包含指定集合元素的列表，这些元素是按照该 collection 的迭代器返回它们的顺序排列。

```
public ArrayList(Collection c)
```

【例 11.7】使用 ArrayList 类，对集合中的元素进行添加、删除和遍历等操作（源代码\ch11\11.7.txt）。

```
import java.util.ArrayList;
import java.util.Iterator;
import java.util.List;
public class ArrrayListTest {
    public static void main(String[] args) {
        ArrayList<String> list = new ArrayList<>(); //创建初始容量为 10 的空列表
        list.add("cat");
        list.add("dog");
        list.add("pig");
        list.add("sheep");
        list.add("pig");
        System.out.println("---输出集合中元素---");
        Iterator<String> iterator = list.iterator();
        while(iterator.hasNext()){
            System.out.print(iterator.next()+" ");
        }
        System.out.println();
        //替换指定索引处的元素
        System.out.println("返回替换集合中索引是 1 的元素: " + list.set(1, "mouse"));
        iterator = list.iterator();
        System.out.println("---元素替换后集合中元素---");
        while(iterator.hasNext()){
            System.out.print(iterator.next()+" ");
        }
        System.out.println();
        //获取指定索引处的集合元素
        System.out.println( "获取集合中索引是 2 的元素: "+ list.get(2));
        System.out.println("集合中第一次出现 pig 索引: " + list.indexOf("pig"));
        System.out.println("集合中最后一次出现 dog 索引: " + list.lastIndexOf("dog"));
        List<String> l = list.subList(1, 4);
        iterator = l.iterator();
        System.out.println("---新集合中的元素---");
        while(iterator.hasNext()){
```

```
                System.out.print(iterator.next()+" ");
            }
        }
    }
```

运行结果如图 11-8 所示。

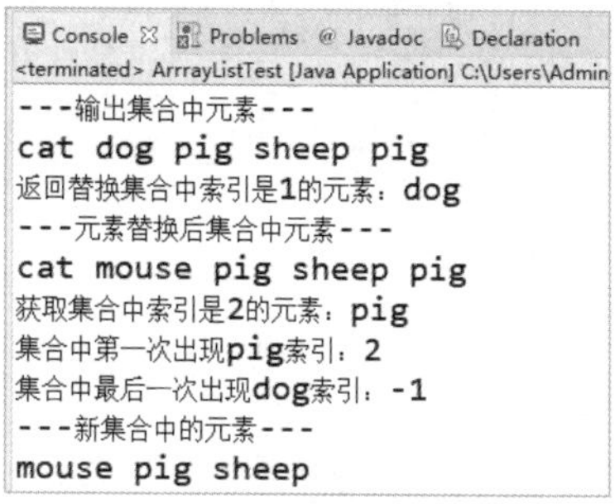

```
Console ☒  Problems  @ Javadoc  Declaration
<terminated> ArrrayListTest [Java Application] C:\Users\Admin
---输出集合中元素---
cat dog pig sheep pig
返回替换集合中索引是1的元素：dog
---元素替换后集合中元素---
cat mouse pig sheep pig
获取集合中索引是2的元素：pig
集合中第一次出现pig索引：2
集合中最后一次出现dog索引：-1
---新集合中的元素---
mouse pig sheep
```

图 11-8　ArrayList 类方法的使用

2. LinkedList 类

LinkedList 类以链表结构保存集合中的元素，随机访问集合中元素的性能较差，但向集合中插入元素和删除集合中元素的性能比较出色。

LinkedList 类除了继承 List 接口的方法外，又提供了一些方法，如表 11-3 所示。

表 11-3　LinkedList 类的方法

方 法 名	说　明
addFirst(E e)	将指定元素插入此集合的开头
addLast(E e)	将指定元素插入此集合的结尾
getFirst()	返回此集合的第一个元素
getLast()	返回此集合的最后一个元素
removeFirst()	移除并返回此集合的第一个元素
removeLast()	移除并返回此集合的最后一个元素

【例 11.8】使用 LinkedList 类提供的方法，对集合中的元素进行添加、删除、遍历等操作（源代码\ch11\11.8.txt）。

```
import java.util.Iterator;
import java.util.LinkedList;
public class LinkedListTest {
    public static void main(String[] args) {
        LinkedList<String> list = new LinkedList<>(); //创建初始容量为 10 的空列表
        list.add("cat");
        list.add("dog");
        list.add("pig");
        list.add("sheep");
        list.addLast("mouse");
        list.addFirst("duck");
        System.out.println("---输出集合中元素---");
        Iterator<String> iterator = list.iterator();
        while(iterator.hasNext()){
            System.out.print(iterator.next()+" ");
        }
        System.out.println();
```

```
        System.out.println("获取集合的第一个元素: " + list.getFirst());
        System.out.println("获取集合的最后一个元素: " + list.getLast());
        System.out.println("删除集合第一个元素" + list.removeFirst());
        System.out.println("删除集合最后一个元素" + list.removeLast());
        System.out.println("---删除元素后集合元素---");
        iterator = list.iterator();
        while(iterator.hasNext()){
            System.out.print(iterator.next()+" ");
        }
    }
}
```

运行结果如图 11-9 所示。

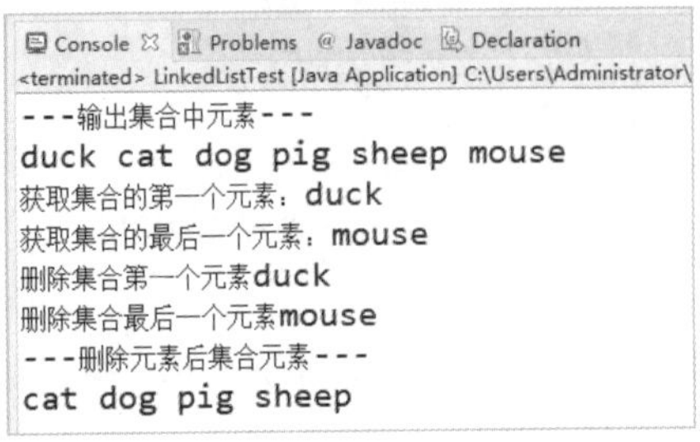

```
Console ⌧  Problems  @ Javadoc  Declaration
<terminated> LinkedListTest [Java Application] C:\Users\Administrator\
---输出集合中元素---
duck cat dog pig sheep mouse
获取集合的第一个元素：duck
获取集合的最后一个元素：mouse
删除集合第一个元素duck
删除集合最后一个元素mouse
---删除元素后集合元素---
cat dog pig sheep
```

图 11-9　LinkedList 类方法的使用

11.3.3　Iterator 迭代器

Iterator 迭代器也被称为 Iterator 接口，它是 java.util 包提供的一个接口，专门对集合进行迭代操作，其常用方法如表 11-4 所示。

表 11-4　Iterator 迭代器的常用方法

方 法 名	描　述
hasNext()	如果仍有元素可以迭代，则返回 true
next()	返回迭代的下一个元素，其返回值类型为 Object
remove()	从迭代器指向的 Collection 中移除迭代器返回的最后一个元素

☆大牛提醒☆

Iterator 本身属于一个接口，如果要想取得这个接口的实例化对象，则必须依靠 Collection 接口中定义的一个方法：public Iterator<E> iterator()。

【例 11.9】 使用 Iterator 迭代器遍历输出集合中的元素（源代码\ch11\11.9.txt）。

```
import java.util.*;  //导入java.util包
public class Test {
    public static void main(String[] args) {
        List<String> all = new ArrayList<String>() ;
        all.add("Hello") ;
        all.add("World") ;
        all.add("你好") ;
        Iterator<String> iter = all.iterator() ;
        while (iter.hasNext()) {
            String str = iter.next() ;
            System.out.println(str);
```

```
            }
        }
}
```

运行结果如图 11-10 所示。

```
Console ⊠  Problems  @ Javadoc
<terminated> Test [Java Application] C:\Us
Hello
World
你好
```

图 11-10　遍历输出集合中的元素

11.4　Set 集合

Set 集合由 Set 接口和 Set 接口的实现类组成。Set 集合中的元素不按特定的方式排序，只是简单地存放在集合中，但 Set 集合中的元素不能重复。

11.4.1　Set 接口

Set 接口继承了 Collection 接口，因此也包含 Collection 接口的所有方法。由于 Set 集合中的元素不能重复，因此在向 Set 集合中添加元素时，需要先判断新增元素是否已经存在于集合中，最后再确定是否执行添加操作。

11.4.2　Set 接口的实现类

Set 接口常用的实现类有 2 个，分别为 HashSet 类和 TreeSet 类。实例化 Set 对象语法格式如下：

```
Set<E> set1 = new HashSet <>( );          //E 表示数据类型
Set<E> set2 = new TreeSet <>( );          //E 表示数据类型
```

1. HashSet 类

HashSet 类实现了 Set 接口，不允许出现重复元素，不保证集合中元素的顺序，允许包含值为 null 的元素，但最多只能一个。HashSet 类添加一个元素时，会调用元素的 hashCode()方法，获得其哈希码，根据这个哈希码计算该元素在集合中的存储位置。HashSet 类使用哈希算法存储集合中元素，可以提高集合元素的存储速度。

HashSet 类的常用构造方法有 3 种重载形式，具体如下。

（1）构造一个新的空的 Set 集合。

```
public HashSet()
```

（2）构造一个包含指定集合中元素的 Set 新集合。

```
public HashSet(Collection c)
```

（3）构造一个新的空的 Set 集合，指定初始容量。

```
public HashSet(int initialCapacity)
```

【例 11.10】使用 HashSet 类，输出集合中的元素个数与元素对象（源代码\ch11\11.10.txt）。

```
import java.util.HashSet;
import java.util.Iterator;
public class HashSetTest {
```

```
    public static void main(String[] args) {
        HashSet<String> hash = new HashSet<>();
        hash.add("58");
        hash.add("32");
        hash.add("50");
        hash.add("48");
        hash.add("48");
        hash.add("23");
        System.out.println("集合元素个数: " + hash.size());
        Iterator<String> iter = hash.iterator();
        while(iter.hasNext()){
            System.out.print(iter.next() + " ");
        }
    }
}
```

运行结果如图 11-11 所示。

```
Console ⊠  Problems  @ Javadoc
<terminated> HashSetTest [Java Application]
集合元素个数：5
23 58 48 50 32
```

图 11-11　HashSet 类的使用

2. TreeSet 类

TreeSet 类不仅继承了 Set 接口，还继承了 SortedSet 接口，它不允许出现重复元素。由于 SortedSet 接口可实现对集合中的元素进行自然排序（即升序排序），因此 TreeSet 类会对实现了 Comparable 接口的类的对象自动排序。TreeSet 类的常用方法如表 11-5 所示。

表 11-5　TreeSet 类的常用方法

方 法 名	说　明
first()	返回此集合中当前第一个（最低）元素
last()	返回此集合中当前最后一个（最高）元素
pollFirst()	获取并移除第一个（最低）元素；如果集合为空，则返回 null
pollLast()	获取并移除最后一个（最高）元素；如果集合为空，则返回 null
subSet(E fromElement ,E toElement)	返回一个新集合，其元素是原集合从 fromElement（包括）到 toElement（不包括）之间的所有元素
tailSet(E fromElement)	返回一个新集合，其元素是原集合中 fromElement 对象之后的所有元素，包含 fromElement 对象
headSet(E toElement)	返回一个新集合，其元素是原集合中 toElement 对象之前的所有元素，不包含 toElement 对象

【例 11.11】使用 TreeSet 类的方法，对集合中的元素进行添加、删除、遍历等操作（源代码\ch11\11.11.txt）。

```
import java.util.Iterator;
import java.util.SortedSet;
import java.util.TreeSet;
public class TreeSetTest {
    public static void main(String[] args) {
        TreeSet<String> tree = new TreeSet<>();
        tree.add("45");
        tree.add("32");
        tree.add("88");
        tree.add("12");
        tree.add("20");
        tree.add("80");
```

```
        tree.add("75");
        System.out.println("集合元素个数: " + tree.size() );
        System.out.println("---集合中元素---");
        Iterator<String> iter = tree.iterator();
        while(iter.hasNext()){
            System.out.print(iter.next() + " ");
        }
        System.out.println();
        System.out.println("---集合中 20~88 的元素---");
        SortedSet<String> s = tree.subSet("20", "88");
        iter = s.iterator();
        while(iter.hasNext()){
            System.out.print(iter.next() + " ");
        }
        System.out.println();
        System.out.println("---集合中 45 之前的元素---");
        SortedSet<String> s1 = tree.headSet("45");          //包含 45
        iter = s1.iterator();
        while(iter.hasNext()){
            System.out.print(iter.next() + " ");
        }
        System.out.println();
        System.out.println("---集合中 45 之后的元素---");
        SortedSet<String> s2 = tree.tailSet("45");          //不包含 45
        iter = s2.iterator();
        while(iter.hasNext()){
            System.out.print(iter.next() + " ");
        }
        System.out.println();
        System.out.println("集合中第一个元素: "+tree.first());
        System.out.println("集合中最后一个元素: "+tree.last());
        System.out.println("获取并移出集合中第一个元素: "+tree.pollFirst());
        System.out.println("获取并移出集合中最后一个元素: "+tree.pollLast());
        System.out.println("---集合中元素---");
        iter = tree.iterator();
        while(iter.hasNext()){
            System.out.print(iter.next() + " ");
        }
        System.out.println();
    }
}
```

运行结果如图 11-12 所示。

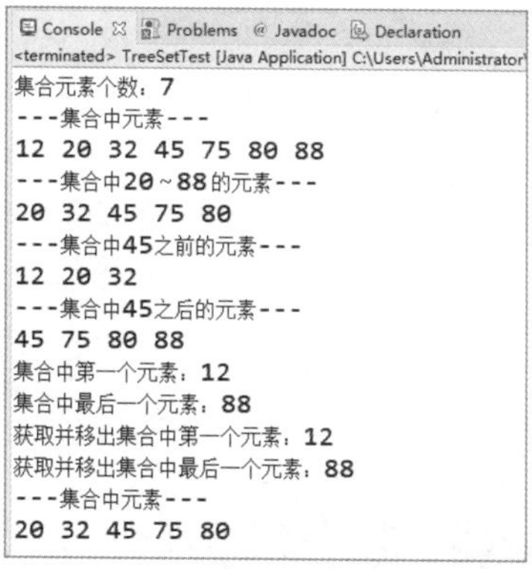

```
Console ✕  Problems  @ Javadoc  Declaration
<terminated> TreeSetTest [Java Application] C:\Users\Administrator
集合元素个数: 7
---集合中元素---
12 20 32 45 75 80 88
---集合中20~88的元素---
20 32 45 75 80
---集合中45之前的元素---
12 20 32
---集合中45之后的元素---
45 75 80 88
集合中第一个元素: 12
集合中最后一个元素: 88
获取并移出集合中第一个元素: 12
获取并移出集合中最后一个元素: 88
---集合中元素---
20 32 45 75 80
```

图 11-12　TreeSet 类的使用

11.5 Map 集合

Map 集合没有继承 Collection 接口，其提供的是 Key 到 Value 的映射关系。Map 集合中不能包含相同的 Key，每个 Key 只能映射一个 Value。Map 集合包括 Map 接口以及 Map 接口的实现类。

11.5.1 Map 接口

Map 接口映射唯一关键字 Key 到值 Value。关键字 key 用于检索值的对象，给定一个关键字和一个值，可以存储这个值到一个 Map 对象中。当这个值被存储以后，就可以使用它的关键字来检索它。Map 接口的常用方法如表 11-6 所示。

表 11-6 Map 接口的常用方法

方　法	描　述
put(Object k,Object v);	在 Map 集合中加入指定的 k 和 v 映射关系
get(Object k)	返回与关键字 k 相关联的值
void clear()	从调用映射中删除所有的关键字/值对
containsKey(Object k)	判断关键字 k 是否已经存在
containsValue(Object v)	判断是否有一个或多个关键字映射值 v
keySet()	返回一个包含 Map 集合的映射关键字的 Set 集合
entrySet()	返回包含 Map 集合的映射中的项的 Set 集合
values()	返回包含映射中值的 Collection 集合，可用 get()和 put()方法
int size()	返回映射中键值/对的个数

11.5.2 Map 接口的实现类

Map 接口常用的实现类有 2 个，分别为 HashMap 类和 TreeMap 类。实例化 Map 对象语法格式如下：

```
Map<K,V> l1 = new HashMap<>( );
Map<K,V> l1 = new TreeMap <>( );
```

1. HashMap 类

HashMap 类实现 Map 接口，集合中不接受重复关键字 Key，因此只能有一个 null 关键字和多个 null 项值。

【例 11.12】使用 HashMap 类的方法，对集合中的元素添加键值/对，并输出集合元素（源代码\ch11\11.12.txt）。

```
import java.util.Iterator;
import java.util.Set;
import java.util.HashMap;
public class HashMapTest {
    public static void main(String[] args) {
        HashMap<String, String> map = new HashMap<>();
        map.put("101", "一代天骄");        //添加键值对
        map.put("102", "成吉思汗");        //添加键值对
        map.put("103", "只识弯弓射大雕");  //添加键值对
```

```
        map.put("104", "俱往矣");          //添加键值对
        map.put("105", "数风流人物");       //添加键值对
        map.put("106", "还看今朝");         //添加键值对
        System.out.println("指定键 102 获取值: " + map.get("102"));
        Set<String> s = map.keySet();     //获取 HashMap 键的集合
        Iterator<String> iterator = s.iterator();
        //获得 HashMap 中值的集合,并输出
        String key = "";
        while(iterator.hasNext()){
            key = (String)iterator.next();//获得 HashMap 键的集合,强制转换为 String 类型
            System.out.println(key + ":" + map.get(key));
        }
    }
}
```

运行结果如图 11-13 所示。

2. TreeMap 类

TreeMap 类实现 Map 接口和 SortedMap 接口，元素不重复，且通过键值排序存储。

【例 11.13】使用 TreeMap 类的方法，排列人员工资的高低（源代码\ch11\11.13.txt）。

```
import java.util.*;
import java.util.TreeMap;
import java.util.Iterator;
public class Test {
    public static void main(String args[]) {
        //创建 TreeMap 对象
        TreeMap<Integer, String> tm = new TreeMap<>();
        //加入元素到 TreeMap 中
        tm.put(2000, "张三");
        tm.put(1500, "李四");
        tm.put(2500, "王五");
        tm.put(5000, "赵六");
        Collection<String> col = tm.values();
        Iterator<String> i = col.iterator();
        System.out.println("按工资由低到高顺序输出: ");
        while (i.hasNext()) {
            System.out.println(i.next());
        }
    }
}
```

运行结果如图 11-14 所示。

```
Console ⊠  Problems  @ Javadoc
<terminated> HashMapTest [Java Application]
指定键102获取值：成吉思汗
101:一代天骄
102:成吉思汗
103:只识弯弓射大雕
104:俱往矣
105:数风流人物
106:还看今朝
```

图 11-13　HashMap 类的使用

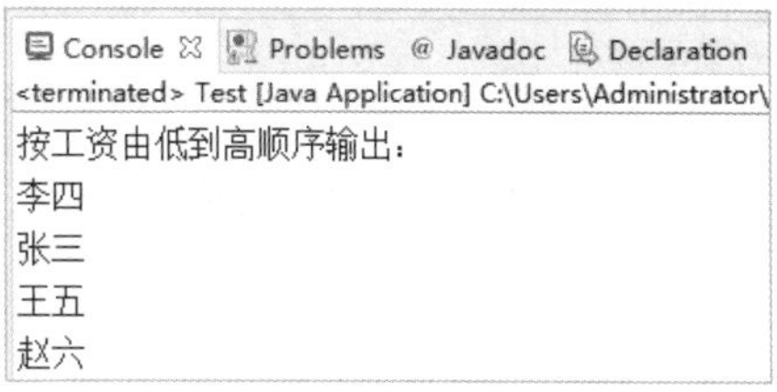

```
Console ⊠  Problems  @ Javadoc  Declaration
<terminated> Test [Java Application] C:\Users\Administrator\
按工资由低到高顺序输出：
李四
张三
王五
赵六
```

图 11-14　TreeMap 类的使用

11.6　新手疑难问题解答

问题 1：如何决定选用 HashMap 类还是 TreeMap 类？

解答：对于在Map集合中插入、删除和定位元素这类操作，HashMap类是最好的选择。然而，假如你需要对一个有序的Key集合进行遍历，TreeMap类是更好的选择。基于collection的大小，也许向HashMap类中添加元素会更快，将Map换为TreeMap类进行有序Key的遍历。

问题2：Array和ArrayList有何区别？什么时候更适合用Array？

解答：Array可以容纳基本类型和对象，而ArrayList只能容纳对象。

Array是指定大小的，而ArrayList大小是固定的。Array没有ArrayList那么多功能，例如addAll、removeAll和iterator等。尽管ArrayList明显是更好的选择，但也有时Array比较好用，例如以下情况：

- 如果列表的大小已经指定，大部分情况下是存储和遍历它们。
- 对于遍历基本数据类型，尽管Collections使用自动装箱来减轻编码任务，在指定大小的基本类型的列表上工作也会变得很慢。
- 如果你要使用多维数组，使用Array[][]要比List<List<>>更容易。

11.7 实战训练

实战1：输出个人基本信息。

编写程序，通过定义泛型与泛型方法，输出个人基本信息，运行结果如图11-15所示。

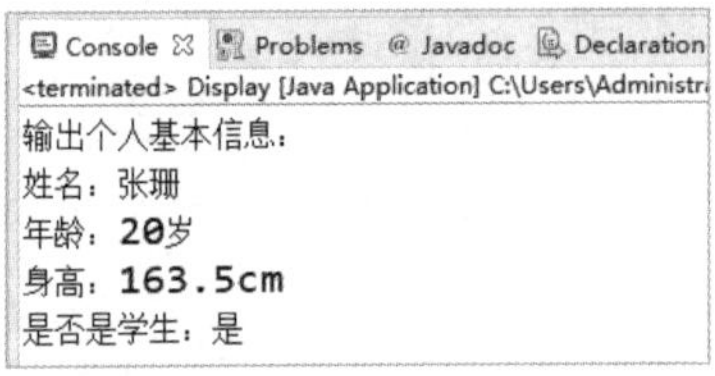

Console ✕ Problems @ Javadoc Declaration
<terminated> Display [Java Application] C:\Users\Administr
输出个人基本信息：
姓名：张珊
年龄：20岁
身高：163.5cm
是否是学生：是

图11-15 输出个人基本信息

实例2：输出学生花名册。

编写程序，通过List接口实现类保存学生花名册数据，并将其输出，运行结果如图11-16所示。

实例3：查找省会城市。

由于省名称与省会城市名称之间构成了映射关系，在编写程序时，就可以将省名称作为关键字，省会城市名称作为项值，保存在Map集合中，然后根据输入的省名称，来查找省会城市名称，运行结果如图11-17所示。

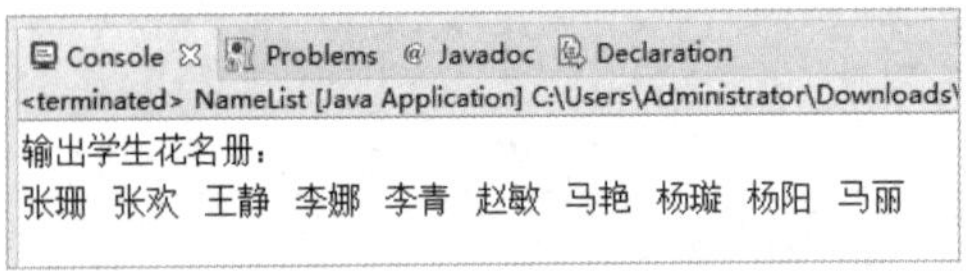

Console ✕ Problems @ Javadoc Declaration
<terminated> NameList [Java Application] C:\Users\Administrator\Downloads\
输出学生花名册：
张珊 张欢 王静 李娜 李青 赵敏 马艳 杨璇 杨阳 马丽

图11-16 输出学生花名册

图11-17 查找省会城市

第12章 Swing 程序设计

随着时代的发展和开发技术的不断进步，AWT（Abstract Window Toolkit）已经不能满足程序设计者的需求。而 Swing 的出现正好满足了这一需要，它建立在 AWT 基础之上，能够为不同平台保持相同的程序界面样式，本章介绍 Swing 的使用。

12.1 Swing 概述

Swing 是 GUI（图形用户界面）开发工具包，它是应用程序提供给用户操作的图形界面，包括窗口、菜单、按钮等图形界面元素。

12.1.1 Swing 特点

Java 中针对 GUI 设计提供了丰富的类库，这些类分别位于 java.awt 和 java.swing 包中，简称为 AWT 和 Swing。其中，AWT 是抽象窗口工具包，它是 Java 平台独立的窗口系统、图形和用户界面组件的工具包，其组件种类有限，无法实现目前 GUI 设计所需的所有功能，因此 Swing 出现了。

Swing 提供了一个用于实现包含插入式界面样式等特性的 GUI 的下层构件，使得 Swing 组件在不同的平台上都能够保持组件的界面样式特性。基于 Swing 的可移植性特点，将 Swing 提供的组件称为“轻量级组件”，将依赖于本地平台的 AWT 组件称为“重量级组件”。

在界面设计中，轻量级组件是绘制在包含它的容器中的，而不是绘制在它自己的窗口中，所以，轻量级组件最终必须包含在一个重量级容器中，因此，由 Swing 提供的小应用程序、窗体、窗口和对话框都必须是重量级组件，以便于提供一个可以用来绘制 Swing 轻量级组件的窗口。

12.1.2 Swing 包

Swing 包含了两种元素：组件和容器。组件是单独的控制元素，例如按键或者文本编辑框。组件要放到容器中才能显示出来。实质上，每个容器也都是组件，因此容器也可放到别的容器中。

1. 组件（控件）

Swing 的组件继承于 JComponent 类。JComponent 类提供了所有组件都需要的功能。JComponent 继承于 AWT 的类 Component 及其子类 Container。常见的组件有标签 JLabel、按键 JButton、输入框 JTextField、复选框 JCheckBox 和列表 JList 等。

2. 容器

容器是一种可以包含组件的特殊组件。Swing 中有两大类容器，一类是重量级容器，或者称为顶层容器（top-level container），它们不继承于 JComponent 类，包括 JFrame、JApplet、JWindow 和 JDialog 等，其最大的特点是不能被别的容器包含，只能作为界面程序的最顶层容器来包含其他组件。

第二类容器是轻量级容器，或者称为中间层容器，叫面板，它们继承于 JComponent 类，包括 JPanel、JScrollPane 等，中间层容器用来将若干个相关联的组件放在一起。由于中间层容器继承于 JComponent 类，因此它们本身也是组件，且可以包含在其他容器中。

Swing 组件的继承关系如图 12-1 所示。

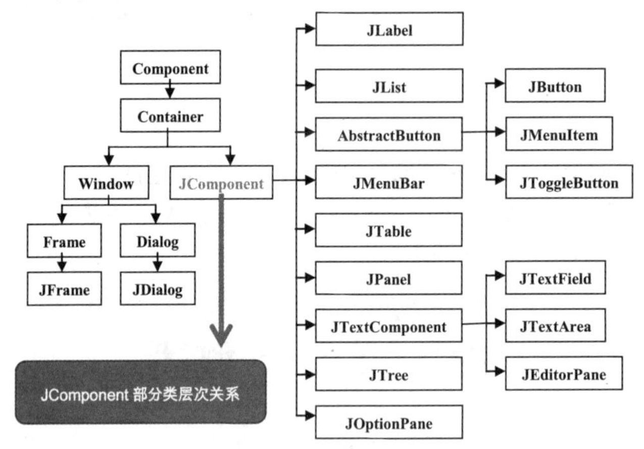

图 12-1 Swing 组件的继承关系

12.1.3 常用 Swing 组件概述

下面通过表格列出 Swing 常见组件，并简单描述其含义，让读者对组件有所了解，具体的内容将在后面详细介绍。Swing 常见组件如表 12-1 所示。

表 12-1 Swing 常见组件

组　件	含　义
JFrame	窗口框架类，顶级容器
JDialog	对话框，顶级容器
Jpanel	中间层容器，也称面板，在窗体布局其他组件
JButton	按钮组件，可显示图片文字
JRadioButton	单选按钮组件
JCheckBox	复选框按钮组件
JComBox	下拉列表框组件
JLabel	标签组件，可显示文字
JList	列表组件，显示文字
JTextArea	文本编辑区域组件
JTextField	文本编辑框组件
JPasswordField	密码编辑框组件
JOptionPane	弹出选择对话框组件

12.2 窗体框架 JFrame

窗体是承载各个组件的一个底层容器，有窗体，才有组件陈列的概念。窗体是一个窗口框架。

12.2.1 JFrame 窗体的创建

JFrame 窗体是一个独立存在的顶级容器，不能放置在其他容器之中，主要用来承载和显示其他非顶级容器和组件。JFrame 支持通用窗口所有的基本功能，例如窗口最小化、设定窗口大小等。

在程序开发中，可以通过继承 JFrame 类，并调用 JFrame 的构造方法来创建窗体。JFrame 的构造方法有以下两种：

（1）public JFrame()：表示无标题不可见窗体。

（2）public JFrame(String title)：表示有标题不可见窗体。

通过 JFrame 的构造方法可知 JFrame 对象是不显示窗体的，调用可显示方法才能看到窗体。

【例 12.1】使用两种构造方法创建窗体（源代码\ch12\12.1.txt）。

```
import javax.swing.*;
public class MyFrame extends JFrame{                    //继承 JFrame 类
    public static void main(String[] args) {
        JFrame frame = new JFrame("你好! ");            //创建有标题不可见窗口对象
        frame.setVisible(true);                         //设置窗口为可显示的
        JFrame frame2 = new JFrame();                   //创建有标题不可见窗口对象
        frame2.setVisible(true);                        //设置窗口为可显示的
        }
    }
```

运行之后窗体出现在计算机窗口的左上角，多个 JFrame 窗体叠加显示，最上面的是程序中最后设置显示的窗体。拖动窗体让两个窗体都可见，运行结果如图 12-2 所示。

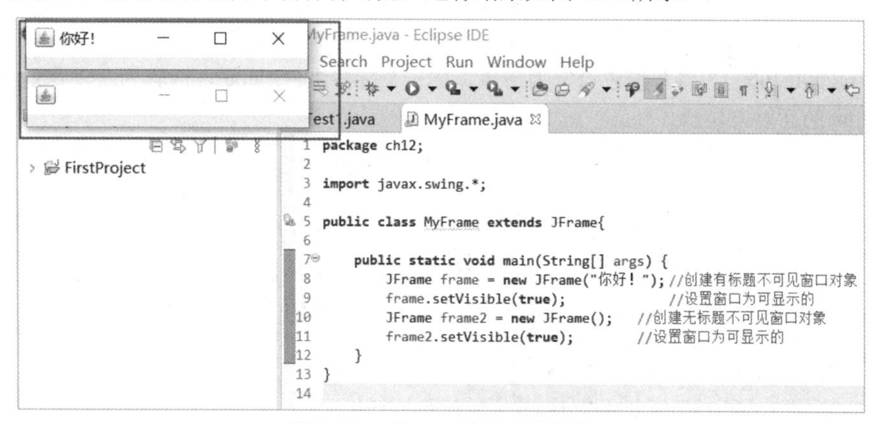

图 12-2 JFrame 窗体显示结果

12.2.2 JFrame 窗体的设置

窗体已经显示出来了，如果显示效果不能满足需要，还可以对其进行设置，JFrame 窗体的常用设置方法如表 12-2 所示。

表 12-2　JFrame 常用设置方法

JFrame 设置方法	作　用
setVisible(boolean b);	是否显示窗体，参数 true 显示，false 不显示
setSize(int width ,int height);	设置窗体大小，宽高设置
setLocation(int x,int y);	设置窗体在计算机主窗口的位置，默认值是(0,0)，在左上角
setBounds(x,y,width,height);	设置窗体在计算机主窗口的位置和窗体大小
setDefaultCloseOperation(int operation);	JFrame 窗体的关闭方式，有四种 int 常量选择
setTitle(title);	设置窗体标题
getContentPane();	获取窗体的容器，将组件添加在容器中
add(组件);	给窗体添加别的组件

以上是 JFrame 常用的设置方法，主要是位置、大小、标题的设置，还有其他组件的添加方式。JFrame 窗体的关闭方式有 4 种选项，如表 12-3 所示。

表 12-3　JFrame 窗体关闭方式

窗体关闭方式	功　能
DO_NOTHING_ON_CLOSE	单击关闭按钮时不做任何操作
DISPOSE_ON_CLOSE	单击关闭按钮时隐藏并释放窗体，该值为默认值
HIDE_ON_CLOSE	单击关闭按钮时隐藏窗体
EXIT_ON_CLOSE	单击关闭按钮时退出当前窗口并关闭程序

【例 12.2】对 JFrame 窗口进行设置（源代码\ch12\12.2.txt）。

编写程序，将窗体标题设置为 MyFrameTest，将窗体显示在计算机主窗口的（400,300）的位置，大小设置为（300,200）。将背景色设置为粉色，加一个标签组件 Jlabel，内容为："我是一个标签，我在 FJFrame 的面板上显示！"。

```
import java.awt.*;
import javax.swing.*;
public class MyFrame2  extends JFrame{
    public static void main(String[] args) {
        JFrame frame2 = new JFrame();            //创建无标题不可见窗口对象
        frame2.setLocation(400, 300);            //设置窗体在计算机窗口上的位置
        frame2.setTitle("MyFrameTest");          //设置窗体标题
        frame2.setSize(300, 200);                //设置窗体大小
        frame2.getContentPane().setBackground(Color.pink); //设置背景色为粉色
                                                 //创建一个标签组件,并初始化内容
        JLabel label = new JLabel("我是一个标签,我在 FJFrame 的面板上显示! ");
        frame2.add(label);                       //将标签组件添加到窗体
        frame2.setVisible(true);                 //显示窗体
        }
    }
```

运行结果如图 12-3 所示，该窗体在计算机主窗口的中间显示。

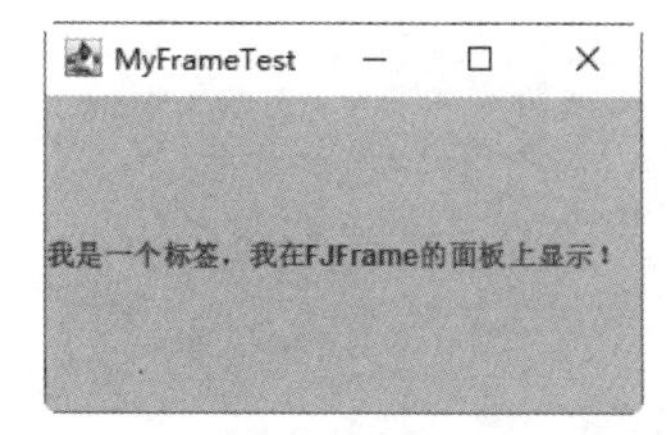

图 12-3　经过初步设置的 JFrame 窗体

☆大牛提醒☆

其实每一个顶级窗体都自带一个面板，在窗体上添加的所有组件其实都是添加到该面板上，所以对窗体设置背景色其实设置的是面板的背景色，如果一定要给窗体设置背景色，需要先通过“frame2.getContentPane().setVisible(false);”语句关掉自带面板，再用 setBackground()来设置颜色，但这时别的组件就添加不进来了。

12.3　布局管理器

窗体中包含很多组件，每个组件所处位置是经过精心设计的，想得到一个美观的组件布局，需要布局管理器的设置。用户界面设计中的布局管理一般用 AWT 提供的流布局管理器、边界布局管理器和网格布局管理器。

12.3.1　FlowLayout 流布局管理器

FlowLayout 流布局管理器是将组件从左到右一个一个，从上到下一行一行布满界面。当窗口大小改变时，组件大小不变，位置发生改变。流布局管理器的构造方法有如下三种：

（1）Flow Layout()：无参方法，组件之间没间隔，每一行组件居中对齐。

（2）Flow Layout(int alignment)：组件之间没间隔，根据 alignment 对齐，该参数取值见表 12-4 所示。

（3）Flow Layout(int alignment，int horizGap,int vertGap)：组件间有水平垂直间隔，根据 alignment 对齐。

表 12-4　流布局管理器中参数 alignment 的取值说明

参数 alignment 的取值	说　明
FlowLayout.LEFT	组件左对齐
FlowLayout.CENTER	组件居中对齐
FlowLayout.RIGHT	组件右对齐

【例 12.3】使用 FlowLayout 布局按钮（源代码\ch12\12.3.txt）。

将多个按钮通过流布局管理器布局，每一行左对齐，间隔为上下左右都为 5 像素。

```
import java.awt.*;          //引入 awt 包来获得布局管理器类
import javax.swing.*;       //引入 swing 包来获得各种组件类
public class FlowTest extends JFrame {
    public FlowTest() {
        setTitle("流布局多个按钮");
        setLayout(new FlowLayout(FlowLayout.LEFT, 5, 5));
                            //设置流布局,左对齐,间隔为上下左右 5 像素
```

```
        setBounds(400, 300, 300, 200);          //设置窗口大小和位置
        JButton[] butt = new JButton[20];       //创建按钮数组,能装下 20 个按钮
        for (int i = 0; i < 20; i++) {          //循环创建 20 个按钮,并添加到窗口
            butt[i] = new JButton(String.valueOf(i));
            add(butt[i]);
        }
        setVisible(true);                       //显示窗口
    }

    public static void main(String[] args) {
        FlowTest testFrame = new FlowTest();
    }
}
```

运行结果如图 12-4 所示。

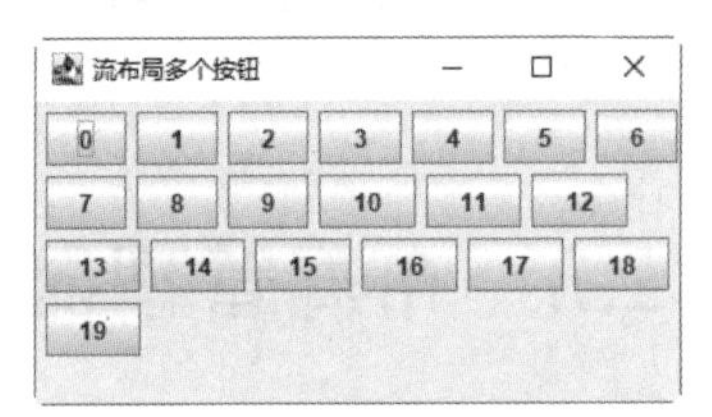

图 12-4　流布局多个按钮结果

12.3.2　BorderLayout 边界布局管理器

窗体初始创建时，默认的是边界布局，边界布局是将容器界面划分成上北、下南、左西、右东和中部五个区域，再通过 add()方法将组建分别放在不同的区域，组件占据整个区域。边界布局的构造方法如下：

```
Border Layout();
```

用 add()方法添加组件的语法：

```
add(组件,BorderLayout.区域);
```

边界布局的 5 个区域划分如表 12-5 所示。

表 12-5　边界布局区域划分说明表

边界布局区域	含　义
BorderLayout.EAST	布局东部区域
BorderLayout.SOUTH	布局南部区域
BorderLayout. WEST	布局西部区域
BorderLayout.NORTH	布局北部区域
BorderLayout.CENTER	布局中部区域

☆**大牛提醒**☆

在边界布局状态下，不指定区域添加组件，组件将添加至中部，且占据整个区域。如果一个区域添加多个组件，组件之间将被覆盖只显示最后添加的组件。

【例 12.4】使用 BorderLayout 布局东南西北中，并给各个区域添加按钮组件并表明区域名称（源代码\ch12\12.4.txt）。

```
import java.awt.BorderLayout;   //引入边界布局类
import javax.swing.*;           //引入 Swing 包来调用组件类
```

```
public class LayoutDirection extends JFrame {
    public static void main(String[] args) {
        JFrame layoutFrame = new JFrame();                          //创建一个主窗口
        layoutFrame.setBounds(400, 300, 300, 200);                  //设置窗口位置和大小
        String names[] = { "东", "南", "西", "北", "中" };          //布局区域的名称数组
        JButton[] butts = new JButton[5];                           //创建 5 个按钮
        for (int i = 0; i < 5; i++) {
            butts[i] = new JButton(names[i]);                       //初始化 5 个按钮
        }
        //将 5 个按钮放置在布局的 5 个指定区域
        layoutFrame.add(butts[0], BorderLayout.EAST);
        layoutFrame.add(butts[1], BorderLayout.SOUTH);
        layoutFrame.add(butts[2], BorderLayout.WEST);
        layoutFrame.add(butts[3], BorderLayout.NORTH);
        layoutFrame.add(butts[4], BorderLayout.CENTER);
        layoutFrame.setVisible(true);                               //显示窗口
    }
}
```

运行结果如图 12-5 所示。

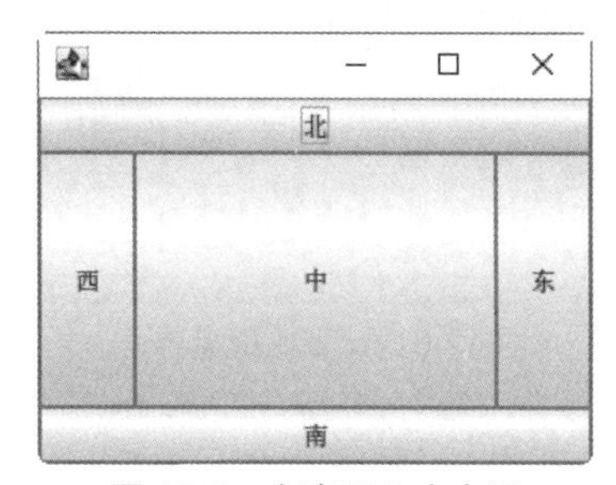

图 12-5　东南西北中布局

12.3.3　GridLayout 网格布局管理器

网格布局是指将容器划分成等高等宽的多行多列的网格，一个组件占据一个网格。网格布局的构造方法如下：

（1）GridLayout(int rows,int columns)：rows 行 columns 列的网格，网格之间没间隔。

（2）GridLayout(int rows,int columns，int horizGap,int vertGap)：rows 行 columns 列的网格，网格之间有间隔。

网格布局有如下特征：

（1）容器成 rows 行×columns 列网格分布，每行每列等比例划分，等高等宽。

（2）组件必须占据所有行，不能空行；可不占据所有列，可以空列。

（3）组件从左到右，从上到下顺序添加。

（4）当容器大小发生变化时，组件位置不变，大小对应着变大变小。

（5）当组件个数超出设定网格个数，会自动增加网格列数，但不改变行数。

（6）可以设置网格行数或者列数为 0，表示对应的行数或者列数个数不定，根据实际情况增加。

【例 12.5】使用 GridLayout 网格布局容器，将计算器的键盘显示出来（源代码\ch12\12.5.txt）。

```
import java.awt.*;
import javax.swing.*;
public class CalcuBoard extends JFrame{
    public CalcuBoard() {
        setTitle("计算器键盘");
```

```
        setLayout(new GridLayout(4,4));                    //设置网格局,4×4
        setBounds(400,300,400,300);                        //设置窗口大小和位置
        //键盘显示内容
        String names[] = {"7","8","9","+","4","5","6","-","1","2","3","*",".","0","=", "/"};
        JButton[] butt = new JButton[16];                  //创建按钮数组,能装下 16 个按钮
        for(int i=0;i<16;i++) {                            //循环创建 16 个按钮并添加到窗口
            butt[i] = new JButton(names[i]);
            add(butt[i]);
        }
        setVisible(true);                                  //显示窗口
    }
    public static void main(String[] args) {
        new CalcuBoard();
        }
    }
```

运行结果如图 12-6 所示。

图 12-6　计算器键盘界面

12.4　常用面板

面板是一个容器组件，用来管理窗体内的组件布局。面板不是顶级容器，所以必须放在窗体这样的顶级容器中。本节将讲述 JPanel 面板和 JScrollPane 面板。

12.4.1　JPanel 面板

如果将所有的组件都添加到由 JFrame 窗体提供的默认组件容器中，将存在如下两个问题：

（1）一个界面中的所有组件只能采用一种布局方式，这样很难得到一个美观的界面；

（2）有些布局方式只能管理有限个组件，例如 JFrame 窗体默认的 BorderLayout 布局管理器，最多只能管理 5 个组件。

针对上面这两个问题，通过使用 JPanel 面板就可以解决，首先将面板和组件添加到 JFrame 窗体中，然后再将子面板和组件添加到上级面板中，这样就可以向面板中添加无数个组件，并且通过对每个面板采用不同的布局管理器，真正解决众多组件间的布局问题。JPanel 面板默认采用 FlowLayout 布局管理器。

创建 JPanel 面板的语法格式如下：

```
JPanel 面板名称 = new JPanel(布局设定);
```

将面板直接通过 add()方法进行添加即可。

【例 12.6】使用 JPanel 面板在默认的边界布局中间再添加一个面板，将其布局设置为 BorderLayout 布局，并表明双层布局的位置（源代码\ch12\12.6.txt）。

```
import java.awt.*;
import javax.swing.*;
public class DoubleBorder  extends JFrame{
    public DoubleBorder() {
        setTitle("双层布局");
        setBounds(400,300,400,300);                          //设置窗口大小和位置
        String names[] = {"外东","外南","外西","外北"};  //外布局区域的名称数组
        String names2[] = {"EAST","SOUTH","WEST","NORTH","CENTER"};
                                                              //面板布局区域的名称数组
        JButton[] butts = new JButton[4];                    //创建 4 个按钮
        for(int i=0;i<4;i++) {
            butts[i] = new JButton(names[i]);                //初始化 4 个按钮
        }
        //将 4 个按钮放置在外布局的 4 个指定区域
        add(butts[0],BorderLayout.EAST);
        add(butts[1],BorderLayout.SOUTH);
        add(butts[2],BorderLayout.WEST);
        add(butts[3],BorderLayout.NORTH);
        JPanel centerPanel = new  JPanel();                  //创建一个面板
        centerPanel.setLayout(new BorderLayout());           //设置面板布局
        JButton[] butts2 = new JButton[5];                   //创建 5 个按钮
        for(int i=0;i<5;i++) {
            butts2[i] = new JButton(names2[i]);              //初始化 5 个按钮
        }
        //将 5 个按钮放置在面板布局的 5 个指定区域
        centerPanel.add(butts2[0],BorderLayout.EAST);
        centerPanel.add(butts2[1],BorderLayout.SOUTH);
        centerPanel.add(butts2[2],BorderLayout.WEST);
        centerPanel.add(butts2[3],BorderLayout.NORTH);
        centerPanel.add(butts2[4],BorderLayout.CENTER);
        add(centerPanel,BorderLayout.CENTER);                //再将面板加入到外部局的中心
        setVisible(true);                                    //显示窗口
    }
    public static void main(String[] args) {
        new DoubleBorder();
        }
    }
```

运行结果如图 12-7 所示。

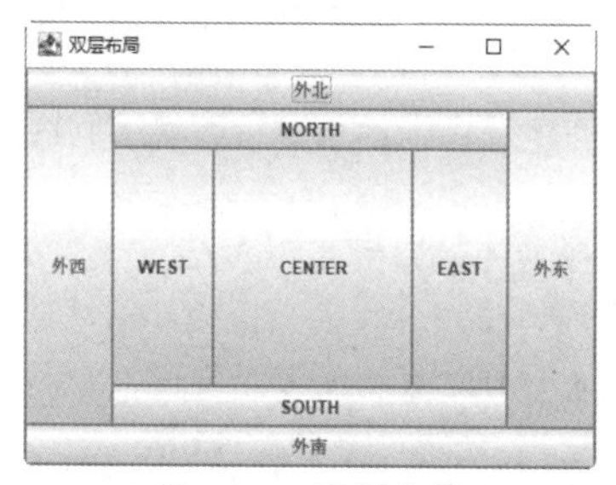

图 12-7　双层布局

12.4.2　JScrollPane 滚动面板

滚动面板是一个通过滚动条来显示大篇幅内容，进而节省空间的容器组件。一个滚动面板只能放置一个组件，但是可以通过包含多个组件的 JPanel 面板来实现多个组件的添加。

滚动面板创建语法格式如下：

```
JScrollPane 滚动面板名称 = new JScrollPane (组件);
```

【例 12.7】使用 JScrollPane 滚动面板滚动阅读文章（源代码\ch12\12.7.txt）。

```
import java.awt.*;
import javax.swing.*;
public class RollingReading extends JFrame{
    public RollingReading() {
        setTitle("滚动阅读朱自清的《春》");
        setBounds(400,300,400,300);                         //设置窗口大小和位置
        //显示的文章
        String article = "盼望着,盼望着,东风来了,春天的脚步近了.……";
        JTextArea  text= new JTextArea(article);            //多行文本框来显示文章
        text.setLineWrap(true);                             //设置多行文本框自动换行
        JScrollPane scroll = new JScrollPane(text);         //创建滚动面板
        add(scroll,BorderLayout.CENTER);
        setVisible(true);                                   //显示窗口
    }
    public static void main(String[] args) {
        new RollingReading();
        }
    }
```

运行结果如图 12-8 所示。

图 12-8　滚动阅读文章

12.4.3　选项卡面板

选项卡面板由 javax.swing.JTabbedPane 类实现，通过它可以将一个复杂的对话框分割成若干个选项卡，实现对信息的分类显示和管理，使界面更加简洁美观，还可以减少窗体数量。

JTabbedPane 面板的创建是先创建选项卡面板，然后将不同内容的面板当作选项卡插进去，语法格式如下：

```
JTabbedPane tab = new JTabbedPane();            //创建一个空的选项卡面板
tab.addTab("选项卡名", 一个面板);                //将面板放入两个选项卡中
```

【例 12.8】使用 JTabbedPane 选项卡面板切换多个界面（源代码\ch12\12.8.txt）。

```
import javax.swing.*;
public class TabPanel  extends JFrame {
    public TabPanel() {
        setTitle("选项卡面板");
        setBounds(400,300,400,300);             //设置窗口大小和位置
        JTabbedPane tab = new JTabbedPane();    //创建一个空的选项卡面板
        JPanel panel1 = new JPanel();           //创建两个面板用于放在两个选项卡面板中
        JPanel panel2 = new JPanel();
        JButton button = new JButton("我在按钮页的按钮! ");    //不同面板放不同的东西
        JLabel label = new JLabel("我是标签页的标签! ");
        panel1.add(button);                                    //对应面板中放入对应组件
```

```
        panel2.add(label);
        tab.addTab("按钮页", panel1);                    //将两个面板放入两个选项卡中
        tab.addTab("标签页", panel2);
        add(tab);                                        //将选项卡放入主窗口中
        setVisible(true);                                //显示窗口
    }
    public static void main(String[] args) {
        new TabPanel();
        }
    }
```

运行结果如图 12-9 所示。

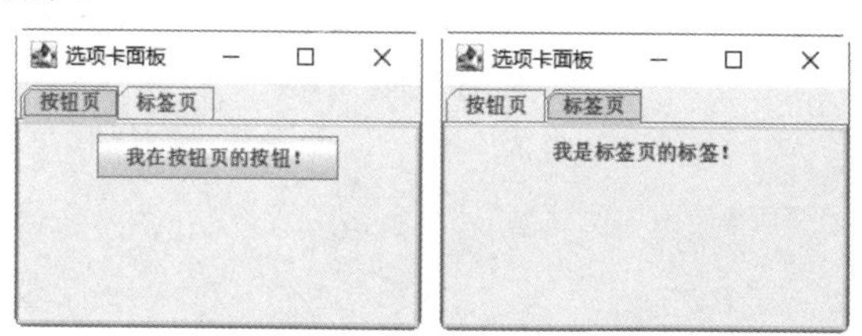

图 12-9 选项卡面板有多个面板

12.5 Swing 常用组件

Swing 常用控件包括 JLabel、JButton 和 JTextArea 等，下面进行详细介绍。

12.5.1 JLabel 标签组件

JLabel 组件用来显示文本和图像，可以只显示其中的一者，也可以二者同时显示。JLabel 组件提供了一系列用来设置标签的方法，如表 12-6 所示。

表 12-6 JLabel 常用方法说明

JLabel 标签方法	作 用
setText(String text);	给标签添加文字，会覆盖替换原来的值
setFont(Font font);	给标签文字设置字体
setHorizontalAlignment(int alignment);	设置文字对齐方式
setIcon(Icon icon);	给标签添加图标
setHorizontalTextPosition(int textPosition);	标签内图标的说明文相对于图表的水平位置设定
setVerticalTextPosition(int textPosition);	标签内图标的说明文相对于图表的垂直位置设定

Java 中有一个图标类 ImageIcon，能够创建多种图片文件类型的对象，图标是通过标签或者按钮等组件来显示在界面。图标可通过如下几个构造方法来创建：

（1）ImageIcon()：无参构造方法创建通用对象，可通过方法 setImage（图片）来进行添加和使用。

（2）ImageIcon（图片）：通过图片源来创建。

（3）ImageIcon（图片，描述字符串）：通过图片源来创建，并带有图片说明。

（4）ImageIcon（Url url）：通过路径 url 上的图片来创建。

图片说明文字相对于图片位置的参数有 3 个，如表 12-7 所示。

表 12-7 设置图片与文字位置的参数说明

静 态 常 量	常 量 值	标签内容显示位置
TOP	1	文字显示在图片的上方
CENTER	0	文字与图片在垂直方向重叠显示
BOTTOM	3	文字显示在图片的下方

【例 12.9】使用 JLabel 组件与图标类同时显示文本和图片标签（源代码\ch12\12.9.txt）。

```
import java.awt.*;
import java.net.URL;
import javax.swing.*;
public class Foxi extends JFrame {
    public Foxi() {
        setTitle("水果图片");
        setBounds(400,300,400,300);                          //设置窗口大小和位置
        JLabel label = new JLabel("多吃水果身体好！");          //创建标签
        try {
            URL url = Foxi.class.getResource("image/20.jpg"); //获得图片路径
            ImageIcon icon = new ImageIcon(url);              //获得图片
            label.setIcon(icon);                              //将图片添加到标签
            Font font = new Font("黑体",Font.PLAIN,32);        //设置标签文字字体
            label.setFont(font );
            label.setForeground(Color.red);                   //设置标签字体颜色为红色
        }catch(Exception e) {
            e.printStackTrace();
        }
        add(label);                                           //添加标签
        setVisible(true);                                     //显示窗口
    }
    public static void main(String[] args) {
    new Foxi();
        }
    }
```

运行结果如图 12-10 所示。

图 12-10 显示图片与文字

☆大牛提醒☆

如果只是通过图片的名称来创建图片对象，则需要将图片和相应的类文件放在同一路径下，否则将无法正常显示图片。

12.5.2　JButton 按钮组件

JButton 按钮组件是能带文字说明、能显示图片、能触发事件的组件。创建按钮的构造方法有如下几种形式：

（1）JButton ()：无参构造方法创建通用按钮。

（2）JButton（字符串）：字符串初始化按钮的创建。

（3）JButton（Icon 图标）：创建一个图标按钮。

（4）JButton（字符串，Icon 图标）：带有文本和图标的按钮。

对按钮进行相应的设置是通过如下几个常用方法来实现，如表 12-8 所示。

表 12-8　JButton 按钮组件的常用方法

方　法	功　能
setIcon(Icon icon);	设置图标。图标按钮
setText(String text);	添加文字，一般是按钮名称
setToolTipText(String text);	提示文字，当鼠标处在按钮上所出现的提示文字
setBorderpainted(boolean b);	边框设置，true 表示有边框，否则没有
setEnable(boolean b);	可用设置，默认为 true 可用，false 不可用
addActionListener();	事件监听器，可进行动作设置

【例 12.10】使用 JButton 按钮组件，当单击按钮时出现 Java 图标和说明文字（源代码\ch12\12.10.txt）。

```
import java.awt.*;
import java.awt.event.*;
import javax.swing.*;
public class Surprise extends JFrame {
    /**
     *
     */
    private static final long serialVersionUID = 1L;
    public Surprise() {
        setTitle("按钮点出惊喜");
        setBounds(400,300,400,300);                //设置窗口大小和位置
        JButton button = new JButton("点我");
        add(button,BorderLayout.NORTH);
        JLabel label = new JLabel();
        add(label,BorderLayout.CENTER);
        ImageIcon icon = new ImageIcon(getClass().getResource("image/java.jpg"));
                                                   //获得图片
        icon.setImage(icon.getImage().getScaledInstance(150,150,Image.SCALE_DEFAULT));
                                                   //设置大小
        Font font = new Font("宋体",Font.BOLD,32); //设置文字字体
        label.setFont(font );
        label.setForeground(Color.red);            //设置标签字体颜色为红色
                                                   //给按钮添加事件监听器
        button.addActionListener(new ActionListener() {
            public void actionPerformed(ActionEvent arg0) {
                label.setIcon(icon);               //将图片添加到标签
                label.setText("Java 在这里！");     //并显示文字
            }
        });
```

```
        setVisible(true);                              //显示窗口
    }
    public static void main(String[] args) {
        new Surprise();
        }
    }
```

运行结果如图 12-11 所示。

图 12-11 使用按钮点出惊喜

12.5.3 JRadioButton 单选按钮组件

单选按钮一般用于判断问题的是与否，默认情况下，单选按钮由一个圆形图标和说明文字组成，选中时圆形图标变实心。在实际应用中，可以将多个单选按钮组合起来使用。

1. 创建单选按钮

创建单选按钮的构造方法有如下几种形式：

（1）JRadioButton ()：无参构造方法创建通用未选中的单选按钮。

（2）JRadioButton（字符串）：字符串初始化的未选中的单选按钮。

（3）JRadioButton（Icon 图标）：创建一个图标未选中的单选按钮。

（4）JRadioButton（字符串，Icon 图标）：带有文本和图标的未选中的单选按钮。

（5）JRadioButton（Icon 图标，boolean selected）：字符串初始化的选中了的单选按钮。

（6）JRadioButton（字符串，Icon 图标，boolean selected）：带有文本和图标的未选中的单选按钮。

【例 12.11】使用 JRadioButton 单选按钮组件设计一个登录按钮，当确认同意协议后，再单击“登录”按钮，才能成功登录（源代码\ch12\12.11.txt）。

```
import java.awt.*;
import java.awt.event.*;
import javax.swing.*;

public class ConfirmAgreement extends JFrame {
    /**
     *
     */
    private static final long serialVersionUID = 1L;

    public ConfirmAgreement() {
        setTitle("确认协议");
        setBounds(400, 300, 200, 150);                //设置窗口大小和位置
        setLayout(new FlowLayout());
        JButton button = new JButton("登录");         //登录按钮
        add(button);
        //协议确认单选按钮
        JRadioButton confirm = new JRadioButton("我同意如下安全协议…");
        add(confirm);
```

```
        JLabel label = new JLabel();
        add(label);
        //给按钮添加事件监听器
        button.addActionListener(new ActionListener() {
            public void actionPerformed(ActionEvent arg0) {
                if (confirm.isSelected()) {             //当协议按钮被选择了执行如下代码
                    label.setText("登录成功! ");            //显示成功登录信息
                    button.setVisible(false);           //让按钮消失看不见
                    confirm.setVisible(false);
                } else {
                    label.setForeground(Color.red);     //设置标签字体颜色为红色
                    label.setText("请同意确认安全协议! "); //否则显示提示文
                }
            }
        });
        setVisible(true);                               //显示窗口
    }

    public static void main(String[] args) {
        new ConfirmAgreement();
    }
}
```

运行结果如图 12-12 所示。

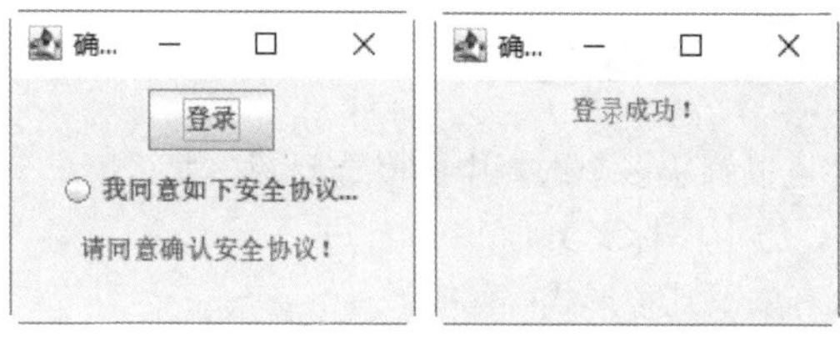

图 12-12　协议确认实例

2. 单选按钮的组合

单选按钮的组合是指将多个单选按钮组合起来，其中一个被选中时，其余的自动取消选择，这样可以解决多种选择中的单选问题。单选按钮的组合通过 Swing 的 ButtonGroup 按钮组类来实现，可以使用 add()方法添加多个单选按钮对象。

【例 12.12】 设计一道单选题，通过单选按钮的组合来实现单项选择题的功能（源代码\ch12\12.12.txt）。

```
import java.awt.*;
import javax.swing.*;
public class SingleChoice extends JFrame {
    /**
     *
     */
    private static final long serialVersionUID = 1L;
    public SingleChoice() {
        setTitle("单项选择");
        setBounds(400, 300, 200, 150);                          //设置窗口大小和位置
        JLabel question = new JLabel("1. 你最喜欢哪种编程语言? "); //问题
        add(question, BorderLayout.NORTH);
        JPanel panel = new JPanel();                            //创建一个面板
        panel.setLayout(new GridLayout(4, 1, 2, 5));
        String[] answer = { "java", "C++", "python", "C#"};     //答案
        JRadioButton choice[] = new JRadioButton[4];            //单选按钮
        ButtonGroup group = new ButtonGroup();                  //按钮组
        for (int i = 0; i < 4; i++) { //将四个按钮作为答案放入按钮组中
```

```
            choice[i] = new JRadioButton(answer[i]);
            panel.add(choice[i]);
            group.add(choice[i]);
        }
        add(panel);
        setVisible(true);                                   //显示窗口
    }

    public static void main(String[] args) {
        new SingleChoice();
    }
}
```

运行结果如图 12-13 所示。

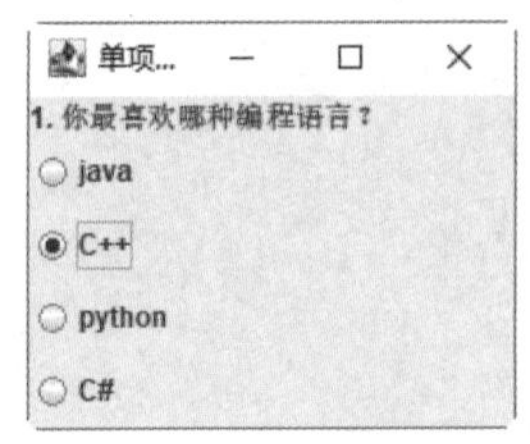

图 12-13　单项选择题

12.5.4　JCheckBox 复选框组件

JCheckBox 复选框组件可以解决多个选择中的多选问题，默认情况下，复选框由一个方形图标和说明文字组成，当选中时，方形图标变实心。

创建复选框的构造方法有如下几种形式：

（1）JCheckBox ()：无参构造方法创建通用未选中的复选按钮。

（2）JCheckBox（字符串）：字符串初始化的未选中的复选按钮。

（3）JCheckBox（Icon 图标）：创建一个图标未选中的复选按钮。

（4）JCheckBox（字符串，boolean checked）：带有文本和图标的未选中的复选按钮。

（5）JCheckBox（Icon 图标，boolean checked）：字符串初始化的选中了的复选按钮。

【例 12.13】设计一份调查问卷，调查同学们喜欢的水果种类（源代码\ch12\12.13.txt）。

```
import java.awt.*;
import java.awt.event.ActionEvent;
import java.awt.event.ActionListener;
import javax.swing.*;
public class Fruit extends JFrame {
    /**
     *
     */
    private static final long serialVersionUID = 1L;
    public String[] fruits = { "苹果" "香蕉" "蜜桃" "西瓜" "火龙果" "芒果" };
    public JCheckBox choice[] = new JCheckBox[6];//单选按钮

    public Fruit() {
        setTitle("喜欢的水果");
        setBounds(400, 300, 180, 150);              //设置窗口大小和位置
        JLabel question = new JLabel("1. 你喜欢哪种水果? ");//问题
        add(question, BorderLayout.NORTH);          //问题标签组件放在最上面
        JPanel panel = new JPanel();                //创建一个面板放在中间
        panel.setLayout(new FlowLayout());
        for (int i = 0; i < 6; i++) {               //将喜欢的水果标签组件放在面板中
```

```
            choice[i] = new JCheckBox(fruits[i]);
            panel.add(choice[i]);
        }
        add(panel, BorderLayout.CENTER);
        JButton button = new JButton("确认"); //确认按钮
        button.addActionListener((ActionListener) new ActionListener() {
          //引发的事件在控制台输出喜欢的水果
            public void actionPerformed(ActionEvent arg0) {
                for (int i = 0; i < 6; i++) {
                    if (choice[i].isSelected() == true) {
                        System.out.println("喜欢吃" + choice[i].getText());
                    }
                }
            }
        });
        add(button, BorderLayout.SOUTH);
        setVisible(true); //显示窗口
    }

    public static void main(String[] args) {
        new Fruit();
    }
}
```

运行结果如图 12-14 所示。

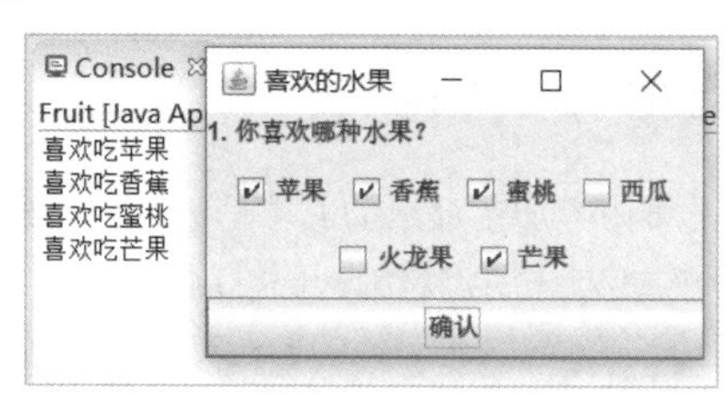

图 12-14　选择喜欢的水果

12.5.5　JTextField 文本框组件

JTextField 文本框组件用来显示和编辑单行文本内容。创建文本框组件的构造方法如下：

（1）JTextField()：无参构造方法创建通用文本框组件对象，可通过方法 setText（字符串内容）来进行添加和使用。

（2）JTextField（字符串）：字符串初始化的文本框组件对象的创建。

（3）JTextField（int 型长度）：指定长度的文本框组件对象。

（4）JTextField（字符串，int 型长度）：字符串初始化，并指定长度的文本框组件对象。

（5）JTextField（Document 型存储模型，字符串，int 型长度）：指定存储模型，字符串初始化，并指定长度的文本框组件对象。

【例 12.14】创建一个文本框，并在上面输入名字（源代码\ch12\12.14.txt）。

```
import java.awt.*;
import javax.swing.*;
public class WriteName extends JFrame {
    /**
     *
     */
    private static final long serialVersionUID = 1L;

    public WriteName() {
```

```
        setTitle("输入姓名文本框");
        setBounds(400, 300, 250, 150);                //设置窗口大小和位置
        setLayout(new FlowLayout());                  //设置窗口布局
        JLabel label = new JLabel("请输入姓名：");     //创建标签
        add(label);
        JTextField name = new JTextField();           //创建文本框
        name.setColumns(20);                          //设置文本框长度
        add(name);
        setVisible(true);                             //显示窗口
    }

    public static void main(String[] args) {
        new WriteName();
    }
}
```

运行结果如图 12-15 所示。

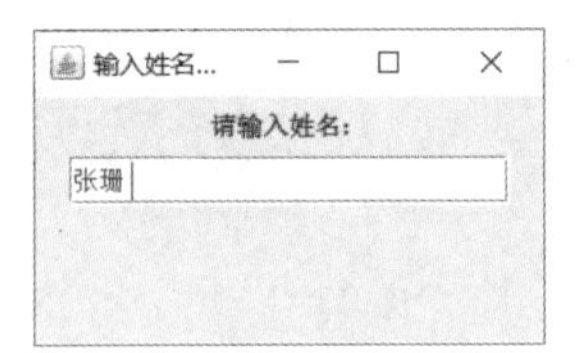

图 12-15　文本框输入文字

12.5.6　JPasswordField 密码框组件

JPasswordField 密码框组件是将内容加密显示的文本框组件。创建密码框组件的构造方法如下：

（1）JPasswordField ()：无参构造方法创建通用密码框组件对象。

（2）JPasswordField（字符串）：字符串初始化的密码框组件对象的创建。

（3）JPasswordField（int 型长度）：指定长度的密码框。

（4）JPasswordField（字符串，int 型长度）：字符串初始化，并指定长度的密码框组件对象。

（5）JPasswordField（Document 型存储模型，字符串，int 型长度）：指定存储模型，字符串初始化，并指定长度的密码框组件对象。

设置密码框的回显文可以通过 setEchoChar（字符）方法来实现，获取密码框内容可以通过 getPassword()方法来实现，返回的是字符数组。

【例 12.15】创建一个密码文本框，并在上面输入密码，看密码的加密回显形式（源代码\ch12\12.15.txt）。

```
import java.awt.*;
import javax.swing.*;
public class Password extends JFrame {
    /**
     *
     */
    private static final long serialVersionUID = 1L;

    public Password() {
        setTitle("输入密码");
        setBounds(400, 300, 250, 150);                //设置窗口大小和位置
        setLayout(new FlowLayout());                  //设置窗口布局
        JLabel label = new JLabel("请输入密码：");     //创建标签
        add(label);
        JPasswordField pwd = new JPasswordField();    //创建文本框
```

```
        pwd.setColumns(20);       //设置文本框长度
        add(pwd);
        setVisible(true);         //显示窗口
    }

    public static void main(String[] args) {
        new Password();
    }
}
```

运行结果如图 12-16 所示。

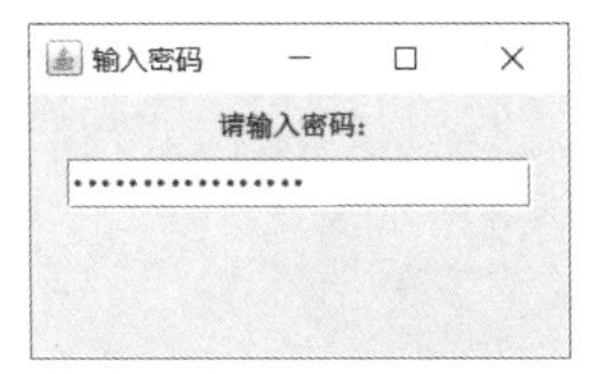

图 12-16　密码框实例

12.5.7　JTextArea 文本域组件

JTextArea 文本域组件是用来处理多行文本的。创建 JTextArea 文本域组件的构造方法如下：

（1）JTextArea ()：无参构造方法创建通用文本域组件对象。

（2）JTextArea（字符串）：字符串初始化的文本域组件对象的创建。

（3）JTextArea（int rows，int columns）：指定行数和列数的文本域组件对象。

（4）JTextArea（Document 型存储模型，字符串，int rows，int columns）：指定存储模型，字符串初始化，行数和列数的文本域组件对象。

（5）JTextArea（Document 型存储模型）：指定存储模型的文本域组件对象，此时字符串，行数和列数取值为（null,0,0）。

JTextArea 文本域组件常用的方法如表 12-9 所示。

表 12-9　JTextArea 文本域组件的常用方法

方　法	功　能
append(String str)	将指定文本追加到文档结尾
insert(String str, int pos)	将指定文本插入指定位置
replaceRange(String str, int start, int end)	用指定新文本替换指示的起末位置之间的文本
getColumnWidth()	获取列的宽度
getColumns()	返回文本域中的列数
getLineCount()	确定文本区中所包含的行数
getRows()	返回文本域中的行数
setLineWrap(boolean wrap)	设置文本区是否自动换行，默认为 false，即不换行

【例 12.16】设计一个笔记本界面，在控制台输入笔记内容，显示在笔记本界面上，并且将添加笔记的时间记录下来（源代码\ch12\12.16.txt）。

```
import java.awt.*;
import java.text.SimpleDateFormat;
```

```
import java.util.*;
import javax.swing.*;
public class Notebook extends JFrame {
    public        JTextArea text = new JTextArea();
    public Notebook() {
        setTitle("我的笔记本");
        setBounds(400,300,250,150);                              //设置窗口大小和位置
        JLabel label = new JLabel("笔记记录",JLabel.CENTER);     //创建标签
        add(label,BorderLayout.NORTH);
        add(text);                                               //将文本域加入窗口界面
        setVisible(true);                                        //显示窗口
    }
    public static void main(String[] args) {
        Notebook putwords = new Notebook();                      //创建界面对象
        Scanner scan = new Scanner(System.in);                   //输入流扫描器
        //设置日期格式 : 小时: 分钟
        SimpleDateFormat df = new SimpleDateFormat("YYYY年MM月dd日   HH:mm");
        while(true) {                                            //永久循环
        String getstr = scan.nextLine();                         //获得控制台输入内容
        String time = df.format(new Date());                     //获取系统时间
        putwords.text.append(time+":\t"+getstr+"\n");            //文本域追加内容
        }
    }
}
```

运行结果如图 12-17 所示。

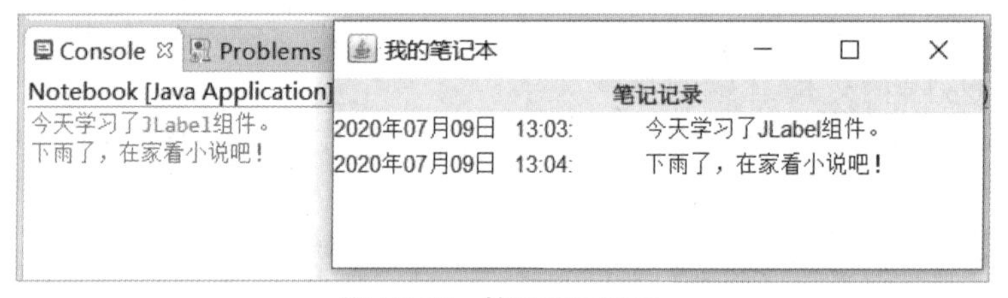

图 12-17 笔记显示记录

12.5.8 JComboBox 下拉列表框组件

JComboBox 下拉列表框组件由一个文本框和倒三角按钮组合而成。文本框可显示默认值，单击倒三角按钮会出现下拉框，内容是可选的列表项。下拉列表框将列表项隐藏起来，通过倒三角按钮打开并进行选择。

1. 创建 JComboBox 下拉列表框

创建下拉列表框组件的构造方法有如下几种形式：

（1）JComboBox ()：无参构造方法创建通用下拉列表框组件对象。

（2）JComboBox（ComboBoxModel dataModel）：创建指定模式的表项的下拉列表框组件对象。

（3）JComboBox（Object[] dataArray）：创建一个指定表项组的下拉列表框组件对象。

（4）JComboBox（Vector vector）：创建一个指定 vector 数组的表项组的下拉列表框组件对象。

ComboBoxModel 是将表项内容数据进行包装的类，用于存储下拉列表框表项数据。Vector 是一种可变长度的数组类型，与数组一样使用，只是不需要像数组那样提前确定长度。JComboBox 下拉列表框组件的常用方法如表 12-10 所示。

表 12-10　JComboBox 下拉列表框组件的常用方法

方　法	功　能
addItem(Object item)	添加选项到选项列表的尾部
insertItemAt(Object item, int index)	添加选项到选项列表的指定索引位置，索引从 0 开始
removeItem(Object item)	从选项列表中移除指定的选项
removeItemAt(int index)	从选项列表中移除指定索引位置的选项
removeAllItems()	移除选项列表中的所有选项
setSelectedItem(Object item)	设置指定选项为选择框的默认选项
setSelectedIndex(int index)	设置指定索引位置的选项为选择框的默认选项
setMaximumRowCount(int count)	设置选择框弹出时显示选项的最多行数，默认为 8 行
setEditable(boolean isEdit)	设置选择框是否可编辑，当设置为 true 时表示可编辑，默认为不可编辑（false）

【例 12.17】通过下拉列表框设置字体大小（源代码\ch12\12.17.txt）。

```
import java.awt.*;
import javax.swing.*;
public class FontSize extends JFrame {
    /**
     *
     */
    private static final long serialVersionUID = 1L;

    public FontSize() {
        setTitle("字体设置");
        setBounds(400, 300, 180, 150);          //设置窗口大小和位置
        setLayout(new FlowLayout());            //设置窗口布局
        JLabel label = new JLabel("字体大小");
        add(label);
        JComboBox box = new JComboBox();        //创建一个下拉框
        for (int i = 1; i < 50; i++) {
            box.addItem(i);                     //在下拉框添加内容
        }
        add(box);                               //在下拉框加入窗口
        setVisible(true);
    }

    public static void main(String[] args) {
        new FontSize();
    }
}
```

运行结果如图 12-18 所示。

图 12-18　字体大小设置

12.5.9　JList 列表框组件

JList 列表框组件与 JComboBox 下拉列表框组件差不多，不同的是列表将表象内容显示出来，

比较直观，但也占据一定的界面空间资源，一般可以将列表放在滚动面板上来实现空间的控制。

创建 JList 列表框组件的构造方法有如下几种形式：

（1）JList ()：无参构造方法创建通用列表框组件对象。

（2）JList（ListModel dataModel）：创建指定模式的表项的列表框组件对象。

（3）JList（Object[] dataArray）：创建一个指定表项组的列表框组件对象。

（4）JList（Vector vector）：创建一个指定 vector 数组的表项组的列表框组件对象。

【例 12.18】将学生名单通过列表框显示，并将列表框在滚动面板内显示（源代码\ch12\12.18.txt）。

```
import java.awt.*;
import javax.swing.*;

public class NameList extends JFrame {
    public NameList() {
        setTitle("学生名单");
        setBounds(400, 300, 180, 150);    //设置窗口大小和位置
        setLayout(new FlowLayout());      //设置窗口布局
        JLabel label = new JLabel("名单: ");
        add(label);
        String[] names = { "张珊" "张欢" "王静" "李娜" "李青" "赵敏" "马艳" "杨璇" "杨阳"
"马丽" };
        JList list = new JList(names);    //创建列表对象
        list.setSelectionMode(ListSelectionModel.MULTIPLE_INTERVAL_SELECTION);
        list.setFixedCellHeight(20);      //设置选项高度
        list.setVisibleRowCount(4);       //设置选项可见个数
        JScrollPane scrollPane = new JScrollPane();    //创建滚动面板对象
        scrollPane.setViewportView(list);              //将列表添加到滚动面板中
        scrollPane.setBounds(62, 5, 65, 80);           //设置滚动面板的显示位置及大小
        add(scrollPane);                               //在滚动面板加入窗口
        setVisible(true);
    }

    public static void main(String[] args) {
        new NameList();
    }
}
```

运行结果如图 12-19 所示。

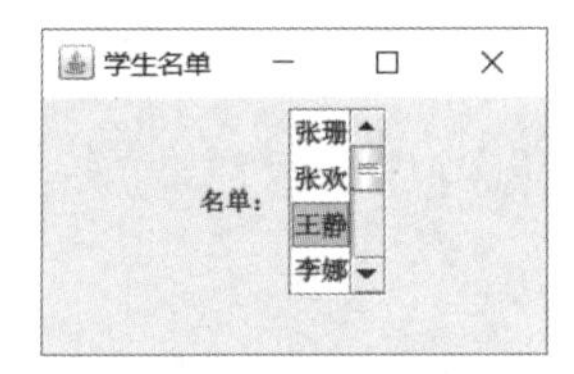

图 12-19　学生名单选择

12.6　JTable 表格组件

表格也是 GUI 程序中常用的组件，表格是一个由多行、多列组成的二维显示区。使用 JTable 表格组件以及相关类，可以开发出功能丰富的表格，还可以为表格定义各种显示外观。

12.6.1 创建表格

在 JTable 类中除了默认的构造方法外，还提供了利用指定表格列名数组和表格数据数组创建表格的构造方法，代码如下：

```
JTable(Object[][] rowData, Object[] columnNames)
```

其中 rowData 是封装表格二维数组数据，columnNames 是封装表格列名的一维数组。在使用表格时，通常将其添加到滚动面板中，然后将滚动面板添加到相应的位置。

☆**大牛提醒**☆

如果直接将表格添加到相应的容器中，则需要先通过 JTable 类的 getTableHeader()方法获得 JTableHeader 类的对象，然后再将该对象添加到容器的相应位置，否则表格将没有列名。

【例 12.19】 创建一个表格，用于显示学生期末成绩（源代码\ch12\12.19.txt）。

```
import java.awt.*;
import java.util.Random;
import javax.swing.*;
public class ScoreTable extends JFrame {
    /**
     *
     */
    private static final long serialVersionUID = 1L;

    public ScoreTable() {
        setTitle("成绩表");
        setBounds(400, 300, 470, 250);                          //设置窗口大小和位置
        setLayout(new FlowLayout());                            //设置窗口布局
        String[] names = { "张珊" "张欢" "王静" "李娜" "李青" "赵敏" "马艳" "杨璇" "杨阳"
"马丽" };
        String[][] score = new String[names.length][];         //成绩分数
        Random random = new Random();                           //随机数生成器
        for (int i = 0; i < names.length; i++) {
            score[i] = new String[4];                           //二维数组实例化
            for (int j = 0; j < 4; j++) {
               //随机生成 75~98 的数
                int num = random.nextInt(98) % (98 - 75 + 1) + 75;
                score[i][j] = String.valueOf(num);
                score[i][0] = names[i];                         //保证第一列是姓名
            }
        }
        String head[] = { "姓名" "英语" "语文" "数学" };        //表头
        JTable table = new JTable(score, head);                 //创建表,加入表内容和表头
        table.setSelectionMode(ListSelectionModel.SINGLE_SELECTION);//选择模式为单选
        table.setSelectionBackground(Color.YELLOW);             //被选择行的背景色为黄色
        table.setSelectionForeground(Color.RED);  //被选择行的前景色(文字颜色)为红色
        JScrollPane scrollPane = new JScrollPane(table);        //创建滚动面板对象
        add(scrollPane);                                        //在滚动面板加入窗口
        setVisible(true);
    }

    public static void main(String[] args) {
        new ScoreTable();
    }
}
```

运行结果如图 12-20 所示。

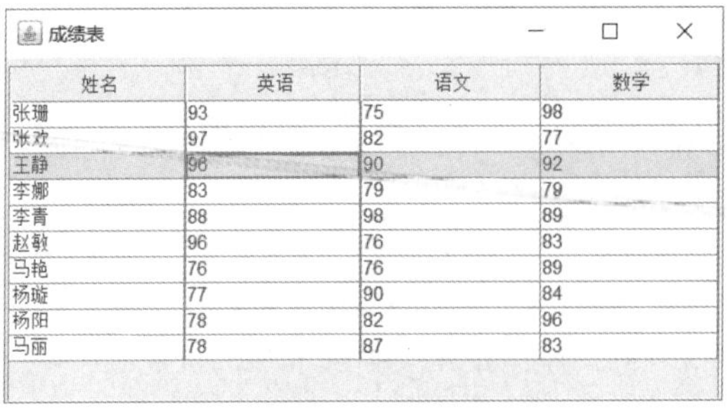

成绩表

姓名	英语	语文	数学
张珊	93	75	98
张欢	97	82	77
王静	98	90	92
李娜	83	79	79
李青	88	98	89
赵敏	96	76	83
马艳	76	76	89
杨璇	77	90	84
杨阳	78	82	96
马丽	78	87	83

图 12-20　成绩表

12.6.2　操作表格

JTable 提供有多种方法来对表格的行列进行相应的设置，例如添加和删除行列、获取行列数、获取列名等等。常用的方法如表 12-11 所示。

表 12-11　JTable 组件常用的方法

方　法	说　明
getRowCount()	获得表格拥有的行数，返回值为 int 型
getColumnCount()	获得表格拥有的列数，返回值为 int 型
getColumnName(int column):	获得位于指定索引位置的列的名称，返回值为 String 型

【例 12.20】操作表格，获取表格的行数、列数以及索引位置指定的名称等（源代码\ch12\12.20.txt）。

```
import java.awt.*;
import java.awt.event.*;
import java.util.*
import javax.swing.*;
public class ScoreTable extends JFrame {
    /**
     *
     */
    private static final long serialVersionUID = 1L;
    private JTable table;
    public static void main(String args[]) {
        ScoreTable frame = new ScoreTable();
        frame.setVisible(true);
    }
    public ScoreTable() {
        super();
        setTitle("操纵表格");
        setBounds(100, 100, 500, 375);
        setDefaultCloseOperation(JFrame.EXIT_ON_CLOSE);

        final JScrollPane scrollPane = new JScrollPane();
        getContentPane().add(scrollPane, BorderLayout.CENTER);

        String[] columnNames = { "A", "B", "C", "D", "E", "F", "G" };
        Vector columnNameV = new Vector();
        for (int column = 0; column < columnNames.length; column++) {
```

```
            columnNameV.add(columnNames[column]);
        }
        Vector tableValueV = new Vector();
        for (int row = 1; row < 21; row++) {
            Vector rowV = new Vector();
            for (int column = 0; column < columnNames.length; column++) {
                rowV.add(columnNames[column] + row);
            }
            tableValueV.add(rowV);
        }
        table = new JTable(tableValueV, columnNameV);
        table.setRowSelectionInterval(1, 3); //设置选中行
        table.addRowSelectionInterval(5, 5); //添加选中行
        scrollPane.setViewportView(table);

        JPanel buttonPanel = new JPanel();
        getContentPane().add(buttonPanel, BorderLayout.SOUTH);

        JButton selectAllButton = new JButton("全部选择");
        selectAllButton.addActionListener((ActionListener) new ActionListener() {
            public void actionPerformed(ActionEvent e) {
                table.selectAll();              //选中所有行
            }
        });
        buttonPanel.add(selectAllButton);

        JButton clearSelectionButton = new JButton("取消选择");
        clearSelectionButton.addActionListener(new ActionListener() {
            public void actionPerformed(ActionEvent e) {
                table.clearSelection();         //取消所有选中行的选择状态
            }
        });
        buttonPanel.add(clearSelectionButton);
        //
        System.out.println("表格共有" + table.getRowCount() + "行"
                + table.getColumnCount() + "列");
        System.out.println("共有" + table.getSelectedRowCount() + "行被选中");
        System.out.println("第 3 行的选择状态为: " + table.isRowSelected(2));
        System.out.println("第 5 行的选择状态为: " + table.isRowSelected(4));
        System.out.println("被选中的第一行的索引是: " + table.getSelectedRow());
        int[] selectedRows = table.getSelectedRows();//获得所有被选中行的索引
        System.out.print("所有被选中行的索引是: ");
        for (int row = 0; row < selectedRows.length; row++) {
            System.out.print(selectedRows[row] + "  ");
        }
        System.out.println();
        System.out.println("列移动前第 2 列的名称是: " + table.getColumnName(1));
        System.out.println("列移动前第 2 行第 2 列的值是: " + table.getValueAt(1, 1));
        table.moveColumn(1, 5);//将位于索引 1 的列移动到索引 5 处
        System.out.println("列移动后第 2 列的名称是: " + table.getColumnName(1));
        System.out.println("列移动后第 2 行第 2 列的值是: " + table.getValueAt(1, 1));
    }
}
```

运行结果如图 12-21 所示。

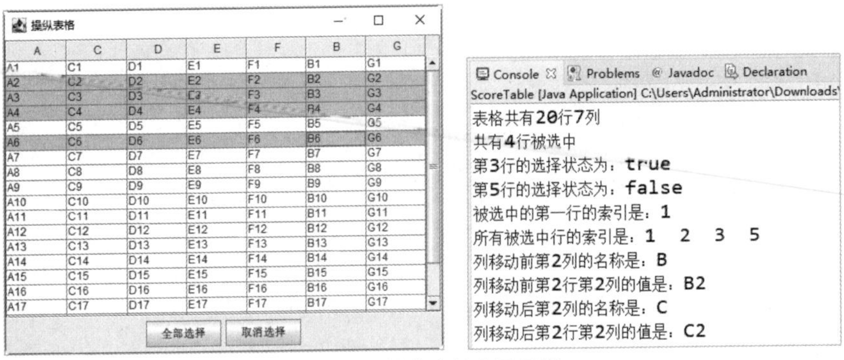

图 12-21 操作表格应用示例

12.7 菜单组件

位于窗口顶部的菜单栏和其子菜单一般会包括一个应用程序的所有方法和功能，是比较重要的组件。菜单一般有下拉式菜单和弹出式菜单两种。

12.7.1 下拉式菜单

一个完整的菜单系统包括菜单栏（JMenuBar），装配到菜单栏上的菜单（JMenu），菜单上的菜单项（JMenuItem）。在程序中使用菜单的基本过程是：

首先创建一个菜单栏。

其次创建若干菜单项，并把它们添加到菜单栏中。

再次，创建若干个菜单子项（JMenuItem），或者创建若干个带有复选框的菜单子项（JCheckboxMenuItem），并把它们分类别地添加到每个菜单中。

最后，通过 JFrame 类的 setJMenuBar()方法，将菜单栏添加到框架上，使之能够显示。

【例 12.21】创建一个下拉式菜单（源代码\ch12\12.21.txt）。

```
import java.awt.event.*;
import javax.swing.*;
public class DialogTest extends JFrame {
    /**
     *
     */
    private static final long serialVersionUID = 1L;

    public DialogTest() {
        JMenuBar menuBar = new JMenuBar();       //创建菜单栏
        this.setJMenuBar(menuBar);               //将菜单栏添加到 JFrame 窗口中
        JMenu menu = new JMenu("操作");           //创建菜单
        menuBar.add(menu);                       //将菜单添加到菜单栏上
        //创建两个菜单项
        JMenuItem item1 = new JMenuItem("弹出窗口");
        JMenuItem item2 = new JMenuItem("关闭");
        //为菜单项添加事件监听器
        item1.addActionListener((ActionListener) new ActionListener() {
            public void actionPerformed(ActionEvent e) {
                //创建一个 JDialog 窗口
                JDialog dialog = new JDialog(DialogTest.this, true);
```

```
                dialog.setTitle("弹出窗口");
                dialog.setSize(200, 200);
                dialog.setLocation(50, 50);
                dialog.setVisible(true);
            }
        });
        item2.addActionListener(new ActionListener() {
            public void actionPerformed1(ActionEvent e) {
                System.exit(0);
            }

            @Override
            public void actionPerformed(ActionEvent e) {
                //TODO Auto-generated method stub

            }
        });
        menu.add(item1);           //将菜单项添加到菜单中
        menu.addSeparator();       //添加一个分隔符
        menu.add(item2);
        this.setDefaultCloseOperation(JFrame.EXIT_ON_CLOSE);
        this.setSize(300, 300);
        this.setVisible(true);
    }

    public static void main(String[] args) {
        new DialogTest();
    }
}
```

运行结果如图 12-22 所示。

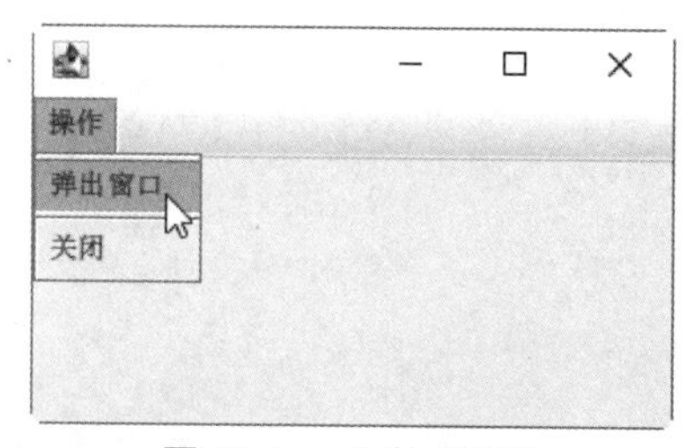

图 12-22　下拉式菜单

12.7.2　弹出式菜单

弹出式菜单就是能够在任何一个组件触发事件就能弹出的菜单项列表，正如右击弹出的菜单一样。在程序中使用弹出式菜单的基本过程是：

首先一个组件加入一个弹出菜单事件。

其次创建弹出式菜单容器 JPopupMenu。

再次在 JPopupMenu 菜单容器中加入多个菜单项 JMenuItem。

最后每个菜单项 JMenuItem 添加操作方法即可。

【例 12.22】创建一个弹出式菜单（源代码\ch12\12.22.txt）。

```
import java.awt.event.*;
import javax.swing.*;
public class DialogTest extends JFrame {
    /**
```

```
     *
     */
    private static final long serialVersionUID = 1L;
    private JPopupMenu popupMenu;

    public DialogTest() {
        //创建一个 JPopupMenu 菜单
        popupMenu = new JPopupMenu();
        //创建三个 JMenuItem 菜单项
        JMenuItem refreshItem = new JMenuItem("刷新");
        JMenuItem createItem = new JMenuItem("创建");
        JMenuItem exitItem = new JMenuItem("退出");
        //为 exitItem 菜单项添加事件监听器
        exitItem.addActionListener((ActionListener) new ActionListener() {
            public void actionPerformed1(ActionEvent e) {
                System.exit(0);
            }

            @Override
            public void actionPerformed(ActionEvent e) {
                //TODO Auto-generated method stub

            }
        });
        //往 JPopupMenu 菜单添加菜单项
        popupMenu.add(refreshItem);
        popupMenu.add(createItem);
        popupMenu.addSeparator();
        popupMenu.add(exitItem);
        //为 JFrame 窗口添加 clicked 鼠标事件监听器
        this.addMouseListener((MouseListener) new MouseAdapter() {
            public void mouseClicked(MouseEvent e) {
                //如果右击,显示 JPopupMenu 菜单
                if (e.getButton() == e.BUTTON3) {
                    popupMenu.show(e.getComponent(), e.getX(), e.getY());
                }
            }
        });
        this.setSize(300, 300);
        this.setDefaultCloseOperation(JFrame.EXIT_ON_CLOSE);
        this.setVisible(true);
    }

    public static void main(String[] args) {
        new DialogTest();
    }
}
```

运行结果如图 12-23 所示，在窗口中右击，则弹出该菜单。

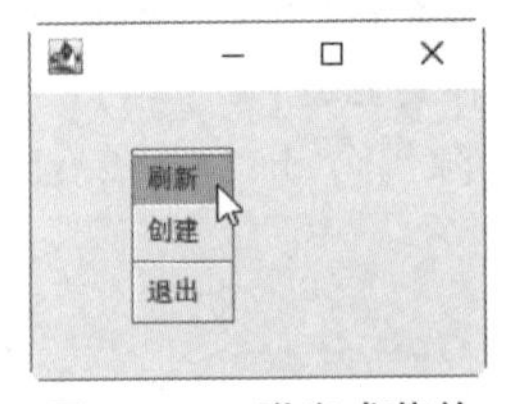

图 12-23　弹出式菜单

12.8　新手疑难问题解答

问题 1：Swing 和 AWT 的区别是什么？

解答：AWT 是基于本地方法的 C/C++程序，其运行速度比较快；而 Swing 是基于 AWT 的 Java 程序，其运行速度比较慢。AWT 的控件在不同的平台可能表现不同，而 Swing 在所有平台表现一致。AWT 和 Swing 的实现原理不同。AWT 的图形函数与操作系统提供的图形函数有着一一对应的关系。而 Swing 不仅提供了 AWT 的所有功能，还用纯粹的 Java 代码对 AWT 的功能进行了大幅度的扩充。

问题 2：Java 的布局管理器比传统的窗口系统有哪些优势？

解答：Java 使用布局管理器以一种一致的方式在所有的窗口平台上摆放组件。因为布局管理器不会和组件的绝对大小和位置相绑定，所以它们能够适应跨窗口系统的特定平台的不同。

12.9　实战训练

实战 1：设计菜单来操作界面。

编写程序，设计一个具有下拉式菜单和弹出式菜单的窗口。下拉式菜单还是处在传统位置，有“文件”和“编辑”两个菜单，添加相关菜单项并能进行相应的操作，运行结果如图 12-24 所示。

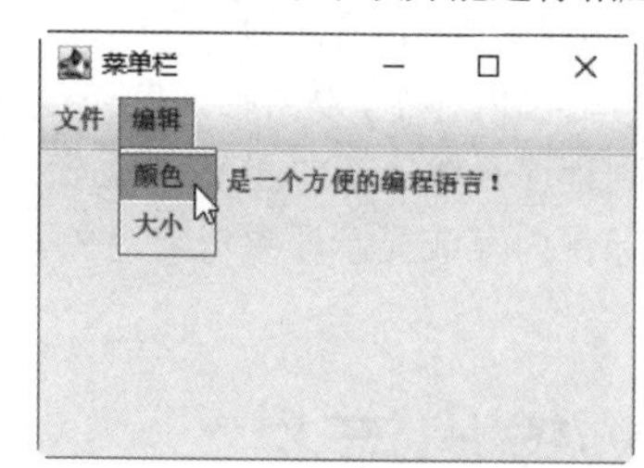

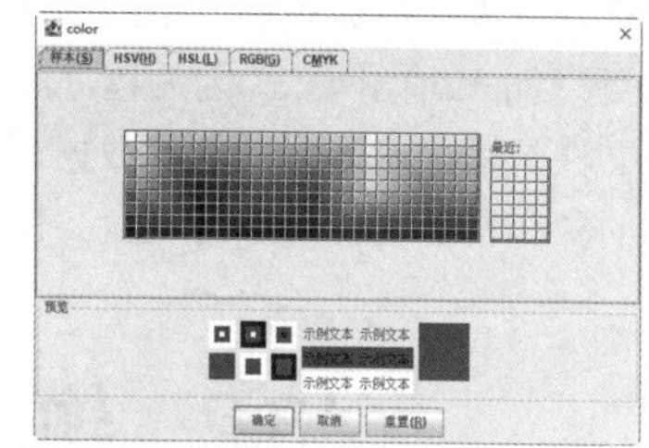

图 12-24　菜单栏功能的实现

实战 2：设计一个计算器界面。

编写程序，通过 JPanel 面板实现带有显示器的计算器界面，运行结果如图 12-25 所示。

实战 3：设计一个图形用户界面。

编写程序，设计一个图形用户界面，界面中有编辑域 JTextField、按钮 JButton、选择框 JCheckBox 和下拉列表 JComboBox 等组件，并设置相应的监视器对组件进行监听，并将监听结果显示在 TextArea 中，运行结果如图 12-26 所示。

图 12-25　计算器界面

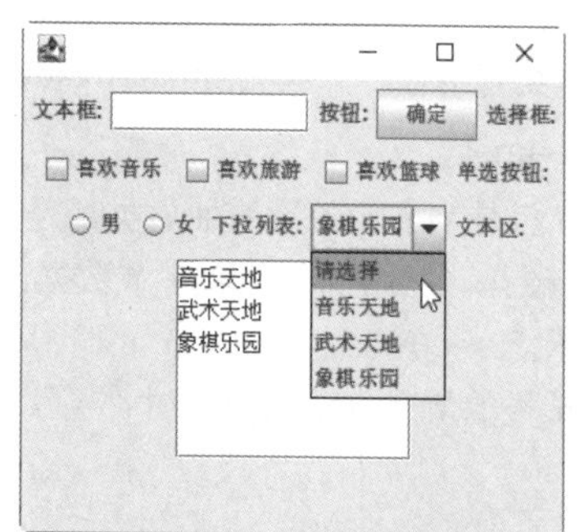

图 12-26　图形用户界面

第13章

I/O（输入/输出）

在 Java 语言中，程序允许通过流的方式与输入/输出设备进行数据传输。本章将详细介绍 Java 中的输入输出流，主要内容包括流的概述、输入/输出流、文件类、文件输入/输出流等。

13.1 流概述

流是一组有序的数据序列，根据操作的类型，可以分为输入流和输出流两种。I/O 输入/输出流提供了一条通道程序，可以使用这条通道把源中的字节序列送到目的地。

Java 由数据流处理输入/输出模式，因为程序是运行在内存中，以内存角度来理解输入/输出概念。将程序的数据写入文件是输出流，将文件的数据读到程序是输入流。虽然 I/O 流通常与磁盘文件存取有关，但是程序的源和目的地也可以是键盘、鼠标、内存或显示器参考等对象。

13.2 输入/输出流

输入流用来读取数据，输出流用来写入数据，Java 语言把输入/输出流有关的类都放在了 java.io 包中。其中，与所有输入流有关的类都是抽象类 InputStream（字节输入流）或抽象类 Reader（字符输入流）的子类，与所有输出流有关的类都是抽象类 OutputStream（字节输出流）或抽象类 Writer（字符输出流）的子类。

13.2.1 输入流

输入类抽象类有两种，分别是 InputStream 字节输入流和 Reader 字符输入流。

1. InputStream 类

InputStream 类是字节输入流的抽象类，是所有字节输入流的父类。字节输入流的作用是从数据输入源（例如从磁盘、网络等）获取字节数据到应用程序（内存）中。InputStream 类的具体层次结构如图 13-1 所示。

InputStream 类的所有方法在出错时都会引发一个 IOException 异常。该类的常用方法及描述如表 13-1 所示。

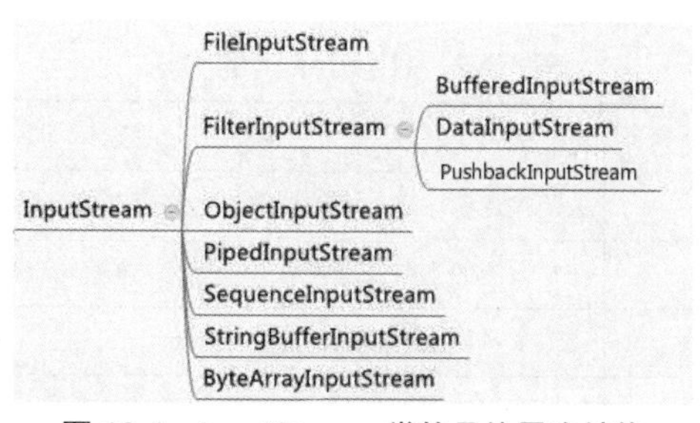

图 13-1 InputStream 类的具体层次结构

表 13-1 InputStream 类的方法

方 法	描 述
int available( )	返回当前可读的输入字节数
void close( )	关闭输入流。关闭之后若再读取则会产生 IOException 异常
void mark(int numBytes)	在输入流的当前点放置一个标记。该流在读取 *N* 个 Bytes 字节前都保持有效
boolean markSupported( )	如果调用的流支持 mark( )/reset( )就返回 true
int read( )	如果下一个字节可读则返回一个整型，遇到文件尾时返回-1
int read(byte buffer[ ])	试图读取 buffer.length 个字节到 buffer 中，并返回实际成功读取的字节数。遇到文件尾时返回-1
int read(byte buffer[ ], int offset, int numBytes)	试图读取 buffer 中从 buffer[offset]开始的 numBytes 个字节，返回实际读取的字节数。遇到文件尾时返回-1
void reset( )	重新设置输入指针到先前设置的标志处
long skip(long numBytes)	忽略 numBytes 个输入字节，返回实际忽略的字节数

☆**大牛提醒**☆

并不是所有 InputStream 类的子类都支持 InputStream 中定义的方法，例如 mark()、reset()和 skip()方法只对某些子类有用。

2. Reader 类

Reader 类是专门进行输入数据的字符操作流，它是一个抽象类。Reader 类的具体层次结构如图 13-2 所示。

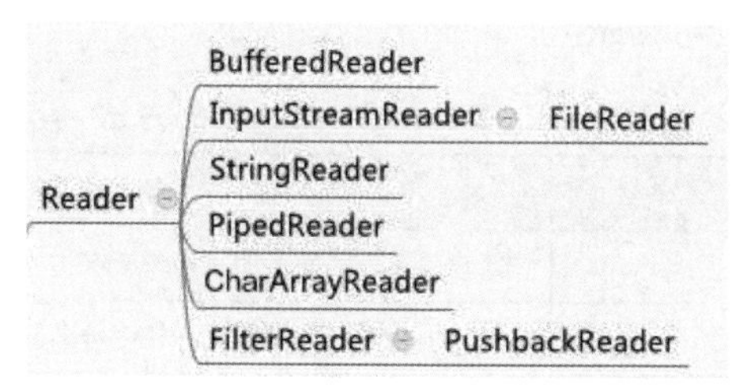

图 13-2 Reader 类的具体层次结构

Reader 类的所有方法在出错的情况下都将引发 IOException 异常。该类的常用方法及描述如表 13-2 所示。

表 13-2　Reader 类的方法

方　　法	描　　述
abstract void close( )	关闭输入源。进一步的读取将会产生 IOException 异常
void mark(int numChars)	在输入流的当前位置设立一个标志。该输入流在 numChars 个字符被读取之前有效
boolean markSupported( )	该流支持 mark( )/reset( )则返回 true
int read( )	如果调用的输入流的下一个字符可读则返回一个整型。遇到文件尾时返回-1
int read(char buffer[ ])	试图读取 buffer 中的 buffer.length 个字符，返回实际成功读取的字符数。遇到文件尾时返回-1
Abstract int read(char buffer[] int offset,int numChars)	试图读取 buffer 中从 buffer[offset]开始的 numChars 个字符，返回实际成功读取的字符数。遇到文件尾时返回-1
boolean ready( )	如果下一个输入请求不等待则返回 true，否则返回 false
long skip(long numChars)	跳过 numChars 个输入字符，返回跳过的字符设置输入指针到先前设立的标志处

13.2.2　输出流

输出类抽象类有两种，分别是 OutputStream 字节输出流和 Writer 字符输出流。

1. OutputStream 类

OutputStream 类是字节输出流的抽象类，是所有字节输出流的父类。字节输出流的作用是将字节数据从应用程序（内存）中传送到输出目的地，例如外部设备、网络等。OutputStream 类的具体层次结构如图 13-3 所示。

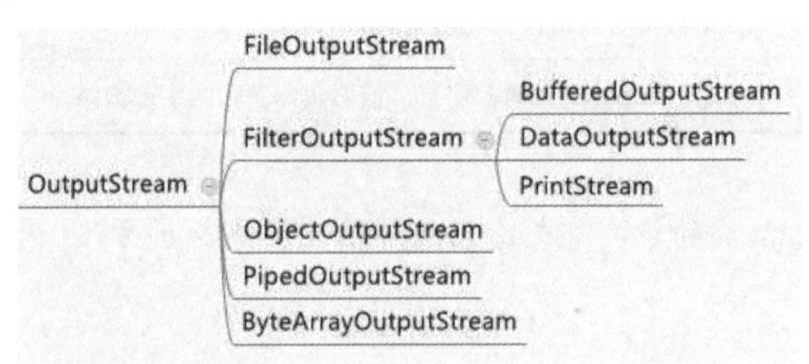

图 13-3　OutputStream 类的具体层次结构

OutputStream 类的所有方法都返回一个 void 值，并在出错的情况下引发一个 IOException 异常。该类的常用方法及描述如表 13-3 所示。

表 13-3　OutputStream 类的方法

方　　法	描　　述
void close( )	关闭输出流。关闭后的写操作会产生 IOException 异常
void flush( )	定制输出状态以使每个缓冲器都被清除，也就是刷新输出缓冲区
void write(int b)	向输出流写入单个字节。注意参数是一个整型数，它允许设计者不必把参数转换成字节型就可以调用 write()方法
void write(byte buffer[ ])	向一个输出流写一个完整的字节数组
void write(byte buffer[ ], int offset, int numBytes)	写入数组 buffer 以 buffer[offset]为起点的 numBytes 个字节区域内的内容

2. Writer 类

Writer 类是字符输出流的抽象类，是所有字符输出流的父类。Writer 类的层次结构如图 13-4 所示。

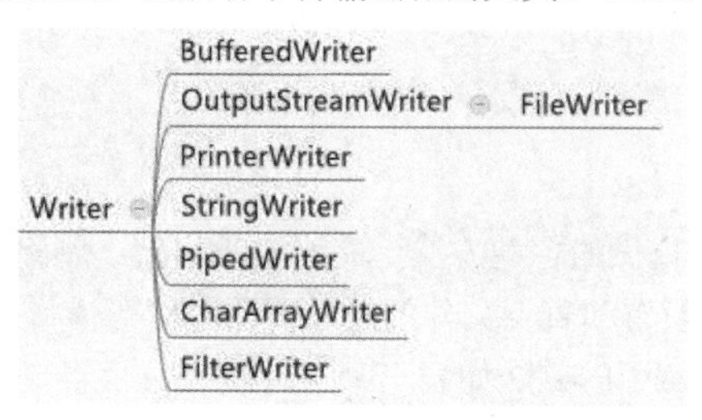

图 13-4　Writer 类的具体层次结构

Writer 类的方法都返回一个 void 值并在出错的条件下引发 IOException 异常。该类的常用方法及说明如表 13-4 所示。

表 13-4　Writer 类的方法

方　法	描　述
abstract void close( )	关闭输出流。关闭后的写操作会产生 IOException 异常
abstract void flush( )	定制输出状态以使每个缓冲器都被清除，也就是刷新输出缓冲区
void write(int ch)	向输出流写入单个字符。注意参数是一个整型，它允许设计者不必把参数转换成字符型就可以调用 write()方法
void write(char buffer[ ])	向一个输出流写一个完整的字符数组
abstract void write(char buffer[ ],int offset,int numChars)	向调用的输出流写入数组 buffer 以 buffer[offset]为起点的 N 个 Chars 区域内的内容
void write(String str)	向调用的输出流写 str
void write(String str, int offset,int numChars)	写数组 str 中以指定的 offset 为起点的长度为 numChars 个字符区域内的内容

13.3　File 类

File 类是 IO 包中唯一代表磁盘文件本身的对象。File 类定义了一些与平台无关的方法来操纵文件，通过调用 File 类提供的各种方法，能够完成创建、删除文件，重命名文件，判断文件的读写权限及文件是否存在，设置和查询文件的最近修改时间等操作。

13.3.1　创建文件对象

创建文件对象是通过 File 类的构造方法，定义语法格式如下：

```
File(String filePath);
//例子
File f1 = new File("D:/newfile.txt");
```

通过传入文件路径来创建文件，这里是在 D 盘下创建一个文件，其名为 newfile.txt。

上述构造方法是将路径和文件名写在一起，创建文件中也可将其分开来创建，语法格式如下：

```
File(String filePath,String fileName);
//例子
```

```
File f1 = new File("D:/ ", "newfile.txt");
```

通过传入文件所在文件夹的父路径和文件名来创建文件，这里文件夹的父路径是“D:/”，创建的文件是“newfile.txt”。

13.3.2 文件操作

File 对象通过调用 File 类提供的各种方法，能够完成创建、删除文件，重命名文件，判断文件的读写权限及文件是否存在，设置和查询文件的最近修改时间等操作。

文件类操作方法非常多，常用的方法如表 13-5 所示。

表 13-5 文件操作常用方法

类 型	方 法 名	功 能
String	getName()	获取此文件（文件夹）的名称
String	getPath()	获取路径名字符串
String	getAbsolutePath()	获取路径名的绝对路径名字符串
long	length()	获取文件的长度。如果表示文件夹，则返回值不确定
boolean	canRead()	判断文件是否可读
boolean	canWrite()	判断文件是否可写
boolean	canExecute()	判断文件是否执行
boolean	delete()	删除指定文件或文件夹
boolean	exists()	判断文件（文件夹）是否存在
boolean	isFile()	判断文件是否是一个标准文件
boolean	isDirectory()	判断文件是否是一个目录
boolean	isHidden()	判读文件是否是一个隐藏文件
long	lastModified()	获取文件最后一次被修改的时间

【例 13.1】创建文件并获取文件信息（源代码\ch13\13.1.txt）。

在路径“D:\0file\”下创建一个 MyText.txt 文件，输出属性信息，最后删除文件，再判断是否存在。

```
import java.io.*;//引入 I/O 系统类
public class CreatFile {
   public static void main(String[] args) throws IOException {
      File file = new File("D:\\0file\\MyText.txt");//创建一个 File 对象
      //已知不存在这个文件,就创建该文件
      file.createNewFile();
      //输出刚创建的文件的一些信息
      System.out.println("查看刚创建的文件是否存在:"+file.exists());
      System.out.println("文件名: "+file.getName());
      System.out.println("文件路径: "+file.getAbsolutePath());
      System.out.println("文件能否可读: "+file.canRead());
      System.out.println("文件能否可写: "+file.canWrite());
      System.out.println("文件内容长度: "+file.length());
      System.out.println("删除我文件: "+file.delete());
      System.out.println("再看看文件存不存在:"+file.exists());
      if(!file.exists()) {//判断刚创建的文件存不存在
```

```
            System.out.println("文件不存在,文件被删除了! ");
        }
    }
}
```

运行结果如图 13-5 所示。

```
Console ⊠ Problems @ Javadoc Declaration
<terminated> CreatFile [Java Application] C:\Users\Administrator\
查看刚创建的文件是否存在:true
文件名：MyText.txt
文件路径：D:\0file\MyText.txt
文件能否可读：true
文件能否可写：true
文件内容长度：0
删除我文件：true
再看看文件存不存在:false
文件不存在，文件被删除了!
```

图 13-5　文件操作示例

13.3.3　文件夹操作

File 类还能对文件夹进行一定的创建、删除、获取文件夹内容等操作。在文件操作中的一些方法也适用于文件夹操作，除此之外，File 类还有一些方法用来操作文件夹的，如表 13-6 所示。

表 13-6　文件夹操作常用方法

类　型	方 法 名	功　能
boolean	mkdir()	创建此抽象路径名指定的目录
boolean	mkdirs()	创建此抽象路径名指定的目录，包括创建必需但不存在的父目录
String[]	list()	返回由此抽象路径名所表示的目录中的文件和目录的名称所组成的字符串数组
String[]	list(FilenameFilter filter)	返回由包含在目录中的文件和目录的名称所组成的字符串数组，这一目录是通过满足指定过滤器的抽象路径名来表示的
File[]	listFiles()	返回一个抽象路径名数组，这些路径名表示此抽象路径名所表示目录中的文件
File[]	listFiles(FileFilter filter)	返回表示此抽象路径名所表示目录中的文件和目录的抽象路径名数组，这些路径名满足特定过滤器
File[]	listFiles(FilenameFilter filter)	返回表示此抽象路径名所表示目录中的文件名和目录的抽象路径名数组，这些路径名满足特定过滤器

【例 13.2】创建文件夹并获取文件夹信息（源代码\ch13\13.2.txt）。

创建一个文件夹，并在该文件夹下创建多个文本文件，之后将文件夹的信息显示出来。

```
import java.io.*;//引入 I/O 系统类
public class CreateFolder {
    public static void main(String[] args) throws IOException {
        File folder = new File("D:\\0file\\MyFolder");//创建一个 Folder 对象
        //已知不存在这个文件夹,就创建该文件夹
        folder.mkdir();
        //输出刚创建的文件夹的一些信息
        System.out.println("查看刚创建的是否是文件夹:" + folder.isDirectory());
        System.out.println("文件夹名: " + folder.getName());
        System.out.println("文件夹的路径: " + folder.getAbsolutePath());
        //在新建的文件夹下创建一个文件
        File f = new File("D:\\0file\\MyFolder\\myText2.txt");
```

```
        f.createNewFile(); //已知在新文件夹下没文件,直接创建
        //将新建文件夹下的目录或文件列出来
        String[] files = folder.list();
        System.out.println("新建文件夹里的文件有如下几个: ");
        for (String ff : files) {
            System.out.println(ff);//遍历列表,输出文件夹内容
        }
    }
}
```

运行结果如图 13-6 所示。

```
Console ☒ Problems @ Javadoc Declaration
<terminated> CreateFolder [Java Application] C:\Users\Admi
查看刚创建的是否是文件夹:true
文件夹名：MyFolder
文件夹的路径：D:\0file\MyFolder
新建文件夹里的文件有如下几个：
myText2.txt
```

图 13-6 文件夹操作示例

13.4 文件输入/输出流

输入/输出流中 InputStream 和 Reader、OutputStream 和 Writer 都是抽象类，它们的子类可对字节字符进行读写操作。磁盘文件是对数据能起到永久保存的功能，为此，输入/输出流中有文件输入/输出流来进行磁盘文件的读写操作。

13.4.1 FileInputStream 类与 FileOutputStream 类

Java 中提供操作磁盘文件的文件字节流类 FileInputStream 和 FileOutputStream，分别进行文件的读取与写入。

1. 文件字节输入流

文件字节输入流对象创建时的构造方法如下：

```
FileInputStream (String fileName);
```

通过文件绝对路径及文件名创建一个文件字节输入流对象。

```
FileInputStream(File file);
```

通过指定文件创建文件字节输入流对象。

2. 文件字节输出流

文件字节输出流对象创建时的构造方法如下：

```
FileOutputStream (String fileName);
FileOutputStream (String fileName,boolean append);
```

通过文件绝对路径及文件名创建一个文件字节输出流对象。当参数 append 取值为 true 时，写入文件是在文件末尾，而不是文件开头。

```
FileOutputStream (File file);
FileOutputStream (File file,boolean append);
```

通过指定文件创建文件字节输出流对象。当参数 append 取值为 true 时，写入文件是在文件末尾，而不是文件开头。

☆大牛提醒☆

FileInputStream 是 InputStream 的子类，FileOutputStream 是 OutputStream 的子类，所以 InputStream 和 OutputStream 常用方法适用于 FileInputStream 和 FileOutputStream。

【例 13.3】 创建文件并进行字节为单位的读写操作（源代码\ch13\13.3.txt）。

创建一个 txt 文件，在控制台输入“为何我的眼中常含泪水，因为我对这片土地爱得深沉！”写入该文件，再读出来显示在控制台。

```
import java.io.*;
import java.util.Scanner;

public class WritePoetry {
    public static void main(String[] args) throws IOException {//将可能的异常抛出去
        File file = new File("D:\\0file\\mypoetry.txt");   //根据路径创建 File 对象
        if(!file.exists()) {//当该文件不存在时,创建文件夹
            file.createNewFile();
        }
        System.out.println("文件创建成功! \n 请输入往文件写进的内容: ");
        FileOutputStream fout = new FileOutputStream(file); //文件 file 的文件输出流对象创建
        Scanner scan = new Scanner(System.in);
        String getpoetry = scan.nextLine();                  //控制台获得内容
        byte[] getBy = getpoetry.getBytes();                 //将内容转换成字节数组
        fout.write(getBy);                                   //将字节数组写进文件
        fout.close();                                        //关闭文件输出流
        System.out.println("文件进行了写操作.\n 下面进行读文件操作: ");
        FileInputStream fin = new FileInputStream(file);     //创建文件输入流对象
        byte[] getby2 = new byte[1024];                      //创建字节数组来存储文件内容
        int len = fin.read(getby2);                          //获得实际读到的字节长度
        System.out.println(new String(getby2,0,len));        //输出实际读到长度的内容
        fin.close();                                         //关闭文件输入流
    }}
```

运行结果如图 13-7 所示。

```
Console ⌧  Problems  @ Javadoc  Declaration
<terminated> WritePoetry [Java Application] C:\Users\Administrator\
文件创建成功！
请输入往文件写进的内容：
为何我的眼中常含泪水，因为我对这片土地爱得深沉！
文件进行了写操作。
下面进行读文件操作：
为何我的眼中常含泪水，因为我对这片土地爱得深沉！
```

图 13-7　文件读写操作

13.4.2　FileReader 类与 FileWriter 类

当文件内容是文字，且为中文等双字节字符时，文件字节流会出现乱码现象，为此提供了文件字符输入/输出流类 FileReader 和 FileWriter。

1. 文件字符输入流

文件字符输入流对象创建时的构造方法如下：

```
FileReader (String fileName);
```

通过文件绝对路径及文件名创建一个文件字符输入流对象。

```
FileReader (File file);
```

通过指定文件创建文件字符输入流对象。

2. 文件字符输出流

文件字符输出流对象创建时的构造方法如下：

```
FileWriter (String fileName);
FileWriter (String fileName,boolean append);
```

通过文件绝对路径及文件名创建一个文件字符输出流对象。当参数 append 取值为 true 时，写入文件是在文件末尾，而不是文件开头。

```
FileWriter (File file);
FileWriter (File file,boolean append);
```

通过指定文件创建文件字符输出流对象。当参数 append 取值为 true 时，写入文件是在文件末尾，而不是文件开头。

☆**大牛提醒**☆

FileReader 是 Reader 的子类，FileWriter 是 Writer 的子类，所以 Reader 和 Writer 常用方法适用于 FileReader 和 FileWriter。

【例 13.4】通过 FileWriter 和 FileReader 类读写徐志摩的诗《再别康桥》(源代码\ch13\ 13.4.txt)。

```
import java.io.*;
import java.util.Scanner;

public class GoodbyeToCambridge {
    public static void main(String[] args) throws IOException {
        File file = new File("D:\\0file\\KangQiao.txt");    //根据路径创建 File 对象
        if (!file.exists()) {                               //当该文件不存在时,创建文件夹
            file.createNewFile();
        }
        System.out.println("文件创建成功! \n 请输入往文件写进的诗: ");
        FileWriter fout = new FileWriter(file, true);//创建文件 file 的文件输出流对象
        Scanner scan = new Scanner(System.in);
        String getpoetry = "";
        getpoetry = scan.next();                            //控制台获得内容
        fout.write(getpoetry);                              //将诗歌写进文件
        fout.close();                                       //关闭文件输出流
        System.out.println("文件进行了写操作.\n 下面进行读文件操作: ");
        FileReader fin = new FileReader(file);              //创建文件输入流对象
        char[] getCh = new char[1024];                      //创建字节数组来存储文件内容
        int len = -1;
        while ((len = fin.read(getCh)) != -1) {             //获得实际读到的字节长度
            System.out.println(new String(getCh, 0, len));
        }                                                   //输出实际读到长度的内容
        fin.close();
    }
}
```

运行结果如图 13-8 所示。

```
Console ⊠  Problems  @ Javadoc  Declaration
<terminated> GoodbyeToCambridge [Java Application] C:\Users\Administrator\Downloads\
文件创建成功!
请输入往文件写进的诗:
悄悄的我走了，正如我悄悄的来；我挥一挥衣袖，不带走一片云彩。
文件进行了写操作。
下面进行读文件操作:
悄悄的我走了，正如我悄悄的来；我挥一挥衣袖，不带走一片云彩。
```

图 13-18　字符读写文件

13.5　带缓冲的输入/输出流

缓冲流是在实体 I/O 流基础上增加一个缓冲区，应用程序和 I/O 设备之间的数据传输都要经过缓冲区来进行。缓冲流分为缓冲输入流和缓冲输出流。使用缓冲流可以减少应用程序与 I/O 设备之间的访问次数，提高传输效率；可以对缓冲区中的数据进行按需访问和预处理，增加访问的灵活性。

13.5.1　BufferedInputStream 类与 BufferedOutputStream 类

BufferedInputStream 类与 BufferedOutputStream 类是字节流缓冲区类，它们能对 InputStream 类与 OutputStream 类的所有子类进行缓冲区的包装。

1. 字节缓冲输入流

文件字节缓冲输入流对象创建时的构造方法如下：

```
BufferedInputStream (InputStream in);
BufferedInputStream (InputStream in,int size);
```

创建一个 32 字节缓冲输入流对象。当表明字节数 size 时，按指定大小来创建。

2. 字节缓冲输出流

文件字节缓冲输出流对象创建时的构造方法如下：

```
BufferedOutputStream (OutputStream out);
BufferedOutputStream (OutputStream out,int size);
```

创建一个 32 字节缓冲输出流对象。当表明字节数 size 时，按指定大小来创建。

【例 13.5】字节为单位的文件读写操作进行缓冲包装（源代码\ch13\13.5.txt）。

编写程序，创建一个 txt 文件，在控制台输入内容并通过 BufferedOutputStream 写入该文件，再通过 BufferedInputStream 读出来显示在控制台。

```
import java.io.*;
public class WriteWords {
    public static void main(String[] args) throws IOException {
        File file = new File("D:\\0file\\Mojito.txt");//根据路径创建 File 对象
        if (!file.exists()) {//当该文件不存在时,创建文件夹
            file.createNewFile();
        }
        System.out.println("文件录入歌词: ");
        FileOutputStream fout = new FileOutputStream(file); //文件 file 的文件输出流对象创建
        BufferedOutputStream bout = new BufferedOutputStream(fout);
        String getpoetry = "麻烦给我的爱人来一杯 Mojito,我喜欢阅读她微醺时的眼眸.而我的咖啡糖
不用太多,这世界已经因为她甜得过头! ";
        byte[] getBy = getpoetry.getBytes(); //将内容转换成字节数组
        bout.write(getBy);                   //将字节数组写进文件
        bout.close();
        fout.close();                        //关闭文件输出流
        System.out.println("文件歌词献给大家: ");
        FileInputStream fin = new FileInputStream(file);  //创建文件输入流对象
        BufferedInputStream bin = new BufferedInputStream(fin);
        byte[] getby2 = new byte[1024];      //创建字节数组来存储文件内容
        int len = bin.read(getby2);          //获得实际读到的字节长度
        System.out.println(new String(getby2, 0, len));   //输出实际读到长度的内容
        bin.close();
        fin.close();
    }
}
```

运行结果如图 13-9 所示。

```
Console ☒  Problems  @ Javadoc  Declaration
<terminated> WriteWords [Java Application] C:\Users\Administrator\Downloads\eclipse-java-2020-12-R-win32-x86_64\eclipse\plugins\org.eclips
文件录入歌词：
文件歌词献给大家：
麻烦给我的爱人来一杯Mojito，我喜欢阅读她微醺时的眼眸。而我的咖啡糖不用太多，这世界已经因为她甜得过头！
```

图 13-9　缓冲包装读写文件

☆大牛提醒☆

关闭文件流时，先关闭包装中的最外层，也就是 Buffered 系列，再关闭 FileStream 系列。

13.5.2 BufferedReader 类与 BufferedWriter 类

与字节缓冲流相对应的字符缓冲流，是用来包装字符输入/输出流类 Reader 和 Writer 的所有子类的。它们是以行为单位进行文件内容读写的。

1. 字符缓冲输入流

创建文件字符缓冲输入流对象时的构造方法如下：

```
BufferedReader (Reader in);
BufferedReader (Reader in,int size);
```

2. 字符缓冲输出流

创建文件字符缓冲输出流对象时的构造方法如下：

```
BufferedWriter (Writerout);
BufferedWriter (Writer  out,int size);
```

【例 13.6】向指定文件写入内容，并重新读取该文件内容（源代码\ch13\13.6.txt）。

```
import java.io.*;
import java.util.Scanner;

public class WritePoetry
{
    public static void main(String[] args)
    {
        File file;
        FileReader fin;
        FileWriter fout;
        BufferedReader bin;
        BufferedWriter bout;
        Scanner scanner = new Scanner(System.in);
        System.out.println("请输入文件名,例如 d:\\hello.txt");
        String filename = scanner.nextLine();

        try
        {
            file = new File(filename);                  //创建文件对象
            if (!file.exists())
            {
                file.createNewFile();                   //创建新文件
                fout = new FileWriter(file);            //创建文件输出流对
            }
            else
```

```
            fout = new FileWriter(file, true); //创建追加内容的文件输出流对象

            fin = new FileReader(file);              //创建文件输入流
            bin = new BufferedReader(fin);           //创建缓冲输入流
            bout = new BufferedWriter(fout);         //创建缓冲输出流

            System.out.println("请输入数据,最后一行为字符'0'结束.");
            String str = scanner.nextLine();         //从键盘读取待输入的字符串
            while (!str.equals("0"))
            {
                bout.write(str);                     //输出字符串内容
                bout.newLine();                      //输出换行符
                str = scanner.nextLine();            //读下一行
            }
            bout.flush();    //刷新输出流
            bout.close();    //关闭缓冲输出流
            fout.close();    //关闭文件输出流
            System.out.println("文件写入完毕! ");

            //重新将文件内容显示出来
            System.out.println("文件" + filename + "的内容是: ");
            while ((str = bin.readLine()) != null)
                System.out.println(str);             //读取文件内容并显示

            bin.close();     //关闭缓冲输入流
            fin.close();     //关闭文件输入流
        }
        catch (IOException e)
        {e.printStackTrace();}
    }
}
```

运行结果如图 13-10 所示。

```
Console ⊠  Problems  @ Javadoc  Declaration
<terminated> WritePoetry [Java Application] C:\Users\Admin
请输入文件名，例如d:\hello.txt
d:\hello.txt
请输入数据，最后一行为字符‘0’结束。
小娃撑小艇
偷采白莲回
0
文件写入完毕!
文件d:\hello.txt的内容是:
小娃撑小艇
偷采白莲回
```

图 13-10　向指定文件写入内容

13.6　新手疑难问题解答

问题 1：字节流和字符流在使用时有什么区别？

解答：关于字节流和字符流的选择没有一个明确的定义要求，但是有如下的选择可供参考：

（1）字符数据可以方便地进行中文的处理，但是字节数据处理起来会比较麻烦；

（2）在网络传输或者是进行数据保存时，数据操作单位都是字节，而不是字符；

（3）字节流是按照最小的字节来读、写的，所有字节流可以处理所有的数据流，但功能没有字节流多。

问题 2：在程序结束时，忘记关闭所有打开的流，对程序有什么影响？

解答：在程序结束时，Java 程序会自动关闭所有打开的流，但是当使用完流后，显式关闭所有打开的流仍是一个好的编程习惯。

13.7 实战训练

实战 1：输出唐诗五言绝句。

编写程序，创建一个 txt 文件，在控制台多行输入“白日依山尽，黄河入海流。欲穷千里目，更上一层楼。”通过 BufferedWriter 写入该文件，再通过 BufferedReader 读出来显示在控制台，运行结果如图 13-11 所示。

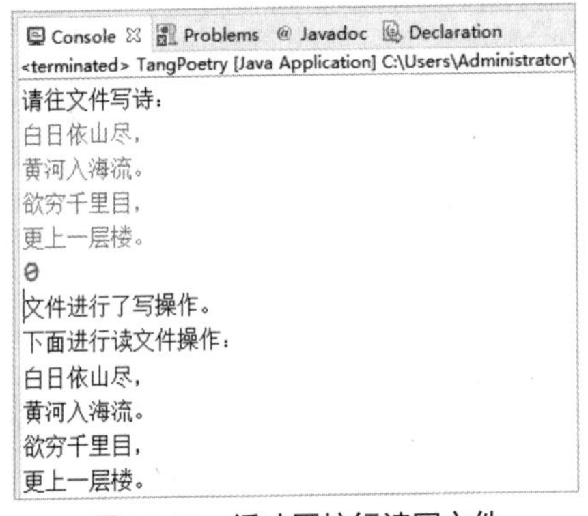

图 13-11 缓冲区按行读写文件

实战 2：保存会议记录。

编写程序，模拟开会时保存会议记录的场景，老板说“开始开会（按钮）”，接着员工就可以在打开的窗口中添加会议记录了。运行结果如图 13-12 所示，单击“开始会议”按钮，打开会议记录本，在其中添加会议记录，如图 13-13 所示。然后单击“保存”按钮，即可保存会议记录到 d://notes.txt 文件中，打开该文件，就可以看到添加的会议记录了，如图 13-14 所示。

图 13-12 开始会议

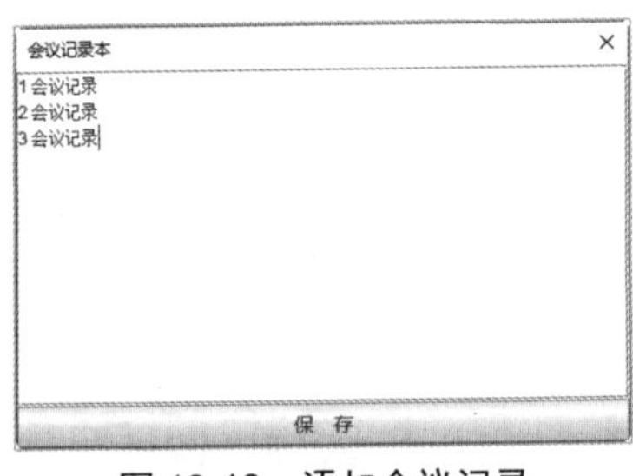

图 13-13 添加会议记录

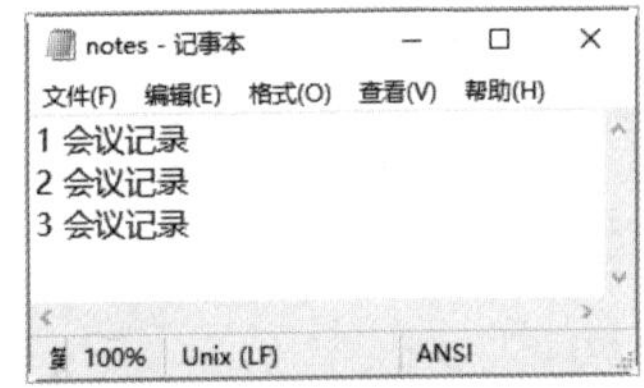

图 13-14 保存会议记录

实战 3：录入并读取个人信息。

编写程序，录入并读取个人信息，包括工号、姓名、性别。运行结果如图 13-15 所示，在其中根据提示输入个人信息，如图 13-16 所示，单击“写入文件”按钮，即可将个人信息保存到文件 d://hobbies.txt 中，单击“读取文件”按钮，即可在控制台中显示写入的文件，如图 13-17 所示。

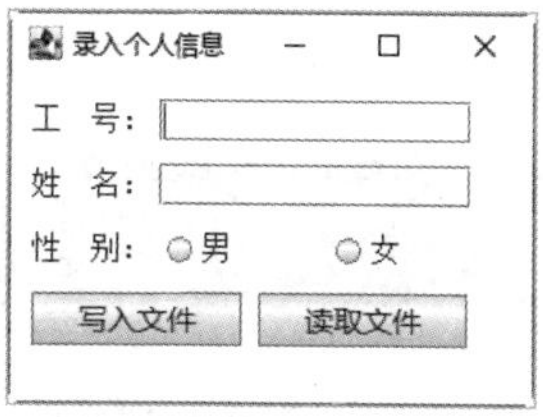

图 13-15　程序运行结果

图 13-16　录入个人信息

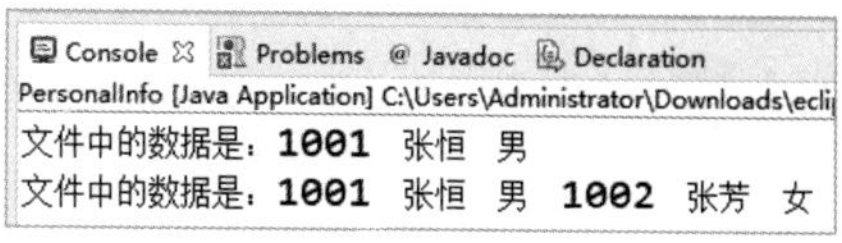

图 13-17　读取录入的个人信息

第 14 章
多线程

大多数的程序语言只能循序运行单独的一个程序块，但无法同时运行不同的多个程序块。Java 的“多线程”恰可弥补这个缺憾，它可以让不同的程序块一起运行，如此一来就可让程序运行得更为顺畅，同时也可达到多任务处理的目的。本章将详细介绍多线程的相关知识。

14.1 创建线程

在 Java 语言中，线程也是一种对象，但并不是任何对象都可以成为线程，只有实现了 Runnable 接口或者继承了 Thread 类的对象才能成为线程。

线程的创建有两种方式：一种是继承 Thread 类，另一种是实现 Runnable 接口。

14.1.1 继承 Thread 类

Thread 类存放在 java.lang 类库中，但并不需要加载 java.lang 类库，因为它会自动加载。而 run()方法是定义在 Thread 中的一个方法，因此把线程的程序代码编写在 run()方法内，事实上所做的就是覆写的操作。因此要使一个类可激活线程，必须按照下面的语法来编写。

```
class 类名称 extends Thread                //从 Thread 类扩展出子类
{
    属性…
    方法…
    修饰符 run(){                          //覆写 Thread 类中的 run()方法
        以线程处理的程序;
    }
}
```

Thread 类是 java.lang 类库中的一个类，继承该类，并重写该类的 run()方法，才能创建一个线程对象。继承 Thread 类和 run 方法重写的格式如下：

```
class 类名称 extends Thread                //从 Thread 类扩展出子类
{
    属性…
    方法…
    修饰符 run(){                          //覆写 Thread 类中的 run()方法
    以线程处理的程序;
    }
}
```

继承 Thread 类的子类创建并使用线程的步骤如下：

（1）创建一个继承 Thread 类的子类。

（2）重写 run()方法。

（3）创建线程子类对象。

（4）线程子类对象调用 start()方法来启动线程，启动了的线程会自动调用 run()方法。

设计一个好的线程会提高程序的运行效率，为此了解和学习 Thread 类提供的方法是很有必要的。Thread 类提供的一些常用方法如表 14-1 所示。

表 14-1　Thread 类的常用方法

方 法 名	说　明
start()	启动线程，调用 run()方法
join()	等待线程终止
join(long milis)	等待进程终止的最长时间是 milis 毫秒
sleep(long milis)	暂停进程 milis 毫秒时间
yield()	暂停正在进行的线程，执行其他线程
interrupt()	终端进程
setPriority(int newPriority)	更改线程的优先级

☆**大牛提醒**☆

对正在运行的线程调用 start()方法会出现 IllegalThreadStateException 异常。

【例 14.1】同时激活多个线程（源代码\ch14\14.1.txt）。

```
public class Test {
    public static void main(String args[]) {
        new TestThread().start();
        //循环输出
        for (int i = 0; i < 5; i++) {
            System.out.println("main 线程在运行");
        }
    }
}

class TestThread extends Thread {
    public void run() {
        for (int i = 0; i < 5; i++) {
            System.out.println("TestThread 在运行");
        }
    }
}
```

运行结果如图 14-1 所示。

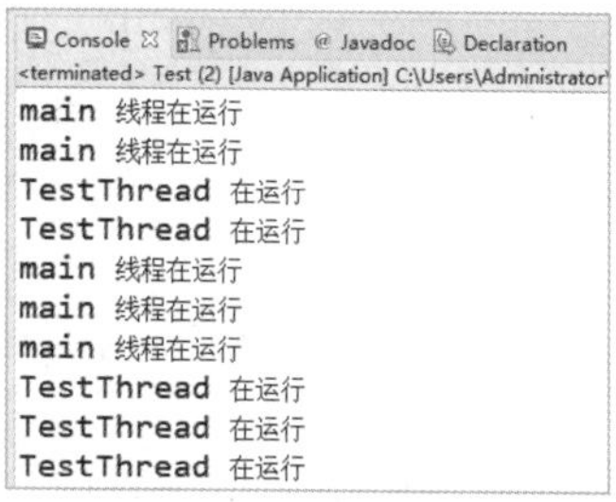

```
Console ⊠  Problems  @ Javadoc  Declaration
<terminated> Test (2) [Java Application] C:\Users\Administrator
main 线程在运行
main 线程在运行
TestThread 在运行
TestThread 在运行
main 线程在运行
main 线程在运行
main 线程在运行
TestThread 在运行
TestThread 在运行
TestThread 在运行
```

图 14-1　同时激活多个线程

14.1.2　实现 Runnable 接口

Java 程序只允许单一继承，即一个子类只能有一个父类，所以在 Java 中如果一个类继承了某一个类，同时又想采用多线程技术时，就不能用 Thread 类产生线程，因为 Java 不允许多继承，这时要用 Runnable 接口来创建线程。

实现 Runnable 接口语法格式如下：

```
class 类名称 implements Runnable      //实现 Runnable 接口
{
```

```
    属性…
    方法…
    修饰符 run(){                          //实现 Runnable 接口的 run()方法
    以线程处理的程序;
    }
}
```

实现 Runnable 接口来创建并使用线程的步骤如下：

（1）实现 Runnable 接口。

（2）实现 run()方法。

（3）创建 Runnable 对象。

（4）通过 Runnable 实现类对象为参数创建 Thread 对象。

（5）Thread 对象调用 start()方法来启动线程，自动调用 run()方法。

过程中 Thread 类创建以 Runnable 为参数的对象时，调用的是 Thread 类的构造方法，其语法格式如下：

```
Runnable 实现类 runnable = new Runnable 实现类();
Thread thread = new Thread( runnable);
```

【例 14.2】用 Runnable 接口同时激活多线程（源代码\ch14\14.2.txt）。

```
public class Test {
    public static void main(String args[]) {
        TestThread t = new TestThread();
        new Thread(t).start();
        //循环输出
        for (int i = 0; i < 5; i++) {
            System.out.println("main 线程在运行");
        }
    }
}

class TestThread implements Runnable {
    public void run() {
        for (int i = 0; i < 5; i++) {
            System.out.println("TestThread 在运行");
        }
    }
}
```

运行结果如图 14-2 所示。

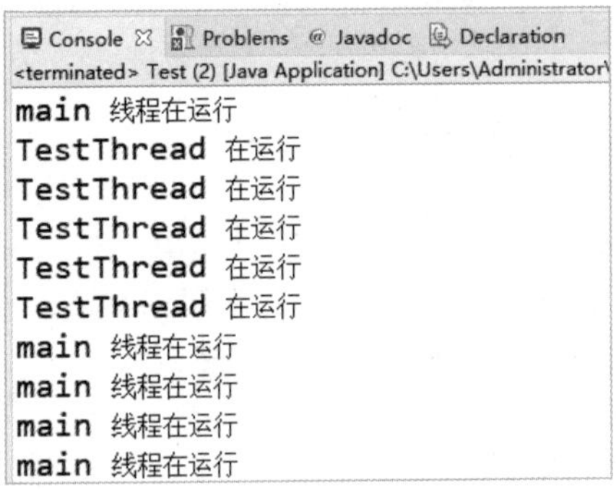

```
Console ⊠  Problems  @ Javadoc  Declaration
<terminated> Test (2) [Java Application] C:\Users\Administrator\
main 线程在运行
TestThread 在运行
TestThread 在运行
TestThread 在运行
TestThread 在运行
TestThread 在运行
main 线程在运行
main 线程在运行
main 线程在运行
main 线程在运行
```

图 14-2　用 Runnable 接口激活多线程

14.2　线程的状态

线程从创建到执行完成的整个过程，称为线程的生命周期。一个线程在生命周期内总是处于某一种状态，任何一个线程一般都具有 5 种状态，即创建、就绪、运行、阻塞、终止，线程的状态如图 14-3 和图 14-4 所示。

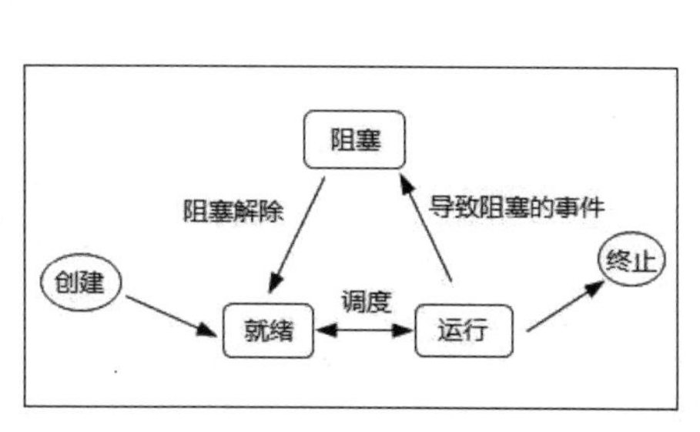

图 14-3　线程的状态 1

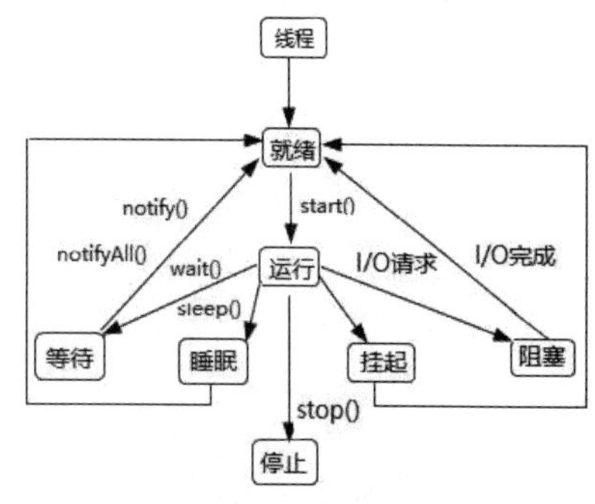

图 14-4　线程的状态 2

（1）创建状态：new 关键字和 Thread 类或其子类创建一个线程对象后，该线程对象就处于新建状态，它保持这个状态直到调用 start()方法启动这个线程。

（2）就绪状态：线程一旦调用了 start()方法后，就进入就绪状态。就绪状态的线程不一定立即运行，它处于就绪队列中，要等待 JVM 里线程调度器的调度。

（3）运行状态：当线程得到系统的资源后进入运行状态。

（4）阻塞状态：当处于运行状态的线程，因为某种特殊的情况，例如 I/O 操作，让出系统资源，进入阻塞状态，调度器立即调度就绪队列中的另一个线程开始运行。当阻塞事件解除后，线程由阻塞状态回到就绪状态。

（5）挂起状态：当处于运行状态的线程，调用 suspend()方法时，线程进入挂起状态。当另一个线程调用 resume()方法时，线程进入就绪状态。

（6）睡眠状态：当处于运行状态的线程，调用 sleep()方法时，线程进入睡眠状态。当睡眠线程超过了睡眠时间，线程进入就绪状态。

（7）等待状态：当处于运行状态的线程，调用 wait()方法时，线程进入等待状态。当另一个线程调用 notify()或 notifyAll()方法时，等待队列中的第一个或全部线程进入就绪状态。

（8）终止状态：当线程执行完成或调用 stop()方法时，该线程就进入终止状态。

14.3　线程的同步

编程过程中，为了防止多线程访问共享资源时发生冲突，在 Java 语言中提供了线程同步机制。

14.3.1　线程安全

当一个类已经很好地同步以保护它的数据时，这个类就称为线程安全（Thread safe）。相反，线程不安全就是不提供数据访问保护，有可能出现多个线程先后更改数据造成所得到的数据是无效数据。

线程安全问题都是由多个线程对共享的变量进行读写引起的。

【例 14.3】购买火车票（源代码\ch14\14.3.txt）。

```
class MyThread implements Runnable {     //线程主体类
    private int ticket = 6;
    @Override
    public void run() {                  //理解为线程的主方法
        for (int x = 0; x < 50; x++) {
            if (this.ticket > 0) {       //第 1 步：卖票的根据
                try {
                    Thread.sleep(1000);
                } catch (InterruptedException e) {
                    e.printStackTrace();
                }
                System.out.println(Thread.currentThread().getName() + "卖票,票数= " +
this.ticket--);
            }
        }
    }
}
public class Test {
    public static void main(String[] args) {
        MyThread mt = new MyThread();
        new Thread(mt, "售票员 A").start();
        new Thread(mt, "售票员 B").start();
        new Thread(mt, "售票员 C").start();
    }
}
```

运行结果如图 14-5 所示。

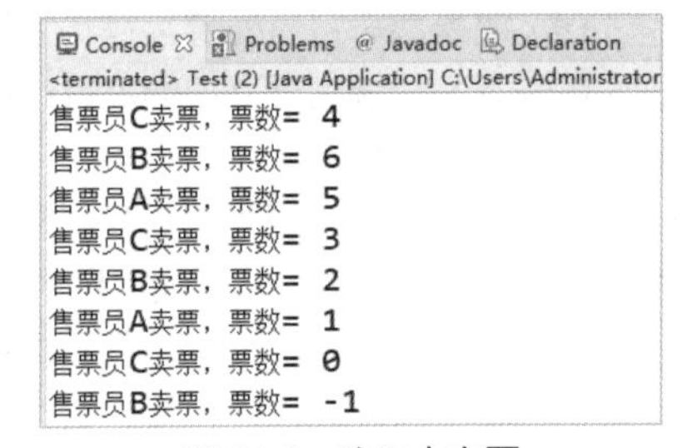

图 14-5　购买火车票

通过该运行结果发现，此时程序运行中出现了负数，很明显是由于不同步所造成的，实际上此时的程序在进行操作的过程中需要两步完成卖票：

（1）判断是否还有票。

（2）卖票。

但是在第（1）步和第（2）步之间出现了延迟，假设说现在只有最后一张票了，所有的线程现在应该都会同时进入到 run()方法执行，那么此时的 if 判断条件应该都满足，所以再进行自减操作就出现了负数，此时的程序就是不同步的问题。

要想解决这个问题，那么最好的做法是一个一个线程进行操作，即先上一把锁，其他的线程一看上锁就要等待，等到锁打开时，再执行。要想解决此类问题，有同步代码块和同步方法两种实现方式。

14.3.2　同步代码块

同步代码块是使用 synchronized 关键字定义的代码块，但是在进行同步时需要设置一个对象锁，一般都会锁当前对象 this。

【例 14.4】使用同步代码块解决买票问题（源代码\ch14\14.4.txt）。

```
class MyThread implements Runnable {     //线程主体类
    private int ticket = 6;

    @Override
```

```
        public void run() {                        //理解为线程的主方法
            for (int x = 0; x < 50; x++) {
                synchronized (this) {
                    if (this.ticket > 0) {         //第 1 步: 卖票的根据
                        try {
                            Thread.sleep(1000);
                        } catch (InterruptedException e) {
                            e.printStackTrace();
                        }
                        System.out.println(Thread.currentThread().getName()+"卖票,票数="+
this.ticket--);
                    }
                }
            }
        }
    }

    public class Test {
        public static void main(String[] args) {
            MyThread mt = new MyThread();
            new Thread(mt, "售票员 A").start();
            new Thread(mt, "售票员 B").start();
            new Thread(mt, "售票员 C").start();
        }
    }
```

运行结果如图 14-6 所示。

此时解决了不同步的问题，但是同时可以发现，程序的执行速度变慢了。同步要比之前的异步操作线程的安全性高，但是性能会降低。

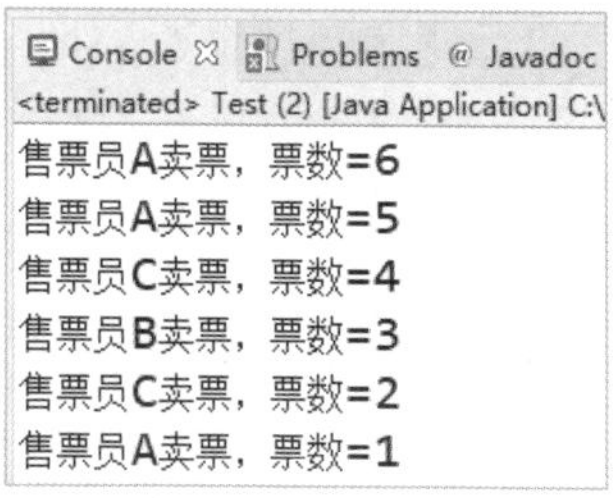

售票员A卖票，票数=6
售票员A卖票，票数=5
售票员C卖票，票数=4
售票员B卖票，票数=3
售票员C卖票，票数=2
售票员A卖票，票数=1

图 14-6　使用同步代码块解决问题

14.3.3　同步方法

如果在一个方法上使用了 synchronized 定义，那么此方法就被称为同步方法。所谓的同步就是指一个线程等待另外一个线程操作完再继续的情况。

【例 14.5】使用同步方法解决买票问题（源代码\ch14\14.5.txt）。

```
    class MyThread implements Runnable {                //线程主体类
        private int ticket = 6;
        @Override
        public void run() {                             //理解为线程的主方法
            for (int x = 0; x < 50; x++) {
                this.sale() ;
            }
        }
        public synchronized void sale() {               //同步方法
            if (this.ticket>0) {                        //第 1 步: 卖票的根据
                try {
                    Thread.sleep(1000);
                } catch (InterruptedException e) {
                    e.printStackTrace();
                }
                System.out.println(Thread.currentThread().getName()
                        + "卖票,票数="+this.ticket--);
            }
        }
```

```
}
public class Test {
    public static void main(String[] args) {
        MyThread mt = new MyThread();
        new Thread(mt, "售票员 A").start();
        new Thread(mt, "售票员 B").start();
        new Thread(mt, "售票员 C").start();
    }
}
```

运行结果如图 14-7 所示。

```
Console ☒  Problems  @ Javadoc
<terminated> Test (2) [Java Application] C:\
售票员A卖票，票数=6
售票员C卖票，票数=5
售票员B卖票，票数=4
售票员B卖票，票数=3
售票员C卖票，票数=2
售票员A卖票，票数=1
```

图 14-7 使用同步方法解决问题

14.3.4 死锁

一旦有多个进程，且它们都要争用对多个锁的独占访问，那么就有可能发生死锁。如果有一组进程或线程，其中每个都在等待一个只有其他进程或线程才可以进行的操作，那么就称它们被死锁了。

最常见的死锁形式是当线程 1 持有对象 A 上的锁，而且正在等待对象 B 上的锁；而线程 2 持有对象 B 上的锁，却正在等待对象 A 上的锁。这两个线程永远都不会获得第 2 个锁，或是释放第 1 个锁，所以它们只会永远等待下去。这就好比两个人在吃饭，甲拿到了一根筷子和一把刀子，乙拿到了一把叉子和一根筷子，他们都无法吃到饭。

于是，就发生下面的事件。

甲：“你先给我筷子，我再给你刀子！”

乙：“你先给我刀子，我才给你筷子”

……

结果可想而知，谁也没法吃到饭。

要避免死锁，应该确保在获取多个锁时，在所有的线程中都以相同的顺序获取锁。

在例 14.6 中，程序创建了两个类 A 和 B，它们分别具有方法 funA()和 funB()，在调用对方的方法前，funA()和 funB()都睡眠一会儿。主类 DeadLockDemo 创建 A 和 B 实例，然后产生第 2 个线程以构成死锁条件。funA()和 funB()使用 sleep()方法来强制死锁条件出现。而在真实程序中，死锁是较难发现的。

【例 14.6】程序死锁的产生（源代码\ch14\14.6.txt）。

```
class A {
    synchronized void funA(B b) {
        String name = Thread.currentThread().getName();
        System.out.println(name + "进入 A.foo");
        try {
            Thread.sleep(1000);
        } catch (Exception e) {
            System.out.println(e.getMessage());
        }
        System.out.println(name + "调用 B 类中的 last()方法");
        b.last();
    }

    synchronized void last() {
        System.out.println("A 类中的 last()方法");
    }
}
```

```
class B {
    synchronized void funB(A a) {
        String name = Thread.currentThread().getName();
        System.out.println(name + "进入 B 类中的");
        try {
            Thread.sleep(1000);
        } catch (Exception e) {
            System.out.println(e.getMessage());
        }
        System.out.println(name + "调用 A 类中的 last()方法");
        a.last();
    }

    synchronized void last() {
        System.out.println("B 类中的 last()方法");
    }
}
class Test implements Runnable {
    A a = new A();
    B b = new B();
    Test() {
        //设置当前线程的名称
        Thread.currentThread().setName("Main-->>Thread");
        new Thread(this).start();
        a.funA(b);
        System.out.println("main 线程运行完毕");
    }
    public void run() {
        Thread.currentThread().setName("Test-->>Thread");
        b.funB(a);
        System.out.println("其他线程运行完毕");
    }
    public static void main(String[] args) {
        new Test();
    }
}
```

运行结果如图 14-8 所示。

从运行结果可以看到，Test-->>Thread 进入了 b 的监视器，然后又在等待 a 的监视器。同时 Main-->>Thread 进入了 a 的监视器，并等待 b 的监视器，这个程序永远不会完成。

```
Console ⊠ Problems @ Javadoc Declaration
Test (2) [Java Application] C:\Users\Administrator\Downloads\e
Main-->>Thread进入A.foo
Test-->>Thread进入B类中的
Test-->>Thread调用A类中的last()方法
Main-->>Thread调用B类中的last()方法
```

图 14-8　程序死锁的产生

14.4　线程的调度

线程的调度是借用线程的多种方法，根据 CPU 和相关资源以及实际需求，将线程从就绪状态到运行状态转换的过程。

14.4.1　线程的优先级

线程从就绪状态到运行状态的转换，依赖于线程调度，线程调度的依据之一是线程的优先级。每一个线程都有优先级，在就绪队列中，优先级高的线程先获得执行。

Java 线程有十个优先级，用数字 1～10 表示，从低到高，线程默认的优先级是 5 级。对线程可通过方法 setPriority(int)设置优先级，通过 getPriority()获知一个线程的优先级。

有 3 个常数用于表示线程的优先级：Thread.MIN_PRIORITY、Thread.MAX_PRIORITY 和 Thread.NORM_PRIORITY，分别对应优先级 1、10 和 5。

14.4.2 线程调度方法

线程状态的转换是通过线程的方法实现的，下面将介绍使用线程调度方法实现状态的转换。

1. sleep()方法和 yield()方法

sleep()方法是将线程暂停一定的毫秒时间，空出 CPU，让系统调用别的就绪线程使用 CPU。当其等待时间结束就进入就绪状态，sleep 方法等待的是 CPU 时间片，但不释放资源。

调用 sleep()方法的语法格式如下：

```
Thread.sleep(毫秒);
```

yield()方法也是主动让出 CPU，但它是将 CPU 让给优先级更高的线程，该线程不需要等待一定时间被阻塞，而是直接进入就绪状态。

调用 yield()方法的语法格式如下：

```
Thread.yield();
```

【例 14.7】创建一个带有按钮的窗口，通过线程给按钮添加背景色（源代码\ch14\14.7.txt）。

```
import java.awt.Color;
import java.awt.FlowLayout;
import javax.swing.JFrame;
import javax.swing.JButton;
import java.awt.event.ActionListener;
import java.awt.event.ActionEvent;

public class Billing extends JFrame implements Runnable {
   public int i = 0;                                //按钮单击次数
   public Thread thread = new Thread(this);        //线程
   public Color[] color = { Color.green, Color.red, Color.blue, Color.yellow };
                                                    //可选颜色
   public JButton button = new JButton("开始");    //按钮

   public Billing() {
      setTitle("变换颜色");
      setBounds(400, 300, 200, 100);
      setLayout(new FlowLayout());
      add(button);
      setVisible(true);
      button.addActionListener(new ActionListener() {
         public void actionPerformed(ActionEvent arg0) {
            if (i % 2 == 0) {                       //单击次数为偶数时计数
               if (thread.isAlive())
                  thread.resume();                  //判断线程是否在运行
               else
                  thread.start();                   //线程没在启动,就启动
               button.setText("暂停");              //单击次数为奇数时暂停计数
            } else {
               thread.yield();
               button.setText("开始");
            }
            i++;
         }
      });
```

```
    }

    public static void main(String[] args) {
        new Billing();
    }

    @Override
    public void run() {                                  //变换颜色的线程 run 方法
        while (true) {
            try {
                Thread.sleep(1000);                      //每 1000 毫秒
                for (Color co : color) {
                    Thread.sleep(1000);                  //每 1000 毫秒
                    button.setBackground(co);
                }
            } catch (InterruptedException e) {
                e.printStackTrace();
            }
        }
    }
}
```

运行结果如图 14-9 所示，单击“开始”按钮，即可改变按钮的颜色。

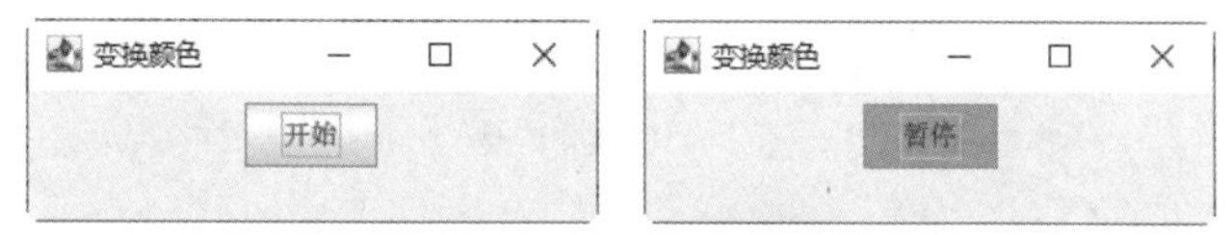

图 14-9　按钮变换颜色

2. join()方法

join()方法是将线程插进来，例如线程 A 在运行，途中加一个线程 B，那么线程 A 会暂停，等线程 B 运行完毕之后再继续运行线程 A。

```
线程对象.join();
```

【例 14.8】通过线程在控制台输出模拟电视剧播放过程中，插入另一个线程模拟输出广告（源代码\ch14\14.8.txt）。

```
class Drama extends Thread {            //播放电视剧线程子类
    public Adver ad = new Adver();
    public int count = 0;
    public void run() {                 //重写 run 方法
        while (true) {
            try {
                sleep(1000);
                System.out.println("电视剧在播放……" + count++ + "单位时间");
                if (count % 20 == 0) {
                    sleep(1000);
                    ad.join();
                }
            } catch (InterruptedException e) {
                e.printStackTrace();
            }
        }
    }
}

class Adver extends Thread {            //插广告线程子类
    public int count = 0;
```

```
    public void run() {                //重写 run 方法
        while (true) {
            try {
                System.out.println("广告时间...." + count++ + "单位时间");
                if (count == 20)
                    break;
                sleep(2000);
            } catch (InterruptedException e) {
                e.printStackTrace();
            }
        }
    }
}
```

运行结果如图 14-10 所示。

```
Console ☒ Problems @ Javadoc Declaration
InsertAd [Java Application] C:\Users\Administrator\Downloads\
广告时间。。。。0单位时间
电视剧在播放.....0单位时间
广告时间。。。。1单位时间
电视剧在播放.....1单位时间
电视剧在播放.....2单位时间
广告时间。。。。2单位时间
电视剧在播放.....3单位时间
电视剧在播放.....4单位时间
广告时间。。。。3单位时间
```

图 14-10 插广告

14.5 线程交互

线程间的交互指的是线程之间需要一些协调通信，来共同完成一项任务。线程的交互可以通过 wait()方法和 notify()方法来实现。

在 Java 程序运行过程中，当线程调用 Object 类提供的 wait()方法时，当前线程停止执行，并释放所占有的资源，线程从运行状态转换为等待状态。当另外的线程执行某个对象的 notify()方法时，会唤醒在此对象等待池中的某个线程，使该线程从等待状态转换为就绪状态；当另外的线程执行某个对象的 notifyAll()方法时，会唤醒在此对象等待池中的所有线程，使这些线程从等待状态转换为就绪状态。

Object 类提供的 wait()方法和 notify()方法的使用，如表 14-2 所示。

表 14-2 Object()方法

方 法 名	说 明
notify()	唤醒在此对象监视器上等待的单个线程
notifyAll()	唤醒在此对象监视器上等待的所有线程
wait()	在其他线程调用此对象的 notify()方法或 notifyAll()方法前，当前线程等待
wait(long timeout)	在其他线程调用此对象的 notify()方法、notifyAll()方法或超过指定的时间前，当前线程等待
wait(long timeout, int nanos)	在其他线程调用此对象的 notify()方法、notifyAll()方法、其他某个线程中断当前线程或已超过某个实际时间量前，当前线程等待

【例 14.9】有时多个线程类都需要一个系统资源，通过 Object 类创建对象来代替该资源，然后

通过 wait()和 notify()/notifyAll()来实现资源的放弃与获得（源代码\ch14\14.9.txt）。

```
class GetResource2 extends Thread {                        //线程类
    public Object resource;                                //Object 资源
    public String name;
    public GetResource2(Object resource, String name) {
        this.resource = resource;
        this.name = name;
    }
    public void run() {                                    //重写 run 方法
        synchronized (resource) {                          //同步资源变量
            System.out.println(name + "通知别的被 wait 的线程可以重获锁（但必须等" + name +
"执行完）");
            resourse.notifyAll();                          //唤醒别的线程可获得资源
            System.out.println(name + "结束！");
        }
    }
}
public class GetResource extends Thread {                  //线程类
    public Object resource;                                //Object 资源
    public String name;

    public GetResource(Object resource, String name) {
        this.resource = resource;
        this.name = name;
    }
    public void run() {                                    //重写 run 方法
        synchronized (resource) {                          //同步资源变量
            try {
                System.out.println(name + "放弃锁");
                resource.wait();                           //让出资源
            } catch (InterruptedException e) {
            }
            System.out.println(name + "重获锁");          //被别的线程 notify 时可获得资源
        }
    }
    public static void main(String[] args) {
        Object res = new Object();                         //只有一个资源对象，两个不同线程
        Thread a = new GetResource(res, "A");
        a.start();
        Thread b = new GetResource2(res, "B");
        b.start();
    }
}
```

运行结果如图 14-11 所示。

```
Console  Problems  Javadoc  Declaration
GetResourse [Java Application] C:\Users\Administrator\Downloads\eclip
B通知别的被wait的线程可以重获锁（但必须等B执行完）
B结束！
A放弃锁
```

图 14-11　占用和让出资源

wait()/notify()方法的使用还需要了解两个关键点，分别如下：

（1）必须从同步环境内调用 wait()、notify()、notifyAll()方法，线程拥有对象的锁才能调用对象等待或通知方法。

（2）多个线程在等待一个对象锁时使用 notifyAll()。

14.6 新手疑难问题解答

问题 1：在编写程序时，是使用 Runnable 接口还是 Thread 类来创建线程？

解答：在编写程序时，通过继承 Thread 类或者调用 Runnable 接口都可以实现创建线程的操作，但是由于 Java 不支持类的多重继承，当需要继承其他类时，就需要调用 Runnable 接口来创建线程了，如果不需要继承其他类时，就可以使用继承 Thread 类来创建线程了。

问题 2：Thread 类中的 start()和 run()方法有什么区别？

解答：start()方法被用来启动新创建的线程，而且 start()方法内部调用了 run()方法，这和直接调用 run()方法的效果不一样。当你调用 run()方法时，只会是在原来的线程中调用，没有新的线程启动，start()方法才会启动新线程。

14.7 实战训练

实战 1：制作一个可视化计数器。

编写程序，创建一个窗口，并在窗口内显示定时秒表，运行结果如图 14-12 所示。

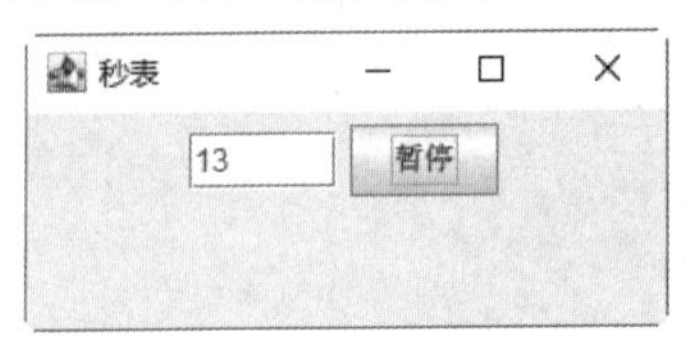

图 14-12 可视化计数器

实战 2：模拟 12306 抢票系统。

编写程序，通过 synchronized 关键字来实现抢票系统功能。程序运行结果如图 14-13 所示，可以发现张珊购买多张票，只成功购买两张，后面的李青、王梦更是没票了。

实战 3：多线程协作完成计算任务。

编写程序，使用多线程协作完成计算 1 到 100 自然数的求和，运行结果如图 14-14 所示。

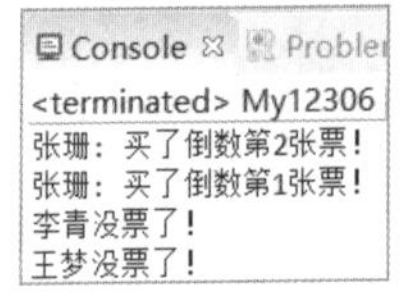

图 14-13 火车票系统模拟结果

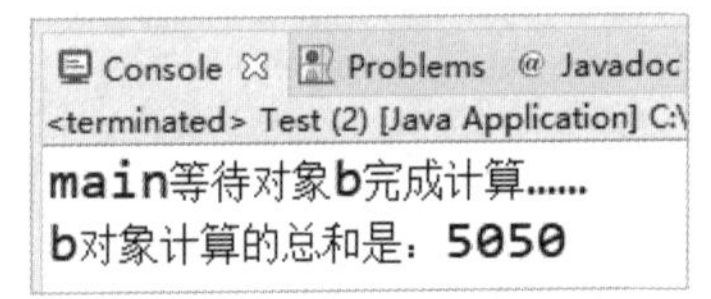

图 14-14 线程交互例程

第15章

使用 JDBC 操作数据库

学习 Java 语言，一定会遇到 JDBC 技术，因为使用 JDBC 技术可以非常方便地操作各种主流数据库。目前大部分应用程序都是使用数据库存储数据的，通过 JDBC 技术，既可以查询数据库中的数据，还可以对数据库中的数据进行添加、删除、修改等操作。本章介绍使用 JDBC 操作 MySQL 数据库。

15.1 JDBC 的原理

JDBC 的全称是 Java 数据库连接（Java Database Connectivity），它是一套用于执行 SQL 语句的 Java API。应用程序可以通过这套 API 与关系数据库进行数据交换，使用 SQL 语句来完成对数据库中数据的查询、新增、更新和删除等操作。JDBC 由两层构成：一层是 JDBC API，负责在 Java 应用程序中和 JDBC 驱动程序管理器之间进行通信，负责发送程序中的 SQL 语句；其下一层是 JDBC 驱动程序与实际连接数据库的第三方驱动程序进行通信，返回查询信息或者执行规定的操作。

JDBC 操作数据库数据的大致步骤如图 15-1 所示。

图 15-1　JDBC 操作数据库大致步骤

在 Java 程序中连接数据库的前提是程序中有数据库驱动包。添加数据库驱动包步骤如下：

（1）进入官方下载主页下载压缩包，网址为：https://dev.mysql.com/downloads/，单击 Connector/J，如图 15-2 所示。

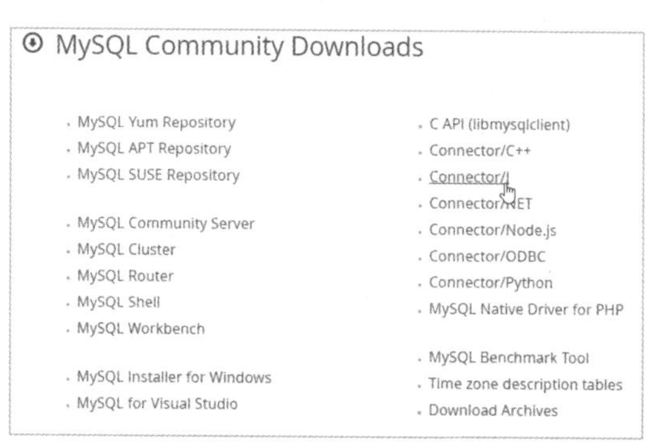

图 15-2　数据库驱动包下载页面

（2）选择 Platform Independent 平台，单击 mysql-connector-java-8.0.23.zip 右侧的 Download 按钮

进行下载，如图 15-3 所示。

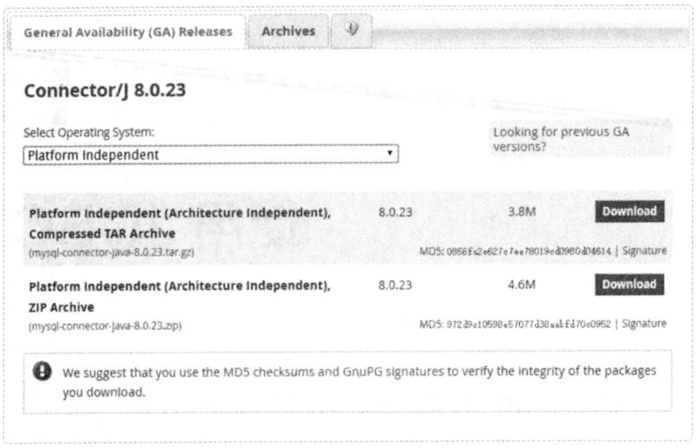

图 15-3　下载数据库驱动包

（3）将下载的压缩包解压到指定文件夹，在 Eclipse 中选择当前项目，右击，在弹出的快捷菜单中选择 Build Path→Configure Build Path…选项，如图 15-4 所示。

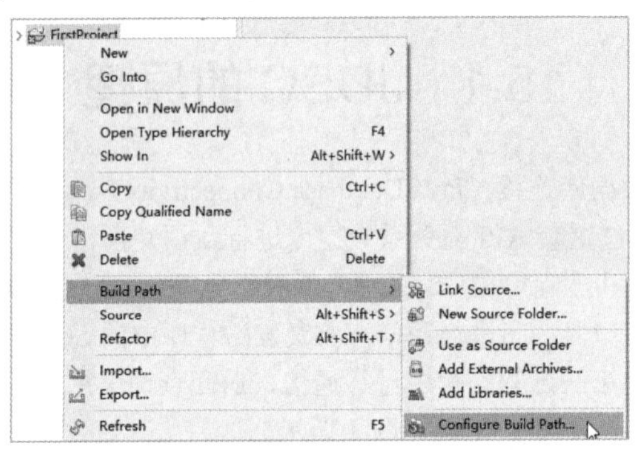

图 15-4　选择 Configure Build Path…选项

（4）打开 Properties for FirstProject 对话框，选择左侧的 Java Build Path 选项，再选择 Libraries 选项卡，如图 15-5 所示。

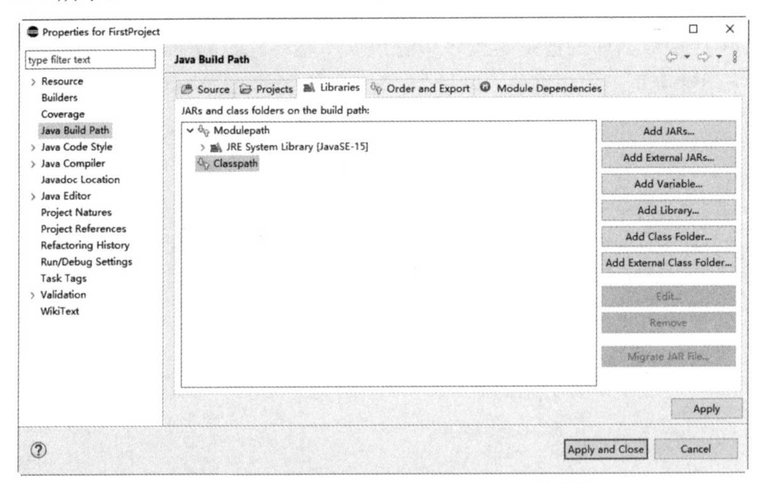

图 15-5　Properties for FirstProject 对话框

（5）单击 Add External JARs 按钮，打开 JaR Selection 对话框，在其中选择压缩包解压后的 jar

包，如图 15-6 所示。

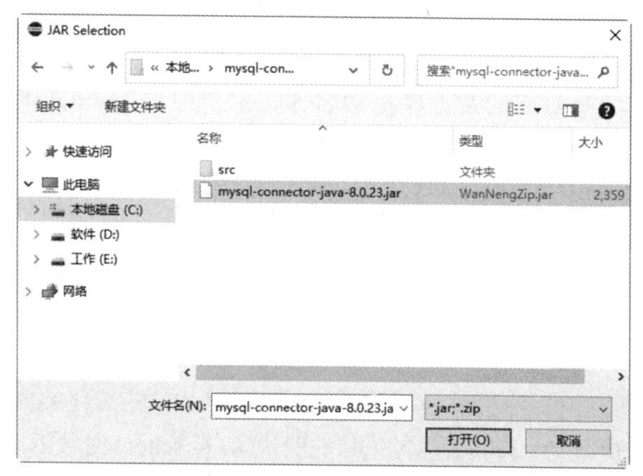

图 15-6 JaR Selection 对话框

（6）单击“打开”按钮，返回到 Properties for FirstProject 对话框中，可以看到添加的 jar 包显示在 Modulepath 下，依次单击 Apply 按钮和 Apply and close 按钮，即可完成 jar 包的添加，如图 15-7 所示。

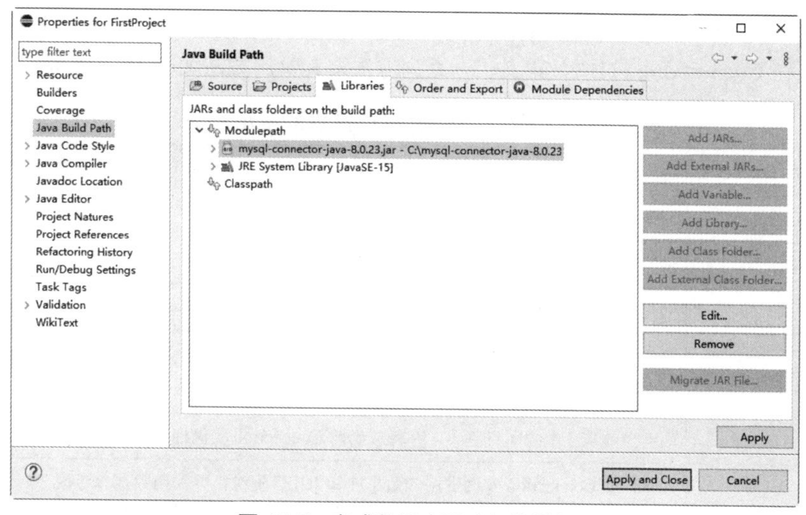

图 15-7 完成数据库驱动包的添加

15.2 JDBC 相关类与接口

为了方便进行数据库编程，Java 中提供很多类和接口。本节中将介绍几个与连接数据库和操作数据库数据相关的类与接口。

15.2.1 DriverManager 类

DriverManager 类用于创建与数据库的连接。在连接数据库之前，通过系统的 Class 类的 forName() 方法加载可连接的数据库驱动。

加载数据库驱动程序的语法格式：

```
Class.forName("数据库驱动名");
Class.forName("com.mysql.cj.jdbc.Driver");    //MySQL 驱动的注册
```

根据自己的数据库填写对应的数据库驱动名称。本节中以 MySQL 数据库为例进行讲解和学习。

加载好的驱动会注册到 DriverManager 类中，此时通过 DriverManager 类的 getConnection()方法与对应的数据库建立连接，其语法格式如下：

```
DriverManager.getConnection(String url,String loginName,String password);
```

其中 url 是数据库所在位置和时区设置，loginName 和 password 是数据库登录名和密码。

url 的语法格式如下：

```
String url = "jdbc:mysql://127.0.0.1:3306/school?serverTimezone=UTC";
```

其中//127.0.0.1 表示本地 IP 地址，3306 是 MySQL 的默认端口，school 是数据库名称，serverTimezone=UTC 是通过“？”通配符设置时区参数，是为了保证服务和 Java 程序操作数据库数据时在时间上统一。UTC 是世界同一时间的简称，它比北京时间早 8 小时。在中国可以取值为 Asia/Shanghai。

15.2.2 Connection 接口

Connection 接口代表 Java 程序和数据库的连接，只有获得该连接对象后，才能访问数据库，并操作数据表。在 Connection 接口中，定义了一系列方法，其常用方法如表 15-1 所示。

表 15-1 Connection 接口提供的常用方法

方法名称	功能描述
createStatement()	创建并返回一个 Statement 实例
prepareStatement()	创建并返回一个 PreparedStatement 实例，可对 SQL 语句进行预编译处理
prepareCall()	创建并返回一个 CallableStatement 实例，通常在调用数据库存储过程时创建该实例
commit()	将从上一次提交或回滚以来进行的所有更改同步到数据库，并释放 Connection 实例当前拥有的所有数据库锁定
rollback()	取消当前事务中的所有更改，并释放当前 Connection 实例拥有的所有数据库锁定
close()	立即释放 Connection 实例占用的数据库和 JDBC 资源，即关闭数据库连接

创建连接 MySQL 数据库的连接对象语法如下：

```
Connection con = DriverManager.getConnection(String url,String loginName,String password);
```

15.2.3 Statement 接口

Statement 接口用来执行静态的 SQL 语句，并返回执行结果。例如，对于 INSERT、UPDATE 和 DELETE 语句，调用 executeUpdate(String sql)方法；对于 SELECT 语句，则调用 executeQuery(String sql)方法，并返回一个永远不能为 null 的 ResultSet 实例。

Statement 对象是通过 Connection 接口对象的 createStatement()方法创建的，具体语法格式如下：

```
Statement sql = con.createStatement();
```

Statement 接口提供的常用方法如表 15-2 所示。

表 15-2　Statement 接口提供的常用方法

方法名称	功能描述
executeQuery(String sql)	执行指定的静态 SELECT 语句，并返回一个 ResultSet 实例
executeUpdate(String sql)	执行静态 INSERT、UPDATE 或 DELETE 语句，并返回同步更新记录的条数的 int 值
clearBatch()	清除位于 Batch 中的所有 SQL 语句
addBatch(String sql)	将 INSERT 或 UPDATESQL 命令添加到 Batch 中
executeBatch()	批量执行 SQL 语句。若全部执行成功，则返回由更新条数组成的数组
close()	立即释放 Statement 实例占用的数据库和 JDBC 资源

15.2.4　PreparedStatement 接口

PreparedStatement 接口继承并扩展了 Statement 接口，用来执行动态的 SQL 语句，即包含参数的 SQL 语句。通过 PreparedStatement 实例执行的动态 SQL 语句将被预编译并保存到 PreparedStatement 实例中，从而可以反复并且高效地执行该 SQL 语句。

需要注意的是，在通过 setXxx()方法为 SQL 语句中的参数赋值时，建议利用与参数类型匹配的方法，也可以利用 setObject()方法为各种类型的参数赋值。PreparedStatement 接口的使用方法如下：

```
PreparedStatement ps = connection
    .prepareStatement("select * from table_name where id>? and (name=? or name=?)");
ps.setInt(1, 6);
ps.setString(2, "马先生");
ps.setObject(3, "李先生");
ResultSet rs = ps.executeQuery();
```

其中参数中的 1、2、3 表示从左到右的第几个通配符。

15.2.5　ResultSet 接口

ResultSet 接口类似于一个数据表，通过该接口的实例可以获得检索结果集，以及对应数据表的相关信息，例如列名和类型等，ResultSet 实例通过执行查询数据库的语句生成。

ResultSet 实例有如下几个特点：

（1）ResultSet 实例可通过 next()方法遍历，且只能遍历一次。

（2）ResultSet 实例中的数据有行列编号，从 1 开始遍历。

（3）ResultSet 中定义的很多方法，在修改数据时不能同步到数据库，需要执行 updateRow()或 insertRow()方法完成同步操作。

（4）ResultSet 实例通过数据库中的列属性名来获取相应的值。

15.3　JDBC 连接数据库

在了解了 JDBC 连接和操作数据库的相关类和接口之后，下面以访问 MySQL 数据库中 student 数据表中的数据为例，介绍 JDBC 连接数据库的操作过程。

1. 加载数据库驱动程序

加载数据库驱动之前确保数据库对应的驱动类加载到程序中。

```
DriverManager.registerDriver(Driver driver);
```

或者

```
Class.forName("com.mysql.cj.jdbc.Driver");
```

2. 创建数据库连接

创建数据库连接的语句代码如下：

```
String url = "jdbc:mysql://127.0.0.1:3306/ school?serverTimezone=UTC";
Connection con =  DriverManager.getConnection(url);
```

如果数据库设置了登录名和口令，则在创建连接时要在方法中包含用户名和密码，这里用户名为 root，密码为空字符串。

```
Connection con = DriverManager.getConnection( url, "root", "")
```

3. 获取 Statement 对象

Connection 创建 Statement 对象的方式主要有两种，分别如下：

createStatement()：创建基本的 Statement 对象；

prepareStatement()：创建 PreparedStatement 对象。

以创建基本的 Statement 对象为例，创建语句如下所示：

```
Statement sql = con.createStatement();
```

4. 执行 SQL 语句

向建立连接的数据库，通过已获得的 Statement 对象发送 SQL 语句来执行 SQL 语句，这里是查询表 student 的内容。

```
ResultSet res = sql.executeQuery("SELECT * FROM 'student'");
```

所有的 Statement 都有以下 3 种执行 SQL 语句的方法：

（1）execute()：可以执行任何 SQL 语句；

（2）executeQuery()：通常执行查询语句，执行后返回代表结果集的 ResultSet 对象；

（3）executeUpdate()：主要用于执行数据操纵语句（DML）和数据定义语句（DDL）。

5. 获得执行结果

如果执行的 SQL 语句是查询语句，执行结果将返回一个 ResultSet 对象，该对象中保存了 SQL 语句查询的结果。程序可以通过操作该 ResultSet 对象来获得查询结果。

```
while(res.next()) {//遍历查询结果,输出 name 属性值
    System.out.println("student 表中 name 字段的值是: "+res.getString("name"));
}
```

【例 15.1】连接数据库并进行遍历数据操作，MySQL 数据库中 student 表的数据如图 15-8 所示（源代码\ch15\15.1.txt）。

id	name	gender	birthday
001	张珊	女	2000-01-01
002	张欢	女	2019-02-05
003	赵明	男	2000-04-24
004	王强	男	2000-07-08

图 15-8　student 表

```
import java.sql.*;
public class Jdbc {
    public static void main(String[] args) {
        Connection con = null;
        try {//加载 MySQL 数据库驱动
            Class.forName("com.mysql.cj.jdbc.Driver");
            //链接 MySQL 数据库中的 student 数据库
         con=DriverManager.getConnection("jdbc:mysql://127.0.0.1:3306/11
                                    ?serverTimezone=UTC","root","");
            Statement sql = con.createStatement();//获取 Statement 对象
            //执行 SQL 语句,并将结果返回到 ResultSet 对象中.
            ResultSet res = sql.executeQuery("SELECT * FROM `student`");
            while(res.next()) {//遍历查询结果,输出 name 属性值
            System.out.println("student 表中 name 字段的值是: "+res.getString("name"));
                }
            con.close();//关闭与数据库的连接
        } catch (SQLException e) {//数据库连接和数据库操作中可能出现的异常捕获
            e.printStackTrace();
        }catch (ClassNotFoundException e1) {//注册本地 MySQL 数据库驱动时可能出现的驱动
            e1.printStackTrace();
        }
    }
}
```

运行结果如图 15-9 所示。

```
Console ⊠  Problems  Debug
<terminated> Jdbc [Java Application]
student表中name字段的值是：张珊
student表中name字段的值是：张欢
student表中name字段的值是：赵明
student表中name字段的值是：王强
```

图 15-9　遍历 student 表中的 name 字段

6. 关闭连接

每次操作数据库结束后都要关闭数据库连接，释放资源，包括关闭 ResultSet、Statement 和 Connection 等资源。关闭连接语句如下：

```
con.close();
```

15.4　操作数据库

对连接的数据库可以进行创建数据表、插入数据、查询数据、更新数据和删除数据等操作。

15.4.1　创建数据表

创建数据表是对数据库内容的更新，下面从数据库和 Java 程序讲解创建数据表的操作。

1. 在数据库中创建数据表

在数据库中创建数据表的 SQL 语句如下：

```
create table table_name (属性列表);
```

属性列表就是属性名和数据类型，以及一些属性的属性设置关键字。

☆大牛提醒☆

删除数据表的 SQL 语句如下：

```
DROP TABLE table_name;
```

2. 在 Java 程序中创建数据表

在 Java 中，可以用 Statement 类对象的 executeUpdate()方法来实现数据表的创建，具体语法格式如下：

```
//用 Java 程序创建数据表
String sqlCreate = "create table table_name (属性列表)";
Statement 对象.executeUpdate(sql);
```

☆大牛提醒☆

Java 程序中删除数据表的语句如下：

```
String sqlDelete = "DROP TABLE table_name";
```

【例 15.2】在已建立连接的数据库 school 中创建数据表 teacher（源代码\ch15\15.2.txt）。

```
public class CreateTa_teacher {
    public static void main(String[] args) {
        Connection con = null;
        String dateBase = "school";
        JDbcConnect JdbcCon = new JDbcConnect();  //创建连接数据库的类对象
        try {
            //通过连接数据库的类对象 JdbcCon 调用连接数据库方法连接数据库
            con = JdbcCon.connect(dateBase);
            Statement sql = con.createStatement(); //获取 Statement 对象
            //执行 SQL 语句,创建数据表 teacher
            String sqlStr = "create table teacher (" +
                    "t_id INT  AUTO_INCREMENT," +
                    "t_name VARCHAR(25)," +
                    "t_position VARCHAR(25)," +
                    "salary FLOAT," +
                    "PRIMARY KEY (t_id)" +
                    ");";
            int res = sql.executeUpdate(sqlStr);
            System.out.println(res);
            con.close();                              //关闭与数据库的连接
        } catch (SQLException e) {                    //数据库连接和数据库操作中可能出现的异常捕获
            e.printStackTrace();
        }catch (ClassNotFoundException e1) {  //注册本地 MySQL 数据库驱动时可能出现的驱动
            e1.printStackTrace();
        }
    }
}
```

运行结果如图 15-10 所示，在数据库中出现了一个新的数据表 teacher。

	表 ▲	操作
☐	student	★ 浏览 结构
☐	teacher	★ 浏览 结构

图 15-10　创建数据表 teacher

15.4.2　插入数据

插入数据是对数据库中数据表内容的更新，下面从数据库和 Java 程序讲解插入数据的操作。

1. 在数据库中向数据表插入数据

在数据库的数据表中插入数据的 SQL 语句如下：

```
Insert into table_name (属性列表) values (属性值);
```

属性值与属性列表上的位置一一对应。

2. 在 Java 程序中向数据表插入数据

插入数据是对数据库内容的更新，可以用 Statement 类对象的 executeUpdate()方法来实现数据的插入，具体语法格式如下：

```
//Java 程序向数据库插入数据
String sqlCreat = "Insert into table_name (属性列表) values (属性值)";
Statement 对象.executeUpdate(sql);
```

【例 15.3】在数据表 teacher 中插入一条教师数据记录，其基本信息是：姓名王明，职位是讲师，底薪是 8000 元（源代码\ch15\15.3.txt）。

```
public class InsertData {
    public static void main(String[] args) {
        Connection con = null;
        String dateBase = "school";
        JDbcConnect JdbcCon = new JDbcConnect();  //创建连接数据库的类对象
        try {
            //通过连接数据库的类对象 JdbcCon 调用连接数据库方法连接数据库
            con = JdbcCon.connect(dateBase);
            Statement sql = con.createStatement(); //获取 Statement 对象
            //执行 SQL 语句,向数据表 teacher 插入数据
            String sqlStr = "insert into teacher "
                    + "(t_id , t_name,t_position , salary )"
                    + "values (1,\"王明\",\"讲师\",8000)";
            int res = sql.executeUpdate(sqlStr);
            System.out.println(res);
            con.close();                           //关闭与数据库的连接
        } catch (SQLException e) {                 //数据库连接和数据库操作中可能出现的异常捕获
            e.printStackTrace();
        }catch (ClassNotFoundException e1) {  //注册本地 MySQL 数据库驱动时可能出现的驱动
            e1.printStackTrace();
        }
    }
}
```

运行结果如图 15-11 所示，在数据表 teacher 中新添加了内容。

t_id	t_name	t_position	salary
1	王明	讲师	8000

编辑　复制　删除　导出

图 15-11　数据库插入数据

15.4.3 查询数据

在查询数据时，可以通过select关键字进行全查询，也可以通过配合where关键字进行条件查询。在Java中可以利用Statement实例通过执行静态SELECT语句来完成，也可以利用PreparedStatement实例通过执行动态SELECT语句来完成。

1. 在数据库中查询数据语句

```
//全查询
SELECT * FROM 'student';
//条件查询
select * from student where name= "张珊";
```

2. 在Java中查询数据语句

（1）利用Statement实例通过执行静态SELECT语句查询数据的典型代码如下：

```
Statement state = con.createStatement();
ResultSet res = state.executeQuery(SQL语句字符串);
```

（2）利用PreparedStatement实例通过执行动态SELECT语句查询数据的典型代码如下：

```
String sql = "select * from tb_ table_name  where sex=?";
PreparedStatement prpdStmt = connection.prepareStatement(sql);
prpdStmt.setString(1, "男");
ResultSet rs = prpdStmt.executeQuery();
```

无论利用哪个实例查询数据，都需要执行executeQuery()方法，这时才真正执行SELECT语句，从数据库中查询符合条件的记录，该方法将返回一个ResultSet型的结果集，在该结果集中不仅包含所有满足查询条件的记录，还包含相应数据表的相关信息，例如每一列的名称、类型和列的数量等。

【例15.4】查询数据表Teacher中的数据记录，并将工资低于3000元的老师信息显示出来（源代码\ch15\15.4.txt）。

```
    //通过连接数据库的类对象JdbcCon调用连接数据库方法连接数据库
    con = JdbcCon.connect(dateBase);
    Statement sql = con.createStatement();       //获取Statement对象
    //执行SQL语句,向数据表teacher插入数据
    String sqlStr = "SELECT * FROM `teacher`";
    ResultSet res = sql.executeQuery(sqlStr);
    System.out.println("teacher表中老师们的信息是: ");
    while(res.next()) {                          //遍历查询结果,输出查询到的信息
       System.out.println("姓名: "+res.getString("t_name")
                    +"\n职位: "+res.getString("t_position"));        }
    //带有通配符的SQL查询语句
    String sqlStr2 = "select * from teacher where salary<=?";
    //创建动态查询PreparedStatement对象
    PreparedStatement prpdStmt = con.prepareStatement(sqlStr2); prpdStmt. setFloat(1,
3000);                                           //给通配符的值赋值
    ResultSet res2 = prpdStmt.executeQuery();    //进行动态查询
    System.out.println("teacher表中工资低于3000元的老师信息是: ");
    while(res2.next()) {                         //遍历查询结果,输出查询信息
       System.out.println("姓名: "+res2.getString("t_name")
                       +"\n职位: "+res2.getString("t_position"));
          }
    con.close();//关闭与数据库的连接
```

查询之前确保数据库中已经插入足够的数据，运行结果如图15-12所示。

```
Console ⊠ Problems Debug Sh
<terminated> ShowInfo [Java Applicatio
teacher表中老师们的信息是：
姓名：李波        职位：辅导员
姓名：王明        职位：讲师
姓名：王丽        职位：讲师
姓名：张文学      职位：教授
姓名：周杰        职位：行政员
姓名：刘凯        职位：辅导员
teacher表中工资低于3000的老师信息是：
姓名：李波        职位：辅导员
姓名：周杰        职位：行政员
姓名：刘凯        职位：辅导员
```

图 15-12　数据查询

15.4.4　更新数据

更新数据库数据就是将数据库中原有的信息进行更改操作。

1. 在数据库中更新数据语句

数据更新语句的语法格式如下：

```
UPDATE <table_name> SET colume_name = 'xxx' WHERE <条件表达式>
```

2. 在 Java 中更新数据语句

在更新数据时，既可以利用 Statement 实例通过执行静态 UPDATE 语句完成，也可以利用 PreparedStatement 实例通过执行动态 UPDATE 语句完成，还可以利用 CallableStatement 实例通过执行存储过程完成。

（1）利用 Statement 实例通过执行静态 UPDATE 语句修改数据的典型代码如下：

```
String sql = "update tb_record set salary=3000 where duty='部门经理'";
statement.executeUpdate(sql);
```

（2）利用 PreparedStatement 实例通过执行动态 UPDATE 语句修改数据的典型代码如下：

```
String sql = "update tb_record set salary=? where duty=?";
PreparedStatement prpdStmt = connection.prepareStatement(sql);
prpdStmt.setInt(1, 3000);
prpdStmt.setString(2, "部门经理");
prpdStmt.executeUpdate();
```

（3）利用 CallableStatement 实例通过执行存储过程修改数据的典型代码如下：

```
String call = "{call pro_record_update_salary_by_duty(?,?)}";
CallableStatement cablStmt = connection.prepareCall(call);
cablStmt.setInt(1, 3000);
cablStmt.setString(2, "部门经理");
cablStmt.executeUpdate();
```

无论利用哪个实例修改数据，都需要执行 executeUpdate()方法，这时才真正执行 UPDATE 语句，修改数据库中符合条件的记录，该方法将返回一个 int 型数，为被修改记录的条数。

【例 15.5】更新数据表 Teacher 中的数据记录，将工资低于 3000 元的老师的工资更新至 3000 元（源代码\ch15\15.5.txt）。

```
public class UpdateInfo {
    public static void main(String[] args) {
        Connection con = null;
        String dateBase = "school";
        JDbcConnect JdbcCon = new JDbcConnect();  //创建连接数据库的类对象
        try {
            //通过连接数据库的类对象 JdbcCon 调用连接数据库方法连接数据库
            con = JdbcCon.connect(dateBase);
```

```
            Statement sql = con.createStatement(); //获取 Statement 对象
            String sqlStr = "update teacher set salary = 3000  where salary<=3000;";
            int res = sql.executeUpdate(sqlStr);  //更新操作
            System.out.println(res);
            con.close();                          //关闭与数据库的连接
        } catch (SQLException e) {                //数据库连接和数据库操作中可能出现的异常捕获
            e.printStackTrace();
        }catch (ClassNotFoundException e1) {  //注册本地 MySQL 数据库驱动时可能出现的驱动
            e1.printStackTrace();
        }
    }
}
```

运行结果在数据库中数据的变化如图 15-13 所示。

(1) 更新操作之前

t_id	t_name	t_position	salary
2	李波	辅导员	2500
1	王明	讲师	8000
3	王丽	讲师	6000
4	张文学	教授	10000
5	周杰	行政员	2800
6	刘凯	辅导员	2500

(2) 更新操作之后

t_id	t_name	t_position	salary
2	李波	辅导员	3000
1	王明	讲师	8000
3	王丽	讲师	6000
4	张文学	教授	10000
5	周杰	行政员	3000
6	刘凯	辅导员	3000

图 15-13 更新操作

15.4.5 删除数据

删除数据就是将数据库中符合条件的数据清除。

1. 在数据库删除数据语句

Delete 语句的格式如下：

```
DELETE FROM <表名> WHERE <条件表达式>
```

例如：

```
DELETE FROM table1 WHERE No = 7658
```

从表 table1 中删除一条记录，其字段 No 的值为 7658。

2. 在 Java 中删除数据语句

在 Java 中，可以使用 Statement 或者 PreparedStatement 调用 executeUpdate 方法来实现删除数据的操作。

（1）利用 Statement 实例通过执行静态 DELETE 语句删除数据的典型代码如下：

```
String sql = "delete from tb_record where date<'2017-2-14'";
statement.executeUpdate(sql);
```

（2）利用 PreparedStatement 实例通过执行动态 DELETE 语句删除数据的典型代码如下：

```
String sql = "delete from tb_record where date<?";
PreparedStatement prpdStmt = connection.prepareStatement(sql);
prpdStmt.setString(1, "2017-2-14");      //为日期型参数赋值
prpdStmt.executeUpdate();
```

（3）利用 CallableStatement 实例通过执行存储过程删除数据的典型代码如下：

```
String call = "{call pro_record_delete_by_date(?)}";
CallableStatement cablStmt = connection.prepareCall(call);
cablStmt.setString(1, "2017-2-14");      //为日期型参数赋值
```

```
    cablStmt.executeUpdate();
```

无论利用哪个实例删除数据，都需要执行 executeUpdate()方法，这时才真正执行 DELETE 语句，删除数据库中符合条件的记录，该方法将返回一个 int 型数，为被删除记录的条数。

【例 15.6】删除数据表 Teacher 中的数据记录，删除条件是姓名为王明的教师（源代码\ch15\15.6.txt）。

```
public class DeleteData {
    public static void main(String[] args) {
        Connection con = null;
        String dateBase = "school";
        JDbcConnect JdbcCon = new JDbcConnect();  //创建连接数据库的类对象
        try {
            //通过连接数据库的类对象 JdbcCon 调用连接数据库方法连接数据库
            con = JdbcCon.connect(dateBase);
            Statement sql = con.createStatement(); //获取 Statement 对象
            String sqlStr = "delete from teacher where t_name = \"王明\";";
            int res = sql.executeUpdate(sqlStr);  //删除操作
            System.out.println(res);
            con.close();                           //关闭与数据库的连接
        } catch (SQLException e) {                 //数据库连接和数据库操作中可能出现的异常捕获
            e.printStackTrace();
        }catch (ClassNotFoundException e1) {  //注册本地 MySQL 数据库驱动时可能出现的驱动
            e1.printStackTrace();
        }
    }
}
```

运行结果在数据库中的表现如图 15-14 所示。

t_id	t_name	t_position	salary
2	李波	辅导员	3000
1	王明	讲师	8000
3	王丽	讲师	6000
4	张文学	教授	10000
5	周杰	行政员	3000
6	刘凯	辅导员	3000

(1) 删除数据之前

t_id	t_name	t_position	salary
2	李波	辅导员	3000
3	王丽	讲师	6000
4	张文学	教授	10000
5	周杰	行政员	3000
6	刘凯	辅导员	3000

(2) 删除数据之后

图 15-14　删除数据记录

☆**大牛提醒**☆

当需要为日期型参数赋值时，如果已经存在 java.sql.Date 型对象，可以通过 setDate(int parameterIndex, java.sql.Date date)方法为日期型参数赋值；如果不存在 java.sql.Date 型对象，也可以通过 setString(int parameterIndex, String x)方法为日期型参数赋值。

15.5　新手疑难问题解答

问题 1：为什么无法连接数据库？

解答：无法连接数据库的原因有多种，当出现无法连接数据库时，可以从以下几个方面来解决。

（1）被连接的数据库是否存在，如果数据库存在，检查是否已经开启了连接服务。

（2）检查是否导入了正确的驱动包，驱动包版本是否兼容当前数据库版本。

（3）检查数据库连接 URL 是否正确，此处包含 JDBC 语句、IP 地址和数据库名称。

（4）检查使用的数据库账号密码是否可用，错误的账号密码和无权限的账号都无法连接数据库。

问题 2：什么是 JDBC，在什么时候会用到它？

解答：JDBC 的全称是 Java DataBase Connection，也就是 Java 数据库连接，我们可以用它来操作关系型数据库。JDBC 接口及相关类在 java.sql 包和 javax.sql 包中。我们可以用它来连接数据库，执行 SQL 查询。

15.6 实战训练

实战 1：连接数据库 mydb。

首先在 MySQL 数据库中创建数据库 mydb。要访问这个数据库，首先要加载数据库的驱动程序，驱动程序只需要在第一次访问数据库时加载一次，然后每次访问数据库时创建一个 Connection 对象，接着执行操作数据库的 SQL 语句，最后在完成数据库操作后销毁前面创建的 Connection 对象，释放与数据库的连接，运行结果如图 15-15 所示。

实战 2：查询数据库 mydb 中数据表 person 的数据记录。

首先在 mydb 数据库中创建数据表 person，然后给数据表添加数据，接着编写 Java 程序，通过 Statement 接口和 ResultSet 接口来查询数据表中的数据记录，运行结果如图 15-16 所示。

```
Console ☒  Problems  @ Javadoc
<terminated> Conn [Java Application] C:\U
数据库驱动加载成功
数据库连接成功
```

图 15-15　连接数据库 mydb

```
Console ☒  Problems  @ Javadoc  Declaration
<terminated> Gradation [Java Application] C:\Users\Administrator\
编号：1 姓名：李天艺 性别:21 籍贯：上海市
编号：2 姓名：赵子涵 性别:19 籍贯：上海市
编号：3 姓名：郭怡辰 性别:19 籍贯：上海市
编号：4 姓名：张龙轩 性别:20 籍贯：深圳市
```

图 15-16　查询数据表中的数据记录

实战 3：查询数据表 person 中籍贯为“上海市”的数据记录。

编写程序，在数据库 mydb 的 person 数据表中，查询籍贯为“上海市”的数据记录，运行结果如图 15-17 所示。

实战 4：对数据表 person 执行添加、修改、删除操作。

编写程序，通过 Java 语言中的 PreparedStatement 对象对数据表中原来数据进行添加、修改和删除操作，运行结果如图 15-18 所示。

```
Console ☒  Problems  @ Javadoc  Declaration
<terminated> Prep [Java Application] C:\Users\Administrator\
编号：1 姓名：李天艺 性别:21 籍贯：上海市
编号：2 姓名：赵子涵 年龄:19 籍贯：上海市
编号：3 姓名：郭怡辰 年龄:19 籍贯：上海市
```

图 15-17　查询数据表中指定条件的数据记录

```
Console ☒  Problems  @ Javadoc  Declaration
<terminated> Renewal [Java Application] C:\Users\Administrator\
执行增加、修改、删除前数据：
编号：1 姓名：李天艺 性别:21 籍贯：上海市
编号：2 姓名：赵子涵 性别:19 籍贯：上海市
编号：3 姓名：郭怡辰 性别:19 籍贯：上海市
编号：4 姓名：张龙轩 性别:20 籍贯：深圳市
执行增加、修改、删除后的数据：
编号：2 姓名：赵子涵 年龄:19 籍贯：上海市
编号：3 姓名：郭怡辰 年龄:19 籍贯：上海市
编号：4 姓名：张龙轩 年龄:20 籍贯：深圳市
编号：5 姓名：张宇 年龄:21 籍贯：郑州市
```

图 15-18　添加、修改和删除数据记录

第16章

Java 绘图

Java 为用户提供了绘图技术，这就为开发高级应用程序提供了图像处理技术，使用 Java 绘图功能可以为程序提供数据统计、图标分析等功能，进而提高了程序的互动性能。本章介绍 Java 语言的绘图功能。

16.1 Java 绘图基础

设计一个绚丽的用户界面所必备的技能之一就是绘图，本节介绍 Java 中绘图所用的类，包括 Graphics 类、Graphics2D 类和 Canvas 画布类。

16.1.1 Graphics 绘图类

在 java.awt 包中专门提供了一个 Graphics 类，它相当于一个抽象的画笔，提供了各种绘制图形的方法，使用 Graphics 类的方法就可以完成在组件上绘制图形的操作。

Graphics 类提供基本的几何图形绘制方法，主要有画线段、画矩形、画圆、画带颜色的图形、画椭圆、画圆弧、画多边形等。

16.1.2 Graphics2D 绘图类

Graphics 类提供基本绘图方法，Graphics2D 类提供更强大的绘图能力。Graphics2D 类继承 Graphics 类，是 Graphics 类的拓展。它在 Graphics 的基础上增加了更多的功能，使绘画更加方便。

16.1.3 Canvas 画布类

Canvas 画布类就是用于绘图的画布，它能够在屏幕上提供一块可绘制的区域，该区域还能够接受用户的输入。为此，在绘图界面必须继承 Canvas 画布类，并重写其 paint()方法来实现自定义绘图功能。当需要重绘界面或者组件时，可通过重写 repaint()方法来实现。

16.2 绘制几何图形

Java 可以分别使用 Graphics 和 Graphics2D 类来绘制图形，Graphics 类使用不同的方法绘制不同的图形，例如使用 drawLine()方法绘制线段、使用 drawOval()方法绘制椭圆等。Graphics 类常用的图形绘制方法如表 16-1 所示。

表 16-1 Graphics 类中常用的方法

方法声明	方法描述
drawLine(int x1,int y1,int x2,int y2)	绘制线段
drawArc(int x,int y,int width,int height,int startAngle,int arcAngle);	绘制弧形
drawRect(int x,int y,int width,int height)	绘制矩形的边框
drawRoundRect(int x,int y,int width,int height,int arcwidth,int archeight);	绘制圆角矩形边框
drawOval(int x,int y,int width,int height)	绘制椭圆
drawPolygon(int[] xs,int ys,int num);	首尾相连的多边形
drawPolyline(int[] xs,int ys,int num);	顺点画线，首尾不相连
fillArc(int x,int y,int width,int height,int startAngle,int arcAngle);	绘制实心弧形（扇形）
fillRect(int x,int y,int width,int height)	绘制实心矩形
fill RoundRect(int x,int y,int width,int height,int arcwidth,int archeight);	绘制实心圆角矩形边框
fillOval(int x,int y,int width,int height)	绘制实心椭圆
fillPolygon(int[] xs,int ys,int num);	绘制实心多边形
drawString(String str,int x,int y)	在（x,y）坐标上绘制字符 str

【例 16.1】使用几何图形方法绘制一间小木屋（源代码\ch16\16.1.txt）。

```
import java.awt.*;
import javax.swing.JFrame;
class Mydraw extends Canvas {                                    //画布类
    public void paint(Graphics g) {                              //重写绘图内容
        super.paint(g);                                          //继承父类方法
        Graphics2D graph = (Graphics2D) g;                       //创建绘图对象
        int[] xs = { 80, 20, 140 };                              //多边形点的 x 坐标
        int[] ys = { 10, 50, 50 };                               //多边形点的 y 坐标
        graph.drawPolygon(xs, ys, 3);                            //房顶三角
        graph.drawRect(20, 50, 120, 70);                         //房体方形
        graph.drawArc(65, 25, 30, 30, 0, 180);                   //天窗半弧
        graph.drawLine(65, 40, 95, 40);                          //天窗内线
        graph.drawLine(69, 32, 92, 32);                          //天窗内线
        graph.drawLine(80, 25, 80, 40);                          //天窗下线
        graph.drawRect(50, 70, 30, 50);                          //门方形
        graph.drawRoundRect(90, 70, 25, 25, 10, 10);             //窗圆矩形
        graph.drawLine(103, 70, 103, 95);                        //窗内线
        graph.drawLine(90, 83, 115, 83);                         //窗内线
        graph.drawRect(77, 90, 3, 2);                            //门把
    }
}

public class Drawing extends JFrame {
    public static void main(String[] args) {
        Drawing pen = new Drawing();
        pen.setTitle("画图形");
        pen.setBounds(400, 300, 180, 150);                   //设置窗口大小和位置
```

```
        pen.add(new Mydraw());                              //下拉框加入窗口
        pen.setVisible(true);
    }
}
```

运行结果如图 16-1 所示。

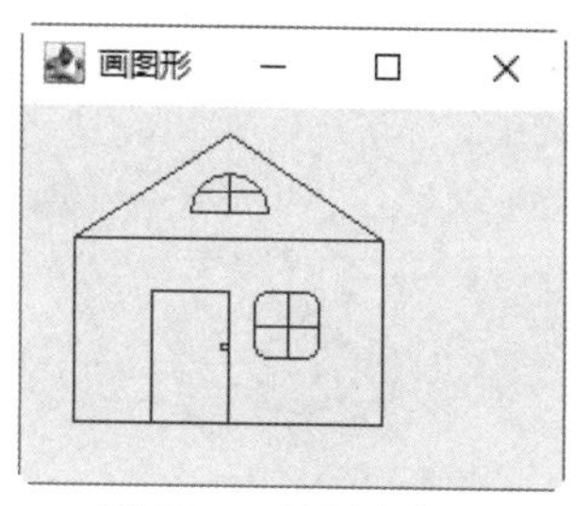

图 16-1 绘制小木屋

16.3 设置颜色与画笔

Java 中有一个很强的颜色封装类 Color，为用户提供了很多颜色。与此同时，在绘图时还可以指定画笔线条的粗细和实虚等属性，这让绘图更加丰富方便。

16.3.1 设置颜色

Graphics2D 类提供 setColor()方法来实现多种颜色的设置。setColor()方法的语法格式如下：

```
setColor(Color 对象或 Color 常量);
```

这里的 Color 对象是 java.awt 包里面的 Color 类提供的颜色，它能保证任何平台上都能显现出对应的色彩。Color 类的构造方法有如下两种：

（1）通过指定红绿蓝三原色的 r、g、b 值为参数得到相应的颜色。

```
Color color = new Color(int r,int g,int b);
```

（2）通过指定红绿蓝三原色的 rgb 总和为参数得到相应的颜色。

```
Color color = new Color(int rgb);
```

其实在平常的使用当中，可以通过 Color 类提供的颜色常量值来解决颜色问题，语法格式如下：

```
Color.RED
```

直接通过 Color 类调用颜色名称。

☆**大牛提醒**☆

Color 类的颜色常量值有大小写两种表达，但是在颜色显现上没有区分的。

【例 16.2】使用几何图形方法绘制一些彩色气球（源代码\ch16\16.2.txt）。

```
import java.awt.*;
class Mydraw3 extends Canvas{                              //画布类
    public void paint(Graphics g) {                        //重写绘图内容
        super.paint(g);                                    //继承父类方法
        Graphics2D graph = (Graphics2D) g;                 //创建绘图对象
        graph.setColor(Color.RED);                         //设置画笔颜色
        graph.fillOval(10, 20, 40, 50);                    //画红色气球
        graph.setColor(Color.YELLOW);                      //设置画笔颜色为黄色
        graph.fillOval(50, 10, 40, 50);                    //画黄色气球
```

```
        graph.setColor(Color.WHITE);                    //设置画笔颜色
        graph.fillOval(18, 25, 10, 13);                 //画气球上面的花纹
        graph.fillOval(23, 35, 6, 9);
        graph.setColor(Color.BLACK);                    //设置画笔颜色
        graph.drawArc(15, 65, 15, 80, 10, 100);         //画气球绳子
    }}
public class SetColor extends JFrame {
    public static void main(String[] args) {
        SetColor pen = new SetColor();
        pen.setTitle("画图形");
        pen.setBounds(400,300,200,150);                 //设置窗口大小和位置
        pen.add(new Mydraw3());//下拉框加入窗口
        pen.setVisible(true);
    }
}
```

运行结果如图 16-2 所示。

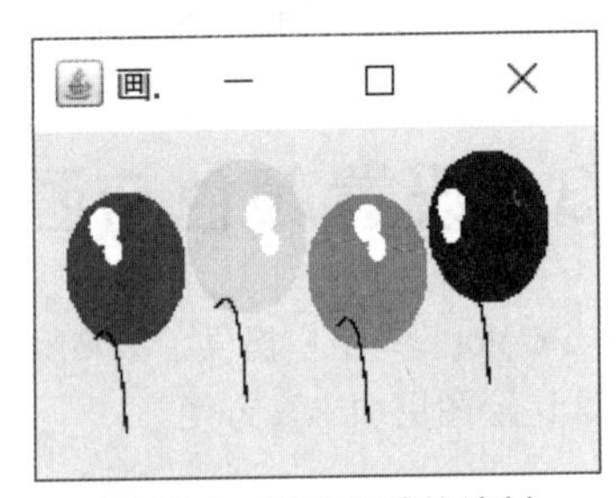

图 16-2　彩色气球的绘制

16.3.2　设置画笔

默认情况下，画笔的粗细为 1，且实线显示，Graphics2D 类提供的 setStroke()方法可以实现画笔粗细、笔梢弧度、连接弧度、实线虚线等多个风格的设置。

setStroke()方法的语法格式如下：

```
setStroke (Stroke stroke);
```

setStroke()方法是以 Stroke 接口的实现类对象为参数的。

在 java.awt 包中提供了 Stroke 接口的实现类为 BasicStroke 类。该类的构造方法实现了对画笔风格的设置，具体的构造方法如下。

```
BasicStroke();                          //无参构造方法
BasicStroke(float width);               //设置画笔粗细的参数
BasicStroke(float width,int cap,int join);//增加画笔画线端点弧度和线段连接弧度设置
BasicStroke(float width,int cap,int join,float miterlimit);//增加斜接处的剪彩设置
BasicStroke(float width,int cap,int join,float miterlimit,float[] dash);//虚线
BasicStroke(float  width,int  cap,int  join,float  miterlimit,float[]  dash,float
dash_phase);  //增加虚线模式的偏移量
```

以上构造方法中的参数取值说明如表 16-2 所示。

表 16-2　BasicStroke 类构造方法参数说明

参 数 值	说　明
width	画笔的粗细设置值，默认是 1
cap	用画笔画出来的线的起末端的弧度设置。可取值为 CAP_ROUND、CAP_BUTT、CAP_SQUARE

续表

参 数 值	说　　明
join	画笔在线段连接处的表现弧度。可取值为 JOIN_BEVEL、JOIN_MITER、JOIN_ROUND
miterlimit	斜接处的剪彩设置。取值必须大于 1.0
dash	表示虚线的数组，就是线段实部分和虚部分的长度以及分布
dash_phase	虚线模式的偏移量，表示在虚线数组中的偏移量，是从虚线部分开始画，还是从实线部分开始画

cap 字段和 join 字段不同取值效果如图 16-3 所示。

图 16-3　cap 和 join 的不同取值表现效果

【例 16.3】使用几何图形方法以及画笔设置方式来实现公路斑马线的绘制（源代码\ch16\ 16.3.txt）。

```
import java.awt.*;
import javax.swing.*;
class Mydraw6 extends Canvas{                                    //画布类
    public void paint(Graphics g) {                              //重写绘图内容
        super.paint(g);                                          //继承父类方法
        Graphics2D graph = (Graphics2D) g;                       //创建绘图对象
        float[] points = {10,10};                                //设置虚线间隔
        graph.setColor(Color.YELLOW);                            //设置画笔颜色
        //设置画笔线型为虚线
        Stroke stroke
        stroke2 = new
        BasicStroke(3,BasicStroke.CAP_SQUARE,BasicStroke.JOIN_BEVEL,2,points,0);
        graph.setStroke(stroke);                                 //设置画笔以虚线方式
        graph.drawLine(0, 20, 300, 20);                          //画三条公路虚线
        graph.drawLine(0, 60, 300, 60);
        graph.drawLine(0, 100, 300, 100);
        graph.setColor(Color.WHITE);                             //设置画笔颜色
        //设置画笔线型为实线
        Stroke stroke2 = null;
        stroke2 = new BasicStroke(5,BasicStroke.CAP_SQUARE,BasicStroke.JOIN_BEVEL);
        graph.setStroke(stroke2);                                //设置画笔为实线
        //画斑马线
        graph.drawLine(80, 5, 150, 5);   graph.drawLine(80, 15, 150, 15);
        graph.drawLine(80, 25, 150, 25); graph.drawLine(80, 35, 150, 35);
        graph.drawLine(80, 45, 150, 45); graph.drawLine(80, 55, 150, 55);
        graph.drawLine(80, 65, 150, 65); graph.drawLine(80, 75, 150, 75);
        graph.drawLine(80, 85, 150, 85);  graph.drawLine(80, 95, 150, 95);
        graph.drawLine(80, 105, 150, 105);
        //画行驶方向箭头
        int[] xs = {190,180,180,160,180,180,190};
        int[] ys = {35,35,30,38,46,41,41};
        graph.drawPolyline(xs, ys, 7);
        graph.setStroke(stroke2);
        int[] xs1 = {170,180,180,200,180,180,170};
        int[] ys1 = {85,85,80,88,96,91,91};
        graph.drawPolyline(xs1, ys1, 7);
        //绘制限速标志
        Font font = new Font("黑体", Font.BOLD, 30);    //为旋转的字体设置字体
        AffineTransform affineTransform = new AffineTransform(); //创建线性转换类对象
```

```
        affineTransform.rotate(Math.toRadians(90), 0,  0);      //旋转 90°
        Font rotatedFont = font.deriveFont(affineTransform);    //设置画笔字体方向
        graph.setFont(rotatedFont);                        //设置画笔字体
        graph.drawString("80", 10, 25);                    //画多边形箭头
        graph.drawString("60", 10, 65);
    }
}
public class SetStroke2 extends JFrame {
    public static void main(String[] args) {
        SetStroke2 pen = new SetStroke2();
        pen.setTitle("画图形");
        pen.setBounds(400,300,250,150);                    //设置窗口大小和位置
        pen.add(new Mydraw6());                            //下拉框加入窗口
        pen.setVisible(true);
    }
}
```

运行结果如图 16-4 所示。

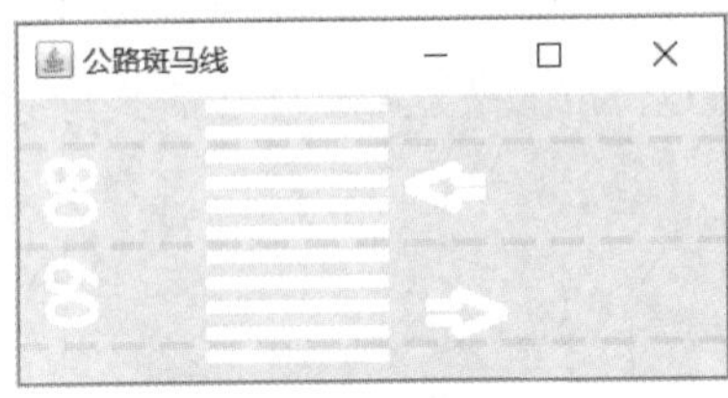

图 16-4　绘制公路斑马线

16.4　图像处理

在用户界面设计和使用当中，图像是一个不可缺少的元素之一。因此，要想设计一个合理且美观的界面，就必须掌握一些图像处理技术。

16.4.1　绘制图像

绘图类不仅可以绘制多种几何图形，还可以绘制图像。绘制图像时需要使用 Graphics 类提供的 drawImage()方法，该方法用来将图像资源显示到绘图上下文中。具体语法格式如下：

```
Graphics2D g ;                                 //Graphics 对象
g.drawImage(img,x,y,ImageObserver);            //调用 drawImage()方法实现图像绘制
```

参数说明：

- img：要绘制显示的图像资源。
- x 和 y：所绘制的图像的左上角在界面上的横纵坐标。
- ImageObserver：绘制图像时，能够发现和接收该绘制过程的对象，一般是画布对象。

下面通过实例来理解和学习图像绘制功能。

【例 16.4】通过绘图方法将能够表达心情的图像绘制在界面（源代码\ch16\16.3.txt）。

```
class Mydraw8 extends Canvas{                     //画布类
    public void paint(Graphics g) {               //重写绘图内容
        super.paint(g);                           //继承父类方法
        Graphics2D graph = (Graphics2D) g;        //创建绘图对象
        Image img = new ImageIcon("src/image/Mood1-12.jpg").getImage();//加载图像
        graph.drawImage(img, 0, 0, this);        //在界面（0,0）处绘制图像
```

```
        }
    }
    public class MyMood extends JFrame {
        public static void main(String[] args) {
            MyMood pen = new MyMood();
            pen.setTitle("绘制图像");
            pen.setBounds(400,300,250,350);        //设置窗口大小和位置
            pen.add(new Mydraw8());                //下拉框加入窗口
            pen.setVisible(true);
        }
    }
```

运行结果如图 16-5 所示。

图 16-5　绘制天空图像心情

16.4.2　图像调整

图像的调整包括缩放图像与旋转图像，下面分别进行介绍。

1. 缩放图像

使用 drawImage()方法可以将图像以原始大小的方法显示在窗体中。要想实现图像大小与角度的调整，则需要使用它的重载方法，语法格式如下：

```
drawImage(img,x,y,width,height,ImageObserver);
//调用 drawImage()方法实现图像绘制
```

参数说明：

- img：要绘制显示的图像资源。
- x 和 y：所绘制图像的左上角在界面上的横纵坐标。
- ImageObserver：绘制图像时，能够发现和接收该绘制过程的对象，一般是画布对象。
- width：图像的宽度。
- height：图像的高度。

2. 旋转图像

旋转图像是将图像基于某一个点旋转一定的角度后再绘制该图像。在 Java 中，是通过 AffineTransform 对象来设置 Graphics2D 对象的角度，从而实现旋转图像的操作，具体语法格式如下：

```
Graphics2D g ;                                                    //Graphics 对象
AffineTransform affineTransform=new AffineTransform();            //创建 AffineTransform 对象
affineTransform.rotate(Math.toRadians(260),0,0);                  //设置旋转角度和旋转点
g.setTransform(affineTransform);                                  //设置 Graphics 的角度
g.drawImage(img,x,y,width,height,ImageObserver);//调用 drawImage()方法实现图像绘制
```

下面通过实例来理解和学习图像在大小和角度上的变换。

【例 16.5】调整图像的大小、转换显示图像（源代码\ch16\16.3.txt）。

```
class DrawPhoto extends Canvas{                        //画布类
    public void paint(Graphics g) {                    //重写绘图内容
        super.paint(g);                                //继承父类方法
        Graphics2D graph = (Graphics2D) g;             //创建绘图对象
        Image img = new ImageIcon("src/image/Mood1-12.jpg").getImage(); //加载图像
        int wd = img.getWidth(null);                   //获取图像宽度
        int ht = img.getHeight(null);                  //获取图像高度
        graph.drawImage(img, 0, 0, this);              //在界面(0,0)处绘制图像
        //在界面(wd-50,10)的位置绘制缩小为原先图像一半的图像
        graph.drawImage(img,wd-50,10,wd/2,ht/2, this);
```

```
        //创建 AffineTransform 对象
        AffineTransform affineTransform = new AffineTransform();
        //旋转 30°，旋转过程中不发生横纵方向上的位移
        affineTransform.rotate(Math.toRadians(30),0,0);
        //设置 Graphics2D 对象的旋转角度
        graph.setTransform(affineTransform);
        graph.drawImage(img,2*wd-wd/2,0,wd/2,ht/2, this);  //绘制旋转的图像
    }
}
public class SomePhoto extends JFrame {
    public static void main(String[] args) {
        SomePhoto pen = new SomePhoto ();
        pen.setTitle("绘制图像");
        pen.setBounds(400,300,450,350);                    //设置窗口大小和位置
        pen.add(new DrawPhoto ());                         //下拉框加入窗口
        pen.setVisible(true);
    }
}
```

运行结果如图 16-6 所示。

图 16-6　缩放与旋转显示图像

16.5　新手疑难问题解答

问题 1：repaint()方法能够做什么？

解答：repaint()方法将调用 paint()方法，它是在图形线程后追加一段重绘操作，是系统真正调用的重绘，是安全的。能够实现局部的刷新操作，不需要像 paint()那样整体绘制，能够提高效率，且安全，不会出现闪屏、重叠等意外情况。

问题 2：在绘制图像时，为什么图像不显示？

解答：Java 中默认支持的图像格式主要有 jpg、gif 和 png 这 3 种。如果添加的图像格式不正确则不会显示图像；另外，如果图像的路径设置不正确，也不会显示图像。

16.6　实战训练

实战 1：绘制随机验证码。

编写程序，绘制实现随机字母或数字的验证码，运行结果如图 16-7 所示。

图 16-7 随机验证码生成

实战 2：绘制数据饼状图。

编写程序，现有各个地区的销售比例值，通过绘制一个饼状图来展现该销售比例值，运行结果如图 16-8 所示。

实战 3：制作我的画图工具。

编写程序，制作一个简单的绘图工具，在其中可以绘制蓝色原点，运行结果如图 16-9 所示。

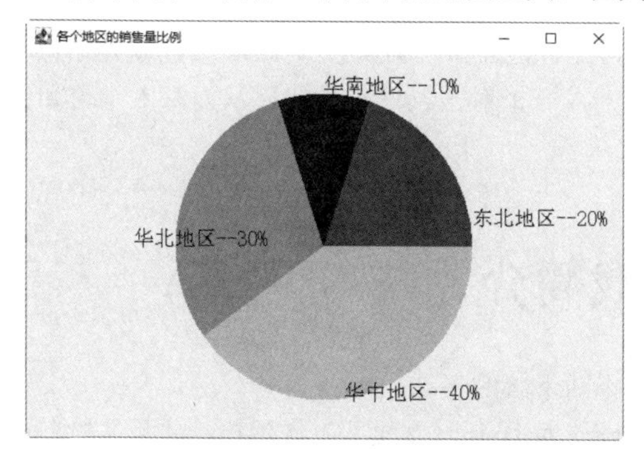

图 16-8 车流量柱状图

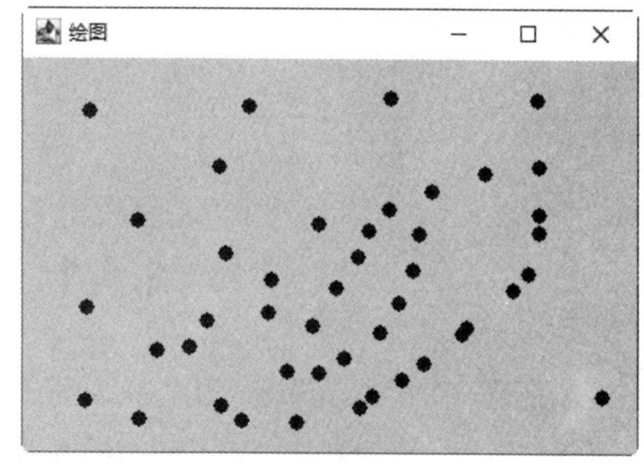

图 16-9 几何图形绘图工具

第 17 章

开发射击气球小游戏

Java API 中包含了大量的窗体组件和绘图工具，再配合键盘事件监听以及 Java 编程基础知识和各项专题技能，就可以开发一些好玩的小游戏。本章开发一个射击气球小游戏，从而深入学习和探讨 Java 在游戏开发中的应用。

17.1　游戏简介

本项目是一个射击小游戏，用枪来发射子弹击中不断下落的气球。

游戏开始后，界面会显示得分和所剩时间，初始设计为 1min，界面下方显示枪，并且从枪口不断发射子弹，枪随着鼠标的移动而移动。

界面上方会不断落下气球，子弹击中气球即可得分，一个气球 5 分。时间到后，游戏结束，用户可以点击开始继续新游戏。

在游戏进行过程中，鼠标离开游戏界面，游戏即可立即暂停，移入界面即可重新开始。

17.2　游戏运行及配置

本节将系统学习游戏开发及运行所需环境，游戏系统配置和运行方法，项目开发及导入步骤等知识。

17.2.1　开发及运行环境

本系统的软件开发环境如下：

（1）编程语言：Java。

（2）操作系统：Windows 10。

（3）JDK 版本：jdk-14.0.1_windows-x64。

（4）开发工具：Eclipse IDE for Java Developers。

17.2.2　在系统功能运行游戏

要想在系统功能命令提示符窗口中运行射击气球游戏，首先需要配置 JDK 运行环境（第 1 章已经配置完成），然后把气球射击游戏文件夹复制到计算机硬盘中，例如 D:\ShootBall\，如图 17-1 所示。接着就可以运行游戏了，运行步骤如下：

步骤 1：执行 Win+R 快捷键，在打开的“运行”文件框中输入并执行 cmd 命令，打开命令对话框，如图 17-2 所示。

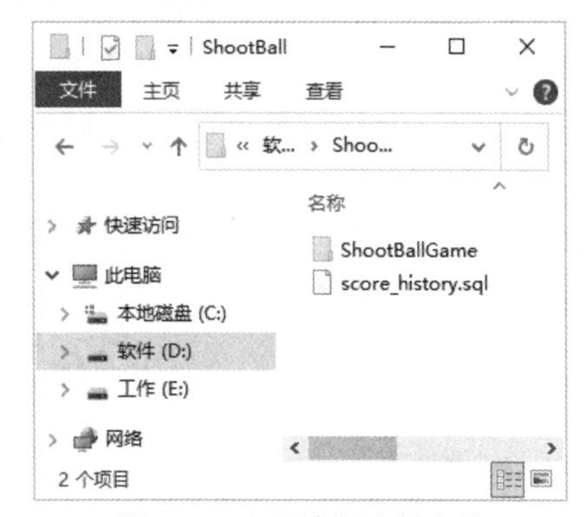

图 17-1　复制案例素材文件

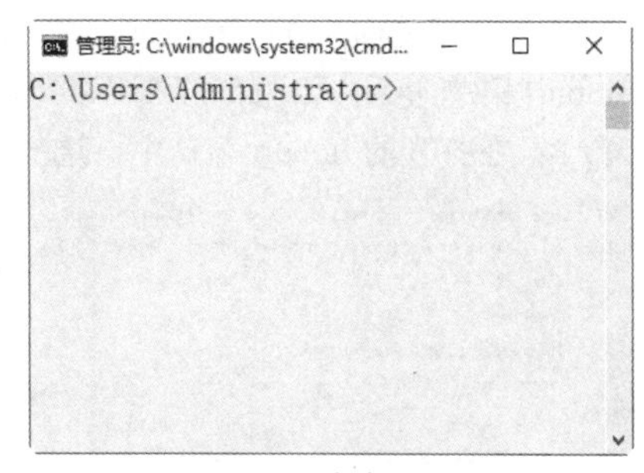

图 17-2　命令对话框

步骤 2：验证 JDK 安装是否正确。在命令对话框中输入并执行 java –version 命令，如果界面输出 java version “1.xxx”，说明安装成功，如图 17-3 所示。

步骤 3：在命令对话框中输入并执行 cd D:\ShootBall 命令，改写目录路径到 D:\ShootBall 下，如图 17-4 所示。

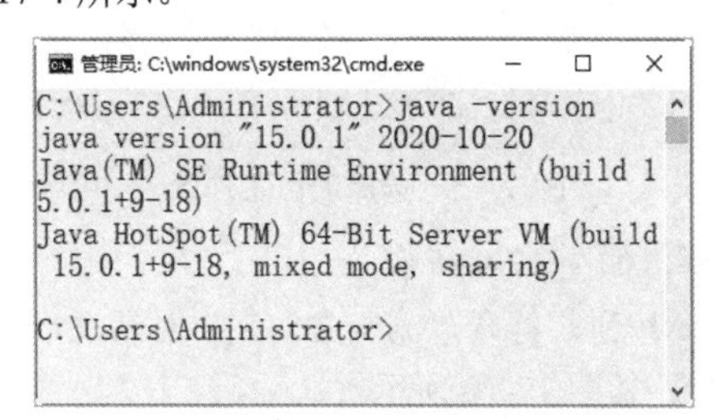

图 17-3　验证 JDK 安装是否正确

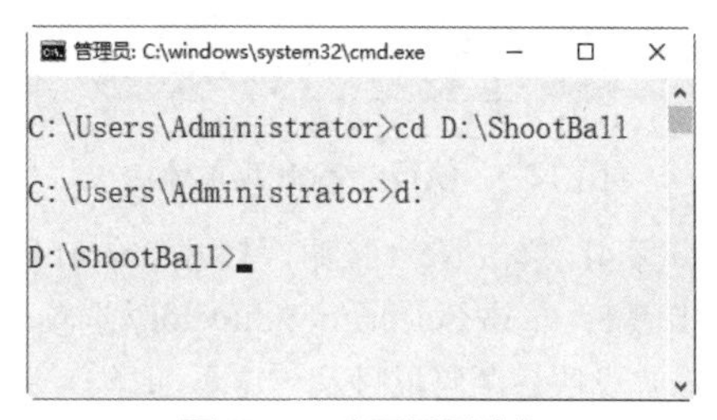

图 17-4　改写目录路径

步骤 4：在命令对话框中输入并执行 java –jar ShootBallGame.jar 命令，启动案例程序，如图 17-5 所示。

步骤 5：如果输出如图 17-6 所示的程序界面，即可说明程序运行成功。

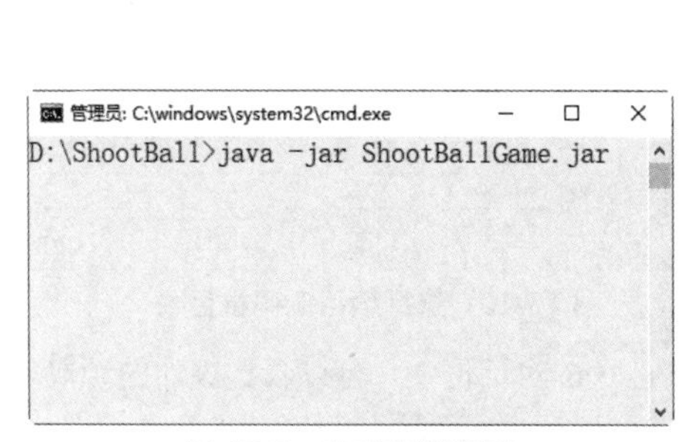

图 17-5　启动案例程序

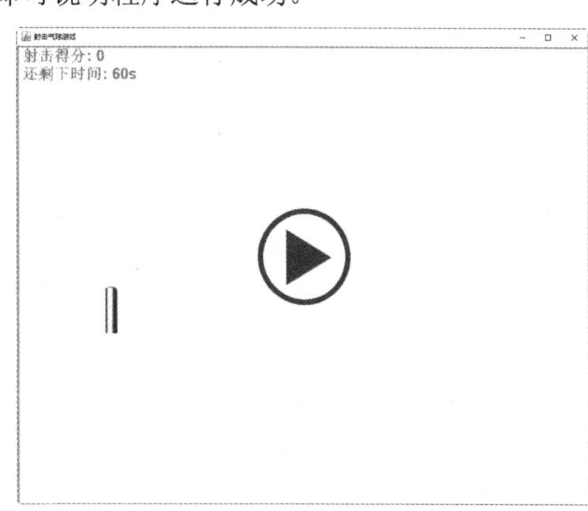

图 17-6　案例运行界面

17.2.3 使用 Eclipse 工具运行游戏

除了在命令提示符窗口中运行游戏外，还可以使用 Eclipse 工具运行游戏，不过运行之前，需要将游戏项目导入到项目开发环境 Eclipse 工具中，为游戏运行做准备。具体操作步骤如下：

步骤 1：把气球射击游戏文件夹复制到计算机硬盘中，例如 D:\ShootBall\。

步骤 2：双击桌面上的 Eclipse 工具快捷图标，启动 Eclipse 开发工具，在菜单栏中选择 File→Import 菜单命令，如图 17-7 所示。

步骤 3：在打开的 Import 窗口中，选择 Existing Projects into Workspace 选项，如图 17-8 所示。

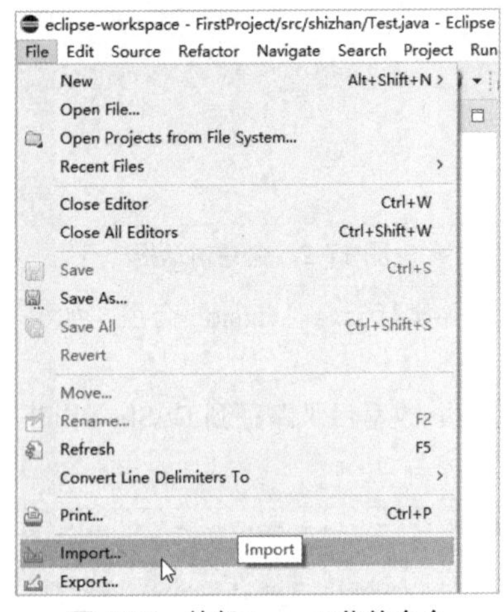

图 17-7 执行 Import 菜单命令

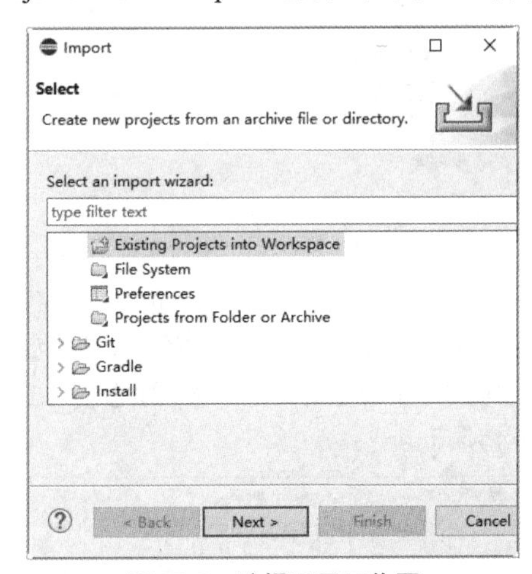

图 17-8 选择项目工作区

步骤 4：单击 Next 按钮，打开 Import Projects 对话框，如图 17-9 所示。

步骤 5：单击 Select root directory 选项右边的 Browse 按钮，打开“浏览文件夹”对话框，在其中选择游戏项目源码根目录，这里选择 D:\ShootBall 目录，如图 17-10 所示。

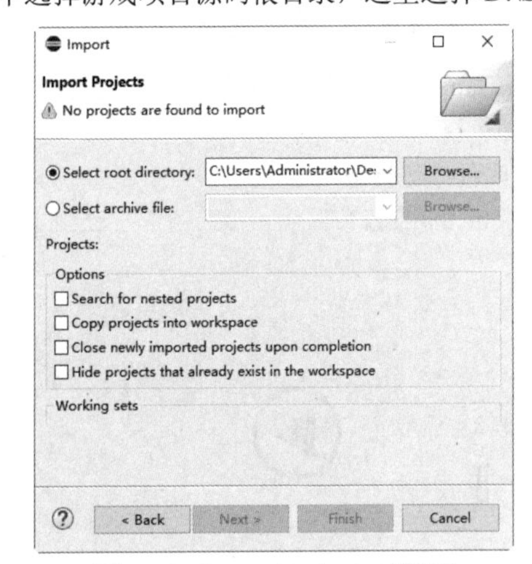

图 17-9 Import Projects 对话框

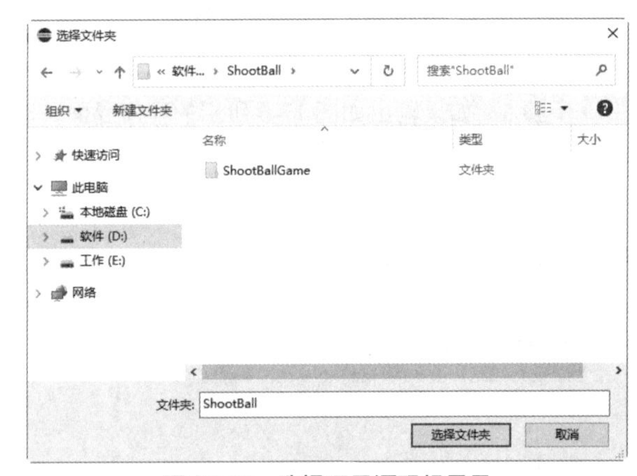

图 17-10 选择项目源码根目录

步骤 6：单击“选择文件夹”按钮，返回到 Import Projects 对话框中，可以看到添加的游戏项目文件夹，如图 17-11 所示。

步骤 7：完成游戏项目源码根目录的选择后，单击 Finish 按钮，即可完成项目的导入操作，如图 17-12 所示。

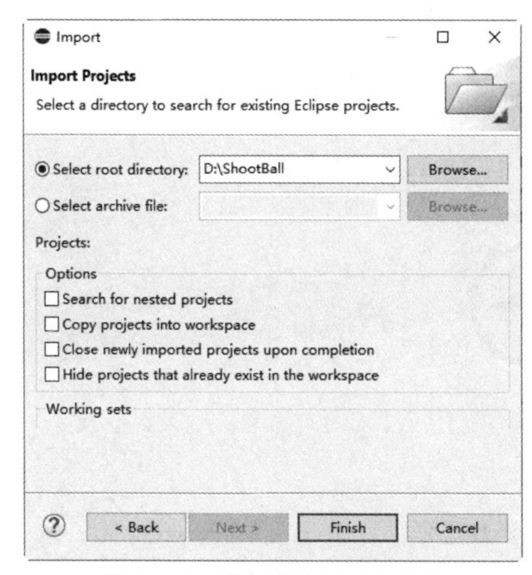

图 17-11　添加游戏项目文件夹

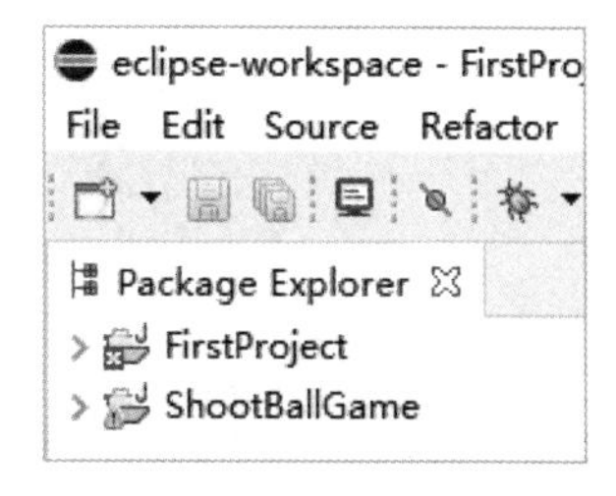

图 17-12　完成项目导入

步骤 8：在 Eclipse 项目现有包资源管理器中，可以展开 ShootBallGame 项目包资源管理器，如图 17-13 所示。

步骤 9：在 Package Explorer 包资源管理器中，依次展开选择 ShootBallGame→src→game→GameMain.java 选项，如图 17-14 所示。

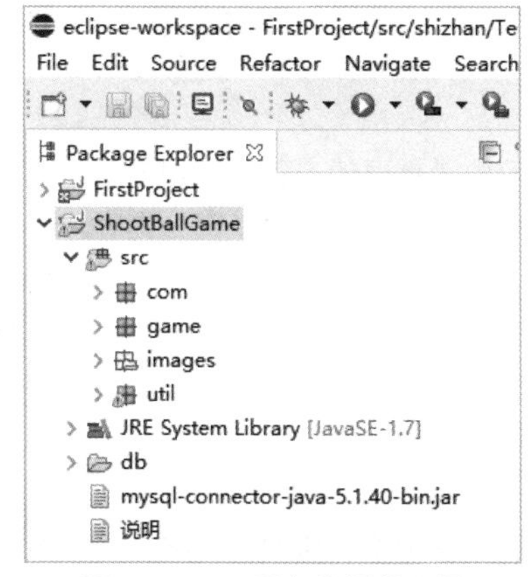

图 17-13　项目包资源管理器

图 17-14　选择 GameMain.java 选项

步骤 10：右击 GameMain.java 选项，在弹出的快捷菜单中选择 Run As→1 Java Application 菜单命令，运行该游戏项目，如图 17-15 所示。

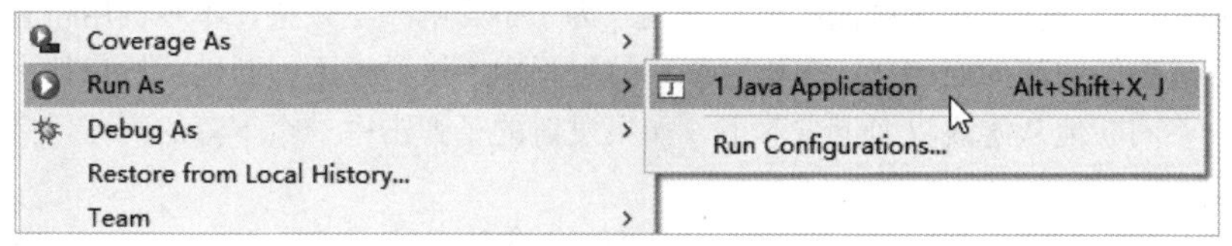

图 17-15　运行 1 Java Application 菜单命令

步骤 11：如果程序导入和运行正确，即可出现射击气球游戏界面，可以玩一玩该游戏，测试一下它的功能了，如图 17-16 所示。

图 17-16　导入后运行游戏界面

17.3　需求及功能分析

在开发气球射击游戏前，首先对该项目进行需求分析，了解该项目要实现的功能效果，并通过功能分析，介绍该项目的各个实现模块。

17.3.1　需求分析

需求分析是开发气球射击游戏的第一步，也是软件开发中最重要的步骤。气球射击游戏是在一个单独的界面中进行的，因此首先需要生成一个窗口。在这个窗口中，包含三部分内容，即提示信息、控制按钮、动态画面。

（1）提示信息。

提示信息主要包括得分和所剩时间，放在游戏界面左上角。得分和时间随着游戏进行即时更新。当设定的游戏时间结束后，在界面中央会显示游戏结束的信息。

（2）控制按钮。

当游戏启动时，游戏界面的中央显示“开始”按钮，玩家点击该按钮即开始游戏。当游戏开始后，鼠标超出了窗口界限，游戏将自动暂停，界面中央会显示“暂停”按钮。当鼠标回到游戏窗口后，“暂停”按钮消失，游戏继续。

（3）动态画面。

枪、子弹和气球承担了动态画面的所有角色。为了不影响视觉效果，本示例用枪管来代替整个枪支，枪管随着鼠标的移动而移动。在枪管移动的过程中，子弹被不间断地从枪口往上发射。与此同时，气球会不间断地从游戏界面上方落下。如果发射的子弹击中一个下落的气球，则当作击中一次，得分更新。

根据上述的需求分析，气球射击游戏可以分为五个模块。

（1）主程序模块：该模块是气球射击游戏的主程序，负责整个项目的运行逻辑。通过调用辅助处理模块，实现游戏效果。

（2）移动的对象模块：该模块主要是通过定义一个抽象类，将游戏中的各种可以移动的对象的共同特征放到这个类中，而让对象类继承这个抽象类。

（3）辅助处理模块：该模块主要定义对象的画图、对象的移动、气球的变化、检查游戏各种状况以及参数接口类，从而实现游戏的相关功能。

（4）数据库处理模块：数据库使用 MySQL 数据库，使用数据库的视图化工具 Navicat 对数据库进行操作，主要功能是完成将玩家游戏得分存放到数据库。

（5）图片模块：存放项目中使用到的所有图片。

根据上述需求分析，气球射击游戏的主要模块如图 17-17 所示。

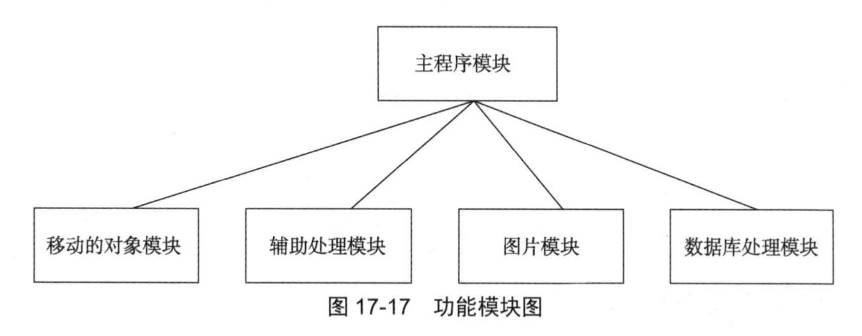

图 17-17　功能模块图

17.3.2　功能分析

通过需求分析，了解了气球射击游戏要实现的功能，那具体由哪些模块来实现呢？主要有主程序模块、移动的对象模块、数据库处理模块以及辅助处理模块。下面详细介绍各模块的功能以及实现。

1. 主程序模块

该模块是气球射击游戏的主程序，在程序中使用 static 静态库将所用到的资源（图片）载入；通过鼠标监听事件控制游戏的状态，即开始、运行中、暂停或游戏结束；以及一些流程控制，例如生成气球、移动气球和子弹、射击气球、更新分数、删除越界气球和子弹以及检查游戏是否结束。

2. 移动的对象模块

在气球射击游戏中，移动的对象主要有枪、子弹和气球，它们继承抽象类，实现抽象类中定义的方法，例如检查枪、子弹以及气球是否出界的 beyondWindow()方法和移动它们的 move()方法；对抽象类中声明的 protected 成员变量赋值，成员变量一般包括运动物体的坐标、长度、宽度和图标等。移动的对象都继承这个抽象类，它们保存在项目的 com 包中。

3. 辅助处理模块

辅助处理模块主要定义在项目下的 util 包中。它们的作用是定义在游戏中对象如何画图、对象如何移动、气球的产生和消失、检查游戏的运行状况的类，并定义在游戏中经常使用到的参数接口，从而完成游戏界面的显示，游戏中气球、子弹的移动，气球和子弹的产生和消失等功能。

4. 数据库处理模块

数据库处理模块实现与数据库的连接，通过执行 sql 语句将游戏得分保存到数据库，并与历史记录进行比较从而确定本次游戏的排名。

5. 图片模块

在该模块中，存放了在游戏中要使用到的所有图片，在项目的 images 包中。

本项目中各个模块之间的功能结构，如图 17-18 所示。

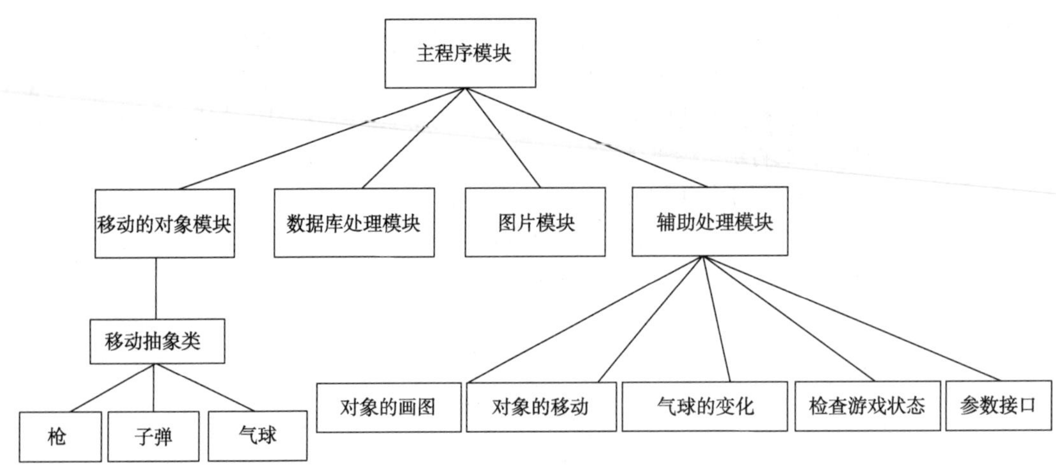

图 17-18 系统结构图

17.3.3 数据库设计

在完成系统的需求分析以及功能分析后，接下来需要进行数据库的分析。在气球射击游戏中，需要将该游戏所有玩家的得分保存到数据库。

本系统使用 MySQL 数据库，在数据库中创建数据库 shoot_game，在数据库中创建表 score_history，如表 17-1 所示。该表记录了游戏中所有玩家的历史成绩，该表主要有 id、date 和 score 三个字段。

表 17-1 score_history

字段名称	字段类型	说明
id	int	记录 id，主键
date	datetime	插入记录的时间，默认值是 0
score	int	玩家得分

17.4 游戏代码编写

在气球射击游戏中，根据主程序模块、移动的对象模块、辅助处理模块以及数据库处理模块，本系统主要由以下 Java 程序来完成。

17.4.1 主程序模块

在气球射击游戏中，主程序模块是运行程序的入口，它的功能是负责整个游戏的运行逻辑，通过调用辅助处理模块的类来完成气球射击的功能。

主程序的具体代码如下（源代码\ch17\ShootBallGame\game\GameMain.java）：

```
package game;
import java.awt.Graphics;
import java.awt.event.MouseAdapter;
import java.awt.event.MouseEvent;
```

```
import java.awt.image.BufferedImage;
import java.util.ArrayList;
import java.util.List;
import java.util.Timer;
import java.util.TimerTask;
import javax.imageio.ImageIO;
import javax.swing.JFrame;
import javax.swing.JPanel;
import com.Balloon;
import com.Bullet;
import com.Gun;
import util.BalloonHandler;
import util.CheckHandler;
import util.Constants;
import util.DrawHandler;
import util.MoveHandler;
/**
 * 该类是游戏主类,继承面板类,实现自定义接口
 */
public class GameMain extends JPanel implements Constants {
    private static final long serialVersionUID = 1L;
    //声明游戏中存放相关图片的变量
    public static BufferedImage gamewindow;       //游戏窗体
    public static BufferedImage startIcon;        //开始
    public static BufferedImage pauseIcon;        //暂停
    public static BufferedImage gameover;         //游戏结束
    public static BufferedImage gunIcon;          //枪
    public static BufferedImage bulletIcon;       //子弹
    public static BufferedImage balloonIcon;      //气球
    //在类的静态块中加载游戏图片
    static {
        try {
           gamewindow =
                  ImageIO.read(GameMain.class.getResource("/images/gamewindow.png"));
              startIcon = ImageIO.read(GameMain.class.getResource("/images/start.png"));
           pauseIcon = ImageIO.read(GameMain.class.getResource("/images/pause.png"));
           gameover = ImageIO.read(GameMain.class.getResource("/images/gameover.png"));
           balloonIcon = ImageIO.read(GameMain.class.getResource("/images/balloon.png"));
           gunIcon = ImageIO.read(GameMain.class.getResource("/images/gun.png"));
           bulletIcon = ImageIO.read(GameMain.class.getResource("/images/bullet.png"));
        } catch (Exception e) {
            e.printStackTrace();
        }
    }
    /**
     * 设置游戏里主要的变量
     * 游戏开始 mode 值 = 0
     * 游戏运行 mode 值 = 1
     * 游戏暂停 mode 值 = 2
     * 游戏结束 mode 值 = 3
     */
    //游戏运行状态(开始、中止、结束等),成员变量默认初始值是 0,即游戏处于开始状态
    private int mode;
    private int score = 0;                                //得分
    private int usedTime = 0;                             //记录游戏的进行时间
    private Timer runTimer;                               //定时器
    //每 20ms 检查一下游戏中各对象的状态,重新绘图
    private int checkInterval = STATUSCHECKINTERVAL;
    private Gun gun = new Gun();                          //枪对象
    private List<Balloon> balloons = new ArrayList<Balloon>();     //气球数组
```

```
private List<Bullet> bullets = new ArrayList<Bullet>();          //子弹数组
//运行程序的入口
public static void main(String[] args) {
    JFrame frame = new JFrame("射击气球游戏");
    GameMain game = new GameMain();              //面板对象
    frame.add(game);                             //将面板添加到 JFrame 中
    frame.setSize(1000, 800);                    //设置大小
    frame.setAlwaysOnTop(true);                  //设置其总在最上
    frame.setDefaultCloseOperation(JFrame.EXIT_ON_CLOSE);        //默认关闭操作
    frame.setLocationRelativeTo(null);    //设置窗体初始位置 null,即窗体在界面中央显示
    frame.setVisible(true);                      //设置窗体可见
    game.launch();                               //开始运行游戏
}
/**
 * 启动游戏的方法
 */
public void launch() {
    //创建鼠标适配器对象 mouse
    MouseAdapter mouse = createMouseAadpter();
    this.addMouseListener(mouse);              //处理鼠标点击操作
    this.addMouseMotionListener(mouse);        //处理鼠标滑动操作
    runTimer = new Timer();                    //运行计时器
    runTimer.schedule(new TimerTask() {
        @Override
        public void run() {
            if (mode == GAMERUNMODE) {       //判断是否在运行状态下
                usedTime += checkInterval;  //使用时间 20ms
                if (usedTime % 400 == 0) {  //每 400ms 添加一个新的气球
                    BalloonHandler.newBalloon(balloons); //新的气球进入
                }
                MoveHandler.balloonMove(balloons);        //每 20ms 所有气球走一步
                MoveHandler.bulletMove(bullets);          //每 20m 所有子弹走一步
                MoveHandler.gunMove(gun);                 //枪移动至鼠标位置
                if (usedTime % 400 == 0) {                //每 400ms 射击新的子弹
                    BalloonHandler.shootBalloon(gun, bullets); //射击气球
                }
                //检查所有的子弹和气球的碰撞,并更新成绩
                score = CheckHandler.checkHit(balloons, bullets, score);
                //检查超出游戏窗口的气球及子弹,并删除
                CheckHandler.checkBeyond(balloons, bullets);
                if (CheckHandler.checkGameOver(usedTime))
                    //游戏时间到,将当前得分添加到数据库,
                    //并与历史得分进行比较,获取本次游戏排名信息
                    message = DBHandler.addScore(score);
                    mode = GAMEOVERMODE;//检查游戏结束
            }
            repaint(); //重绘,自动调用 paint()方法
        }

    }, checkInterval, checkInterval);
}

/** 初始化游戏界面 */
@Override
public void paint(Graphics g) {
    g.drawImage(gamewindow, 1, 0, null);              //画背景图
    DrawHandler.drawGun(g, gun);                      //初始化枪
    DrawHandler.drawBullets(g, bullets);              //初始化子弹
    DrawHandler.drawBalloons(g, balloons);            //初始化气球
    DrawHandler.drawScore(g, score, usedTime);        //初始化分数
```

```
        DrawHandler.drawMode(g, mode);                    //初始化游戏状态
    }
    /**
     * 添加一个鼠标适应器来控制游戏的运行
     * 1）点击鼠标开始新游戏
     * 2）游戏结束时,点击鼠标开始新游戏
     * 3）移动鼠标,枪口随之移动
     * 4）移动鼠标至游戏窗口外时游戏暂停
     * 5）暂停后,移动鼠标至窗口内继续游戏
     *
     */
    public MouseAdapter createMouseAadpter() {
        //创建返回鼠标监听器对象
        return new MouseAdapter() {
            @Override //重写点击方法
            public void mouseClicked(MouseEvent e) {
            //根据游戏运行状态 mode,执行相应的 case 语句.mode 默认值是 0,即开始状态
                switch (mode) {
                case GAMESTARTMODE:                //游戏开始状态下,GAMESTARTMODE 初始值是 0
                    mode = GAMERUNMODE;            //点击继续运行
                    break;
                case GAMEOVERMODE:                 //游戏结束
                    balloons = new ArrayList<Balloon>();     //清空气球
                    bullets = new ArrayList<Bullet>();       //清空子弹
                    gun = new Gun();               //重新创建枪
                    usedTime = 0;                  //清空所用时间
                    score = 0;                     //清空成绩
                    mode = GAMESTARTMODE;          //游戏模式设置为开始
                    break;
                }
            }
            @Override                              //重写鼠标移动方法
            public void mouseMoved(MouseEvent e) {
                if (mode == GAMERUNMODE) {
                    int x = e.getX();
                    int y = e.getY();
                    gun.moveTo(x, y);
                }
            }

            @Override //鼠标进入游戏窗口
            public void mouseEntered(MouseEvent e) {
                if (mode == GAMEPAUSEMODE) {   //游戏处于暂停下
                    mode = GAMERUNMODE;            //继续运行游戏
                }
            }

            @Override //鼠标移出游戏窗口
            public void mouseExited(MouseEvent e) {
                if (mode == GAMERUNMODE) {       //游戏处于运行下
                    mode = GAMEPAUSEMODE;        //暂停游戏
                }
            }
        };
    }
}
```

【代码剖析】

在本代码中，首先声明 public 访问权限的变量，它们在游戏中存放相关的图片，并通过 static

块对这些变量进行赋值。声明私有成员 mode 指定游戏的状态，私有成员变量 score 指定得分情况，私有成员变量 usedTime 记录玩游戏的时间，私有成员变量 runTimer 记录定时器的时间。声明私有成员变量 checkInterval 并赋值，它指定绘图周期变量；声明私有成员变量枪的对象并赋值，声明私有成员变量气球和子弹的集合并赋值。

（1）在类中自定义 createMouseAadpter()方法，在方法中创建鼠标适配器类 MouseAdapter 的对象，并重写这个类中的方法。

① 重写鼠标的 mouseClicked()方法，在方法中通过使用 switch 语句，根据成员变量 mode 的值判断游戏状态，从而进行相应的操作。

② 重写鼠标的 mouseMoved()方法，在方法中通过使用 if 语句，判断 mode 的值是否是 GAMERUNMODE，若是则获取当前鼠标的坐标，并将其坐标值作为参数传入 moveTo()方法，从而使枪跟随鼠标移动。

③ 重写鼠标的 mouseExited()方法，通过 if 语句判断 mode 的值是否是 GAMERUNMODE，若是则游戏进入暂停状态，mode 的值改为 GAMEPAUSEMODE。

④ 重写鼠标的 mouseEntered()方法，通过 if 语句判断 mode 的值是否是 GAMEPAUSEMODE，若是 mode 的值改为 GAMERUNMODE，游戏进入运行状态。

（2）在类中定义 paint()方法，用于初始化游戏界面。在方法中将 Graphics 类的对象 g 作为参数传入方法，通过对象 g 的 drawImage()方法，将游戏窗口的背景图画出来。再调用 DrawHandler 类中定义的静态方法 drawGun()、drawBullets()、drawBalloons()、drawScore()和 drawMode()分别将枪、子弹、气球、得分和用时以及初始化游戏的状态画出来。

（3）在类中定义启动游戏的 launch()方法，在方法中首先调用 createMouseAadpter()方法获取鼠标适配器对象 mouse，并在当前鼠标上添加鼠标操作监听器以及鼠标滑动操作监听器，对类的成员变量 tunTimer 赋值，并调用它的 schedule()方法，然后将 TimerTask 类的对象作为参数传入 schedule()方法。

重写 TimerTask 类中的 run()方法，在方法中首先通过 if 语句根据 mode 的值，判断游戏是否处于运行状态。若游戏处于运行状态，则将使用时间 usedTime 值加 20ms，调用 MoveHandler 类的 balloonMove()方法和 bulletMove()方法让所有子弹和气球走一步；并通过 if 语句控制每隔 400ms 生成一个气球和发射一颗新子弹；检查子弹和气球的碰撞情况并记录得分；检查所有子弹和气球是否越界，若是越界则删除；通过 if 语句判断游戏时间是否到，若游戏时间到，则调用 DBHandler 类提供的静态方法 addScore()，将本次得分添加到数据库，并与数据库中历史得分进行比较，最后通过该方法返回本次游戏的排名信息，并将游戏状态 mode 设置为结束状态，最后调用 repaint()方法重绘游戏界面。

（4）在程序的 main()方法中，创建窗体 frame，创建面板对象 game，将面板 game 添加到 frame 上。设置 frame 的大小，设置其在最上面，设置窗体默认可以关闭，设置窗体位置在界面中央，设置窗体可见，最后调用开始游戏的 launch()方法。

注意：Timer 类是安排任务执行一次，或者定期重复执行的一种工具。Timer 类的 schedule()方法安排指定的任务从指定的延迟后开始进行重复的固定延迟执行，TimerTask 类的对象是所要安排的任务，checkInterval 是指定任务前的延迟时间，最后一个 checkInterval 是执行后续任务之间的间隔时间，这里的间隔时间都是 20ms。

17.4.2 移动对象的抽象类

该抽象类定义了可移动对象的一些共同特征，包括移动物体的图标、大小、位置、运动以及是否超出边界。

移动对象的抽象类的具体代码如下（源代码\ch17\ShootBallGame\com\Movable.java）：

```
package com;
import java.awt.image.BufferedImage;
/**
 * 定义一个可移动物体的抽象类,包括移动物体的一些共同特征
 * （图标、大小、位置和运动,是否超出边界）
 */
public abstract class Movable {
    protected BufferedImage icon;    //图片
    protected int x;                 //x 坐标
    protected int y;                 //y 坐标
    protected int width;             //宽
    protected int height;            //高
    public BufferedImage getIcon() {
        return icon;
    }
    public void setIcon(BufferedImage icon) {
        this.icon = icon;
    }
    public int getX() {
        return x;
    }
    public void setX(int x) {
        this.x = x;
    }
    public int getY() {
        return y;
    }
    public void setY(int y) {
        this.y = y;
    }
    public int getWidth() {
        return width;
    }
    public void setWidth(int width) {
        this.width = width;
    }
    public int getHeight() {
        return height;
    }
    public void setHeight(int height) {
        this.height = height;
    }
    /**
     * 检查移动物体是否出界
     */
    public abstract boolean beyondWindow();
    /**
     * 物体移动一步
     */
    public abstract void move();
}
```

【代码剖析】

在本代码中，定义抽象类的 protected 成员变量，包括移动对象的图标、坐标、宽和高，并定义它们的 get 和 set 方法，声明检查移动对象是否出界的 beyondWindow()抽象方法和移动对象的 move()抽象方法。

17.4.3 枪

定义一个实现抽象类 Movable 的枪类 Gun，并实现参数接口 Constants。枪类的具体实现代码如下（源代码\ch17\ShootBallGame\com\Gun.java）：

```
package com;

import util.Constants;
import game.GameMain;

/**
 * 该类用于定义枪支物体的基本特征和方法
 * 由于枪支是可移动物体,因而继承了 movable 类
 * 实现了接口 Constants
 */
public class Gun extends Movable implements Constants {

    /**
     * 构造函数,用于初始化枪支对象
     */
    public Gun() {
        this.icon = GameMain.gunIcon;//初始枪的图片
        //设置枪的大小
        width = GUNWIDTH;
        height = GUNHEIGHT;
        //设置枪的初始位置
        x = 150;
        y = 400;
    }

    /**
     * 设置枪移动到鼠标指定位置
     * 根据鼠标位置,设置枪的位置
     * 将鼠标位置设置在枪的末尾
     */
    public void moveTo(int x, int y) {
        //设置枪的 x 值是: 鼠标 x 值-枪的宽
        this.x = x - width;
        //设置枪的 y 值是: 鼠标 y 值-枪的高
        this.y = y - height;
    }

    //空方法
    public void move() {
    }

    /**
     * 发射子弹
     * 返回: 子弹类型
     */
    public Bullet shoot() {
        int yStep = 20;
        Bullet bullet = new Bullet(x, y - yStep);
        return bullet;
    }

    /** 枪的移动是无法超过边界的 */
    @Override
    public boolean beyondWindow() {
```

```
        return false;
    }
}
```

【代码剖析】

在本代码中，定义一个移动对象枪的类 Gun，它继承抽象类 Movable，并实现参数接口 Constants。在类中定义类的构造方法，为从抽象类继承的 protected 成员变量赋值。

重写抽象类声明的 move()方法为空方法；重写是否越界的方法为 beyondWindow()，由于枪是无法出界的，因此在方法中直接返回 false。

在类中定义发射子弹的方法 shoot()，在方法中使用子弹类 Bullet 创建一个子弹对象，指定子弹的初始位置，并将子弹对象作为方法的返回值。

在类中定义将枪移动到鼠标指定位置的 moveTo()方法，鼠标位置坐标作为参数传入方法，将鼠标坐标 x、y 减去枪的宽和长的值，赋值给枪的 x、y 坐标。

17.4.4　子弹

定义一个实现抽象类 Movable 的子弹类 Bullet，并实现参数接口 Constants。子弹类的具体实现代码如下（源代码\ch17\ShootBallGame\com\Bullet.java）：

```
package com;
import game.GameMain;
import util.Constants;
/**
 * 该类用于定义子弹物体的基本特征和方法
 * 由于子弹是可移动物体,因而继承了 movable 类
 * 实现接口 Constants
 */
public class Bullet extends Movable implements Constants {
    /**
     * 构造函数,用于初始化子弹对象
     */
    public Bullet(int x, int y) {
        this.icon = GameMain.bulletIcon;
        this.width = BULLETWIDTH;
        this.height = BULLETHEIGHT;
        this.x = x;
        this.y = y;
    }
    /**
     * 根据子弹速度大小纵向移动一步
     */
    @Override
    public void move() {
        y -= BULLETSPEED;
    }
    /**
     * 判断子弹是否超出边界
     * 子弹 y 值小于-height 时,出界
     */
    @Override
    public boolean beyondWindow() {
        //小于子弹的高度的负值,返回 true,否则返回 false
        return y < -height;
    }
}
```

【代码剖析】

在本代码中，定义实现抽象类 Movable 的子弹类 Bullet，并实现接口 Constants。在类的构造方法中，对继承抽象类的 protected 成员变量赋值，构造方法的参数指定子弹的初始位置坐标。

在子弹类中实现抽象类声明的 move()抽象方法，根据参数接口类中定义的子弹的速度 BULLETSPEED，在方法中将 y 坐标上移动一步，即 y=y- BULLETSPEED。

在子弹类中实现抽象类声明的 beyondWindow()抽象方法，在方法中通过判断子弹的 y 坐标值是否小于子弹高度的负值，若是则出界，否则没有出界。

17.4.5 气球

定义一个实现抽象类 Movable 的气球类 Balloon，并实现参数接口 Constants。气球类的具体实现代码如下（源代码\ch17\ShootBallGame\com\Balloon.java）：

```
package com;
import game.GameMain;
import java.util.Random;
import util.Constants;
/**
 * 该类用于定义气球物体的基本特征和方法
 * 由于气球是可移动物体,因而继承了 movable 类
 * 实现 Constants 接口
 */
public class Balloon extends Movable implements Constants {
    /**
     * 构造函数,用于初始化气球对象
     * x: 伪随机数,是“0～指定数值”均匀分布的 int 值
     * Y:  -height,height 气球高度
     */
    public Balloon() {
        this.icon = GameMain.balloonIcon;      //设定气球的图标
        width = BALLOONWIDTH;                  //设定气球宽度
        height = BALLOONHEIGHT;                //设定气球高度
        x = (new Random()).nextInt(GAMEWINDOWIDTH - width);
        y = -height;
    }
    /**
     * 重复移动气球,
     * 注意气球在创建后,
     * 只能垂直方向运动
     * BALLOONSPEED: 气球移动速度
     */
    @Override
    public void move() {
        y += BALLOONSPEED;
    }
    /**
     * 判断气球是否跨过游戏界面
     * GAMEWINDOWHEIGHT: 游戏界面的高度
     */
    @Override
    public boolean beyondWindow() {
        //气球的 y 值大于窗体高度,出界,返回 true,否则返回 false
        return y > GAMEWINDOWHEIGHT;
    }
    /**
     * 判断气球是否被子弹击中
```

```
        * bulletX: 子弹横向坐标位置定位到子弹中间
        * bulletY: 子弹的纵坐标
        */
       public boolean isHit(Bullet bullet) {
           int bulletX = bullet.x + bullet.getWidth() / 2;
           int bulletY = bullet.y; //子弹纵坐标
       //判断子弹的中间的 x、y 坐标值是否在气球的大小范围内,在就可以击中
       if (bulletX > this.x && bulletX < this.x + width && bulletY > this.y && bulletY
< this.y + height)
           return true;
       else
           return false;
       }
    }
```

【代码剖析】

在本代码中，定义实现抽象类 Movable 的气球类，并实现接口 Constants。在类的构造方法中，对继承抽象类的 protected 成员变量赋值，气球的 x 坐标初始值是在窗体宽度范围内的一个随机数，y 坐标初始值是气球高度的负数。

在类中实现抽象类中声明的 move()抽象方法，根据参数接口类中定义的气球的速度 BALLOONSPEED，将气球的 y 坐标向下移动一步，即 y = y + BALLOONSPEED。

在类中实现抽象类中声明的 beyondWindow()抽象方法，通过判断气球的 y 坐标值是否大于窗体的高度，若是则气球出界，否则没有出界。

在类中新增气球是否被子弹击中的 isHit()方法，在方法中将子弹作为参数传入，根据子弹的 x、y 坐标以及它的 width 值，获取子弹头部中间的位置坐标，即 bulletX 和 bulletY。在方法中通过 if 语句判断 bulletX 值是否在气球的 x 坐标与 x+width 之间并且 bulletY 值是否在气球的 y 坐标与 y+height 之间，若是则击中并返回 true，否则没有击中并返回 false（这个方法是具体的子弹击中气球的操作方法）。

注意：x + width 和 y + height 中的 width 是指气球的宽度，height 是指气球的高度。

17.4.6　对象的画图

定义一个用于处理游戏中所有对象的画图的类，在类中初始化游戏的状态，初始化枪、子弹、气球和分数。它的具体代码如下（源代码\ch17\ShootBallGame\util\DrawHandler.java）：

```
package util;
import game.GameMain;
import java.awt.Color;
import java.awt.Font;
import java.awt.Graphics;
import java.util.List;
import com.Balloon;
import com.Bullet;
import com.Gun;
import util.Constants;
/**
 * 该类用于处理游戏中所有对象的画图
 */
public class DrawHandler implements Constants {
    /**
     * 初始化游戏状态
     */
```

```
public static void drawMode(Graphics g, int mode) {
    switch (mode) {
    case GAMESTARTMODE:        //启动状态
        g.drawImage(GameMain.startIcon, 410, 270, null);
        break;
    case GAMEPAUSEMODE:        //暂停状态
        g.drawImage(GameMain.pauseIcon, 410, 270, null);
        break;
    case GAMEOVERMODE:         //游戏终止状态
        g.drawImage(GameMain.gameover, 350, 200, null);
        break;
    }
}
/**
 * 初始化枪
 */
public static void drawGun(Graphics g, Gun gun) {
    g.drawImage(GameMain.gunIcon, gun.getX(), gun.getY(), null);
}
/**
 * 初始化子弹
 */
public static void drawBullets(Graphics g, List<Bullet> bullets) {
    //遍历所有的子弹
    for (int i = 0; i < bullets.size(); i++) {
        Bullet bullet = bullets.get(i);
        //画子弹
        g.drawImage(bullet.getIcon(), bullet.getX(), bullet.getY(), null);
    }
}
/**
 * 初始化气球
 */
public static void drawBalloons(Graphics g, List<Balloon> balloons) {
    //遍历所有的气球
    for (int i = 0; i < balloons.size(); i++) {
        Balloon balloon = balloons.get(i);
        //画气球
        g.drawImage(balloon.getIcon(), balloon.getX(), balloon.getY(), null);
    }
}
/**
 * 初始化分数
 */
public static void drawScore(Graphics g, int score, int usedTime) {
    int x = 10;                                                 //x 坐标
    int y = 25;                                                 //y 坐标
    Font font = new Font(Font.SANS_SERIF, Font.BOLD, 26);       //字体
    g.setColor(new Color(0xFF8000));
    g.setFont(font);                                            //设置字体
    g.drawString("射击得分: " + score, x, y);                    //画分数
    y = y + 30;                                                 //y 坐标增 20
    g.drawString("还剩下时间: " + (int) (GAMETIME - usedTime) / 1000 + "s", x, y);
```

```
        }
    }
```

【代码剖析】

在本代码中，定义处理游戏中所有对象的画图的类 DrawHandler，在类中定义初始化游戏状态的 drawMode()方法，将 Graphics 类的对象 g 和 mode 变量作为参数传入方法。在类中使用 switch()方法，根据 mode 的值执行相应的 case 语句，在 case 语句中使用对象 g 调用 drawImage()方法将游戏的状态在指定坐标画出来。

在类中定义初始化枪的 drawGun()方法，将 Graphics 类的对象 g 和枪类的对象作为参数传入方法。通过对象 g 调用 drawImage()方法将枪在指定位置画出来。

在类中定义初始化子弹的 drawBullets()方法，将 Graphics 类的对象 g 和子弹集合作为参数传入方法。在方法的 for 循环中，通过对象 g 调用 drawImage()方法将子弹在指定位置画出来。

在类中定义初始化气球的 drawBalloons()方法，将 Graphics 类的对象 g 和气球集合作为参数传入方法。在方法的 for 循环中，通过对象 g 调用 drawImage()方法将气球在指定位置画出来。

在类中定义初始化分数的 drawScore()方法，将 Graphics 类的对象 g、分数以及使用时间作为参数传入方法。在方法中指定显示分数的坐标、画笔 g 的颜色和使用的字体，并通过对象 g 调用 drawString()方法将射击得分和剩余时间在指定位置画出来。

17.4.7　对象的移动

定义一个用于处理游戏中所有对象的移动的类，在类中移动游戏窗口中所有的气球和子弹，移动游戏窗口中的枪。

对象的移动操作类的具体代码如下（源代码\ch17\ShootBallGame\util\MoveHandler.java）：

```
package util;
import java.util.List;
import com.Balloon;
import com.Bullet;
import com.Gun;
/**
 * 该类用于处理游戏里所有对象的移动
 */
public class MoveHandler {
    /**
     * 移动游戏窗口中所有气球
     */
    public static void balloonMove(List<Balloon> balloons) {
        //遍历游戏中的所有气球,对其进行移动
        for (int i = 0; i < balloons.size(); i++) {
            Balloon balloon = balloons.get(i);
            balloon.move();//调用气球类的移动方法
        }
    }
    /**
     * 移动游戏窗口中所有子弹
     */
    public static void bulletMove(List<Bullet> bullets) {
        //遍历游戏中的所有子弹,对其进行移动
        for (int i = 0; i < bullets.size(); i++) {
            Bullet bullet = bullets.get(i);
```

```
            bullet.move();   //调用子弹类的移动方法
        }
    }
    /**
     * 移动游戏窗口中的枪
     */
    public static void gunMove(Gun gun) {
        gun.move();          //空方法
    }
}
```

【代码剖析】

在本代码中，定义处理游戏中对象的移动类 MoveHandler，在类中定义移动游戏窗口中所有气球的 balloonMove()方法，气球集合作为参数传入，在方法中通过使用 for 循环遍历所有气球，并在 for 循环中调用气球类的 move()方法，让每一个气球向下移动一步。

在类中定义移动游戏窗口中所有子弹的 bulletMove()方法，子弹集合作为参数传入，在方法中通过使用 for 循环遍历所有子弹，并在 for 循环中调用子弹类的 move()方法，让每一个子弹向上移动一步。

在类中定义移动枪的 gunMove()方法，枪作为参数传入，在方法中直接调用枪的 move()方法。枪是伴随鼠标移动的，不能自己移动，因此在这里实际上没有任何操作。

17.4.8 气球的变化

定义一个用于处理游戏中气球的变化的类，该类定义产生气球和设计气球的方法。气球的变化操作类的具体代码如下（源代码\ch17\ShootBallGame\util\BalloonHandler.java）：

```
package util;
import java.util.List;
import com.Balloon;
import com.Bullet;
import com.Gun;
/**
 * 该类用于处理游戏中气球的产生和消失
 */
public class BalloonHandler {
    /**
     * 在游戏区域的上边框生成新的气球
     */
    public static void newBalloon(List<Balloon> balloons) {
        Balloon balloon = new Balloon();       //随机生成一个气球
        balloons.add(balloon);
    }
    /**
     * 开始射击
     * 创建新的子弹
     */
    public static void shootBalloon(Gun gun, List<Bullet> bullets) {
        Bullet bulletNew = gun.shoot();       //生成新的子弹
        bullets.add(bulletNew);
    }
}
```

【代码剖析】

在本代码中，定义处理气球产生和消失的类，在类中定义生成新气球的 newBalloon()方法，将气球集合作为参数传入方法，在方法中生成一个气球类对象，并通过 List 集合的 add()方法将该气球添加到气球集合中。

在类中定义射击气球的 shootBalloon()方法，将枪和子弹集合作为参数传入方法，在方法中首先调用枪的 shoot()方法生成新的子弹，并将子弹添加到子弹集合中，此方法并没有进行具体的射击操作。

17.4.9 检查游戏状况

定义一个用于检查游戏中各种状况的类，该类中定义检查子弹与气球是否碰撞的方法、碰撞得分的方法、子弹和气球是否出界的方法和游戏是否结束的方法。

检查游戏状况类的具体代码如下（源代码\ch17\ShootBallGame\util\CheckHandler.java）：

```
package util;
import java.util.List;
import com.Balloon;
import com.Bullet;
/**
 * 该类用于检查游戏中各种状况(是否碰撞,是否出界,游戏是否结束)
 */
public class CheckHandler implements Constants {
    /**
     * 检查子弹与气球碰撞,碰撞即加分
     */
    public static int checkHit(List<Balloon> balloons, List<Bullet> bullets, int
score)
    {
        //遍历所有子弹
        for (int i = 0; i < bullets.size(); i++) {
            Bullet b = bullets.get(i);
            //调用 isHit 方法,判断是否击中
            if (isHit(b, balloons)) {
                score += HITBALLAWARD;//击中,得分
            }
        }
        return score;
    }
    /**
     * 子弹和气球之间的碰撞检查
     */
    private static boolean isHit(Bullet bullet, List<Balloon> balloons) {
        int id = -1;
        //遍历所有的气球
        for (int i = 0; i < balloons.size(); i++) {
            Balloon balloon = balloons.get(i);
            //调用气球类的 isHit 方法,判断是否击中
            if (balloon.isHit(bullet)) {
                id = i;  //击中,将 i 赋值给 id
                break;  //跳出 for 循环
            }
        }
```

```
        //有击中的气球
        if (id >= 0) {
            //根据 id 将击中的气球移除
            balloons.remove(id);
            return true;
        }
        return false;
    }
    /**
     * 检查气球和子弹是否出界，
     * 从列表中删除出界的气球及子弹
     */
    public static void checkBeyond(List<Balloon> balloons, List<Bullet> bullets) {
        //遍历所有的气球
        for (int i = 0; i < balloons.size(); i++) {
            Balloon balloon = balloons.get(i);
            //调用气球类的方法,判断气球是否出界
            if (balloon.beyondWindow()) {
                balloons.remove(i);    //出界,移除
            }
        }
        //遍历所有的子弹
        for (int i = 0; i < bullets.size(); i++) {
            Bullet bullet = bullets.get(i);
            //调用子弹类的方法,判断子弹是否出界
            if (bullet.beyondWindow()) {
                bullets.remove(i);     //出界,移除
            }
        }
    }
    /**
     * 检查游戏是否结束
     */
    public static boolean checkGameOver(int usedTime) {
        //判断使用时间 usedTime 是否小于游戏规定时间 GAMETIME
        if (usedTime < GAMETIME) {
            return false;              //小于,游戏不结束
        } else {
            return true;               //大于,游戏结束
        }
    }
}
```

【代码剖析】

在本代码中，定义用于检查游戏中各种状况的类，在类中定义 checkHit()方法用于检查气球与子弹是否碰撞，并返回得分，气球集合和子弹集合作为参数传入方法。在方法中通过使用 for 循环遍历所有的子弹。在遍历过程中使用 if 语句调用 isHit()方法判断子弹是否击中气球，将子弹和所有气球集合传入方法，若是子弹击中气球，则 score 加分，并将其值返回，否则继续遍历子弹。

在类中定义子弹和气球是否碰撞的方法 isHit()，传入子弹和气球集合。在方法中通过使用 for 循环遍历所有气球，并在遍历过程中通过 if 语句调用气球类 Balloon 的 isHit()方法判断是否击中气球，若气球类的 isHit()方法返回 true，则击中气球，将 i 的值赋给 id，并跳出循序，否则继续执行循环。在方法中通过 if 语句判断 id 的值是否大于或等于 0，若是则表示有气球被击中，则将该气球从气球

集合中删除，并返回 true。

在类中定义检查气球和子弹是否出界的 checkBeyond()方法，在方法中将气球和子弹的集合作为参数传入。在方法中通过使用 for 循环遍历所有子弹，并调用子弹类的 beyondWindow()方法，在 if 语句中判断是否出界，若出界则在子弹集合中将该子弹删除。检查气球是否出界与子弹操作类似。

在类中定义检查游戏是否结束的 checkGameOver()方法，在方法中通过传入参数 usedTime，判断当前游戏使用时间是否小于游戏规定的时间 GAMETIME，若是则返回 false 游戏不结束，否则返回 true 游戏结束。

注意：在这里子弹一次只能击中一个气球，子弹是每隔 20ms 发射一枚。

17.4.10 参数接口

定义一个参数接口，用来定义一些在游戏中经常使用的数据，以方便其他类的调用。参数接口的具体代码如下（源代码\ch17\ShootBallGame\util\Constants.java）：

```
package util;
/**
 * 该 interface 定义了游戏中主要参数
 */
public interface Constants {
    //设定游戏窗口的大小
    public static int GAMEWINDOWIDTH = 1000;        //游戏界面宽度
    public static int GAMEWINDOWHEIGHT = 800;       //游戏界面长度
    //设定游戏的状态（开始、运行、暂停和结束）
    public static int GAMESTARTMODE = 0;            //开始
    public static int GAMERUNMODE = 1;              //运行
    public static int GAMEPAUSEMODE = 2;            //暂停
    public static int GAMEOVERMODE = 3;             //结束
    //设定气球的大小和速度
    public static int BALLOONWIDTH = 50;
    public static int BALLOONHEIGHT = 75;
    public static int BALLOONSPEED = 6;             //气球速度
    //设定子弹的大小和速度
    public static int BULLETWIDTH = 20;
    public static int BULLETHEIGHT = 50;
    public static int BULLETSPEED = 6;              //子弹速度
    //设定枪的大小
    public static int GUNWIDTH = 20;
    public static int GUNHEIGHT = 78;
    //设定子弹击中气球后的奖励分数
    public static int HITBALLAWARD = 5;             //击中气球奖励 5 分
    //设定游戏运行的时间
    public static int GAMETIME = 60000;             //设定游戏时间为 60s (60000ms)
    //设定游戏页的更新周期
    public static int STATUSCHECKINTERVAL = 20;  //每 20ms 游戏界面重新绘图
    //JDBC 驱动名及数据库 URL
    static final String JDBCDRIVER = "com.mysql.jdbc.Driver";
    static  final  String  DATABASEURL  =  "jdbc:mysql://localhost:3306/shoot_game?
&useSSL=true";
    //mysql 数据库的用户名与密码,需要根据自己的设置
    static final String USERNAME = "root";
    static final String PASSWORD = "124456";
}
```

【代码剖析】

在本代码中，定义一个接口，接口中定义了游戏中需要用到的主要参数。这些参数是游戏界面宽度和长度、游戏状态参数（开始、运行、暂停和结束）、气球大小和速度、子弹大小和速度、枪的大小和速度、得分、游戏运行时间以及游戏窗口界面的更新周期。

在该类中还定义了连接数据库的 JDBC 驱动、数据库 url、MySQL 数据库名以及密码。

17.4.11 数据库类

定义一个操作数据库的类，用来保存玩家的成绩，并与数据库中的历史成绩进行比较，从而获得本次的成绩排名。

数据库类的具体代码如下（源代码\ch17\ShootBallGame\util\DBHandler.java）：

```
package util;
import java.sql.Connection;
import java.sql.DriverManager;
import java.sql.ResultSet;
import java.sql.SQLException;
import java.sql.Statement;
//该类将玩家的成绩保存到数据库,并与数据库中的历史成绩进行比较获得排名
public class DBHandler implements Constants{
    public static String addScore(int score){
        String message = "";          //存放排名提示信息
        Connection conn = null;       //连接数据库接口
        Statement stmt = null;        //执行 sql 语句的对象
        try {
            //注册 JDBC 驱动
            Class.forName("com.mysql.jdbc.Driver");
            //获得连接数据库的 Connection 接口
            conn = DriverManager.getConnection(DATABASEURL, USERNAME, PASSWORD);
            //获取 Statement 对象
            stmt = conn.createStatement();
            //定义查询数据库中表中数据的 sql 语句
            String sql = "SELECT COUNT(*) FROM score_history";
            //执行查询,返回结果集
            ResultSet rs = stmt.executeQuery(sql);
            //定义变量,存放玩游戏的次数
            int gameCnt = 0;
            //获取第一条查询结果
            if (rs.next()) {
                //以前玩游戏的次数
                gameCnt = rs.getInt(1);
            }
            gameCnt++;                //id 自增 1
            //将本次游戏的成绩,保存到数据库
            sql = "INSERT INTO score_history (id, score) VALUES ("+gameCnt+","+
score+")";
            //执行插入 sql 语句
            stmt.executeUpdate(sql);
            //查询数据表中得分大于当前分数的记录数
            sql = "SELECT COUNT(*) FROM score_history WHERE score > "+score;
            //执行查询操作
            rs = stmt.executeQuery(sql);
```

```
            //定义变量存放比当前分数大的记录数
            int gameRank = 0;
            //读取结果集的数据
            if (rs.next()) {
                //记录数加 1,是本次游戏的排名
                gameRank = rs.getInt(1) + 1;
            }
            //将排名信息,存放到变量 message 中
            message = "当前得分在所有"+gameCnt+"次游戏中排名第"+gameRank;
        } catch (SQLException se) {
            //处理 JDBC 错误
            se.printStackTrace();
        } catch (Exception e) {
            //处理 Class.forName 错误
            e.printStackTrace();
        }
        return message;
    }
}
```

【代码剖析】

在本代码中，定义实现 Constants 接口的 DBHandler 类，在类中定义静态方法 addScore()，并将得分作为参数传入方法。

（1）在静态方法中，定义局部变量 message 用来存放排名信息，局部变量 conn 获取连接数据库的接口对象，局部变量 stmt 执行 sql 语句的对象。首先通过 Class 类的 forName()方法连接 JDBC 驱动，然后通过 DriverManager 类提供的 getConnection()方法，获取连接数据库的接口并赋值给变量 conn。

（2）通过 conn 调用 createStatement()方法获取 Statement 对象，定义查询表中记录数的 sql 语句，通过 stmt 对象调用 executeQuery()方法执行 sql 语句，并返回结果集，放入结果集对象 rs 中。在 if 语句中调用结果集对象 rs 的 next()方法判断有无下一条记录，若有则将其赋值给变量 gameCnt，并使 gameCnt 自增 1。

（3）定义插入数据库中数据的 sql 语句，将本次游戏得分存入数据库，通过 stmt 调用 executeUpdate()执行插入数据的 sql 语句。定义统计数据库中分数大于本次游戏得分的记录数的 sql 语句，通过 stmt 调用 executeQuery ()执行查询操作，并将查询结果存入结果集对象 rs 中。

（4）定义一个变量 gameRank，用于存放分数比本次游戏得分高的记录数，初始值是 0，通过 if 语句判断是否存在下一条记录，存在则将统计的数目加 1 后赋值给 gameRank。最后将游戏次数以及本次游戏的排名情况以字符串的形式赋值给 message，并将 message 的值返回。

17.5　系统运行

在开发工具 Eclipse 中，运行气球射击游戏项目的主程序 GameMain.java，运行结果分为以下几种情况。

1. 开始状态

启动气球射击游戏的主程序，进入开始游戏的界面，如图 17-19 所示。

2. 运行状态

在开始状态下，单击“开始”按钮，游戏进入运行状态，如图 17-20 所示。

图 17-19　开始状态

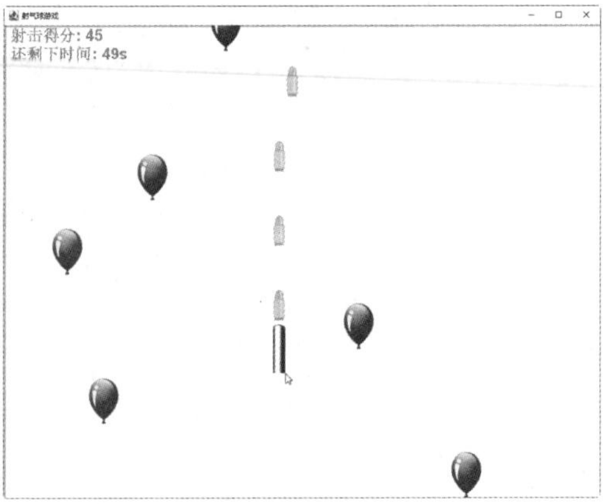

图 17-20　运行状态

3. 暂停状态

在运行状态下，将鼠标移出游戏窗口，游戏进入暂停状态，如图 17-21 所示。在暂停状态下，将鼠标移入游戏窗口，游戏再次进入运行状态。

4. 结束状态

在运行状态下，等游戏时间到，游戏进入结束状态，如图 17-22 所示。

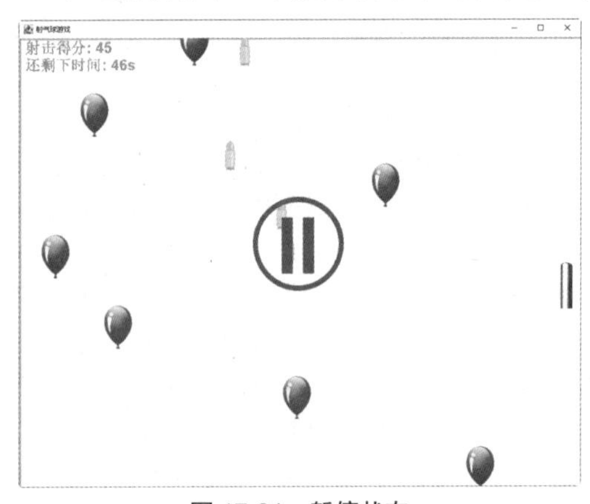

图 17-21　暂停状态

图 17-22　结束状态